综合管廊规划设计施工运营全过程技术要点分析

姚智文　姜秀艳　主编

中国海洋大学出版社
·青岛·

图书在版编目（CIP）数据

综合管廊规划设计施工运营全过程技术要点分析 / 姚智文，姜秀艳主编 . —青岛：中国海洋大学出版社，2023.8

ISBN 978-7-5670-3591-1

Ⅰ . ①综… Ⅱ . ①姚… ②姜… Ⅲ . ①市政工程—地下管道—管道工程 Ⅳ . ① TU990.3

中国国家版本馆 CIP 数据核字（2023）第 162445 号

ZONGHE GUANLANG GUIHUA SHEJI SHIGONG YUNYING QUANGUOCHENG JISHU YAODIAN FENXI

出版发行 中国海洋大学出版社
社　　址 青岛市香港东路23号　　**邮政编码** 266071
网　　址 http://pub.ouc.edu.cn
出 版 人 刘文菁
责任编辑 由元春　　**电　　话** 15092283771
电子信箱 94260876@qq.com
印　　制 日照日报印务中心
版　　次 2023年8月第1版
印　　次 2023年8月第1次印刷
成品尺寸 185 mm × 260 mm
印　　张 19.25
字　　数 370千
印　　数 1 ~ 1000
定　　价 56.00元
订购电话 0532-82032573（传真）

编委会

主　编　姚智文　姜秀艳

副主编　于　丹　赵继东　王　琦

编　委　杨　俊　袁　洋　李　力　孙利伟　王逸群
郭佩昕　张　栋　刘凯林　李薛晓　贾腾飞
倪　震　张伟明　张淑丽　王文雅　崔文林
宁广为　张　勇　周正帅　张　粲　庄国富
韩玉宽　伊晓飞　高杰聪　张家豹　薛玉林

前言

2016年4月，财政部与住房和城乡建设部确定了将广州、石家庄、四平、青岛、威海、杭州等15个城市纳入2016年地下综合管廊试点范围。山东省威海市作为国家第二批综合管廊试点项目城市之一，积极推进综合管廊建设。2019年12月，威海市所有试点项目顺利通过国家住房和城乡建设部验收及绩效考核，并取得全国第5名的好成绩，额外获得中央财政奖励9 000万元。

笔者全程参与了威海市综合管廊建设项目的所有环节：2016年，承担了试点申报材料的技术方案编制任务，为威海市政府提供技术支持；同时，对于威海市综合管廊规划编制、工程设计以及后期施工服务、验收及运营管理等，我们均全程参与、全力服务。

笔者全程参与了威海市综合管廊国家试点项目，结合青岛市市政工程设计研究院的技术平台，取得多项成果：发表核心期刊论文2篇，申请专利4项，参与编制山东省综合管廊标准3项，获得勘察设计奖、优秀规划设计奖共计10项，获得BIM设计大赛奖2项。

在试点项目建设圆满结束之际，仅以本书对威海市综合管廊做一个案例分享以及经验总结。

限于编者的知识水平及经验等，本书难免有不妥之处，恳请广大读者、专家批评指正。

编者

2023年8月

目 录

第一章

规划篇

第一节　背景

一、综合管廊发展历史简介

（一）综合管廊的定义

综合管廊是指建于城市地下的、用于容纳两类及以上城市工程管线的构筑物及附属设施，也就是“地下城市管道综合走廊”，即在城市地下建造一个隧道空间，将市政、电力、通信、给水等各种管线集于一体，设有专门的检修口、吊装口和监测系统，实施统一规划、统一设计、统一建设和管理。如图 1-1 所示。

综合管廊在不同的国家和地区有着不同的名称。在日本，综合管廊被称为“共同沟”；在我国台湾省，综合管廊被称为“共同管道”；在欧美，综合管廊则被称为“Common Service Tunnel”。

图 1-1　综合管廊示意图

（二）综合管廊的类型

根据收纳的管线不同，综合管廊的性质及结构亦有所不同，大致可分为干线综合管廊、支线综合管廊、缆线综合管廊三类。

1. 干线综合管廊

干线综合管廊一般指用于容纳城市主干工程管线，采用独立分舱方式建设的综合管廊。如图1-2所示。

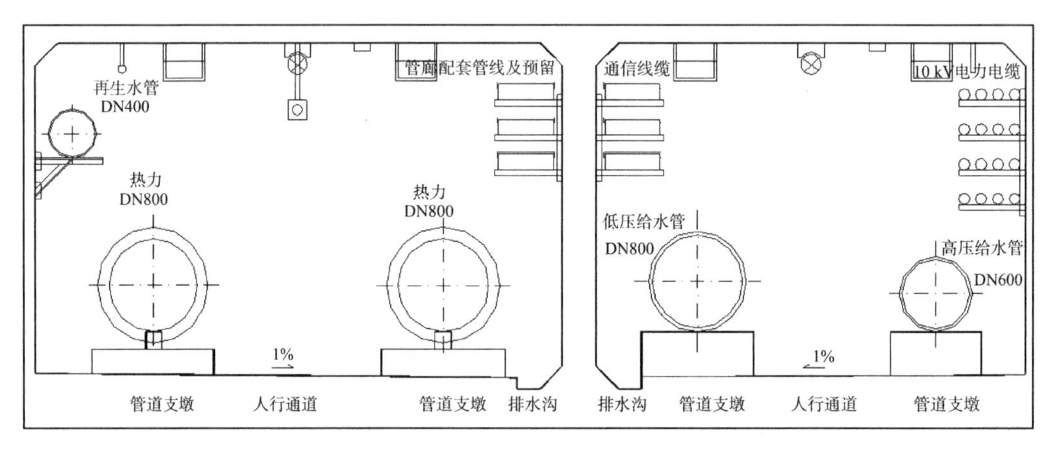

图1-2　干线综合管廊断面示意图

干线综合管廊的特点主要有以下几个方面。

（1）入廊管线容量大，可称之为“生命线”。

（2）管线安全运行的要求高。

（3）转输功能为主，兼顾服务部分大用户。

（4）管理及运营要求高。

2. 支线综合管廊

支线综合管廊一般指用于容纳城市配给工程管线，采用单舱或双舱方式建设的综合管廊。支线综合管廊主要负责将各种供给从干线综合管廊分配、输送至用户。如图1-3所示。

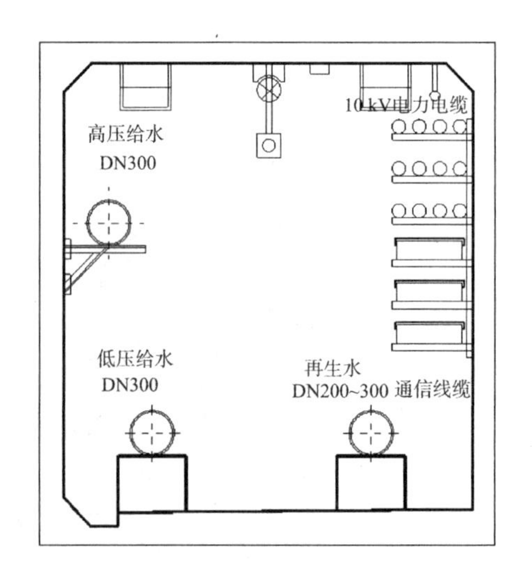

图1-3　支线综合管廊断面示意图

支线综合管廊的特点主要有以下几个方面。

（1）有效（内部空间）断面较小。

（2）结构简单、施工方便。

（3）设备多为常用定型设备。

（4）一般不直接服务大型用户。

3. **缆线综合管廊**

缆线综合管廊一般指采用浅埋沟道方式建设，设有可开启盖板，主要负责将市区架空的电力、通信、有线电视、道路照明等电缆收容至埋地的管道。缆线综合管廊一般设置在道路的人行道下面，其埋深较浅。如图1-4所示。

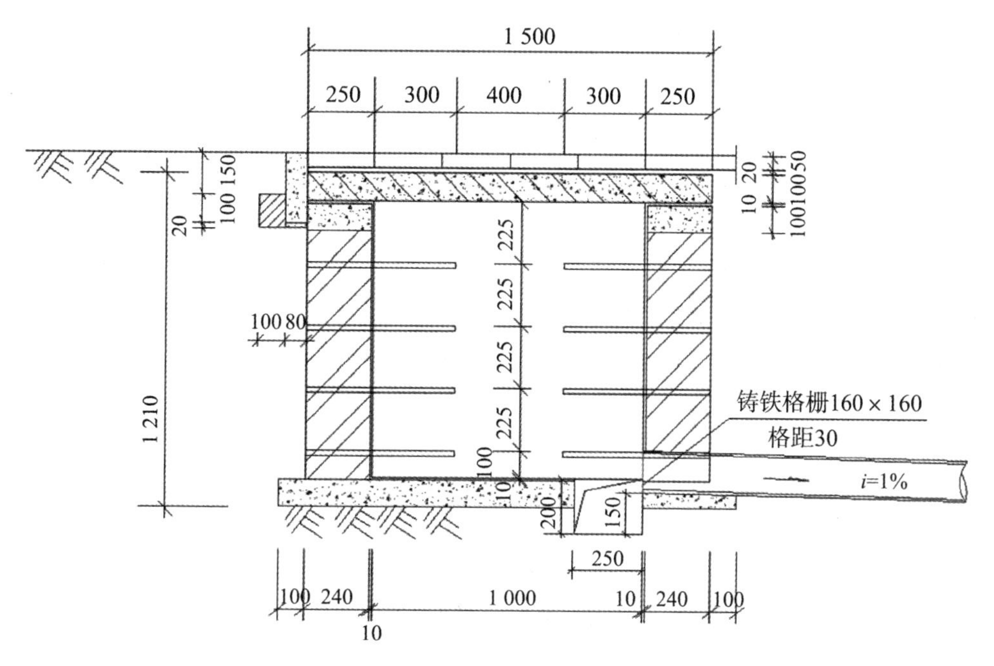

图1-4　缆线综合管廊断面示意图（单位：mm）

（三）综合管廊国内外建设情况

1. **国外情况**

综合管廊起源于19世纪的欧洲，其最初的形式是在圆形排水管道内装设给水、通信等管道。由于多种管线共处一室，且缺乏必要的安全设施，容易发生事故，故综合管廊的发展受到了限制。

法国巴黎于1833年在市区内兴建排水系统，同时修建综合管廊。综合管廊内设有给水管道、通信管道、压缩空气管道、交通信号电缆等。

英国伦敦在1861年开始建设综合管廊，管廊内容纳了电力、通信、给水管道，甚至污水及燃气管也被容纳进来。如图1-5所示。

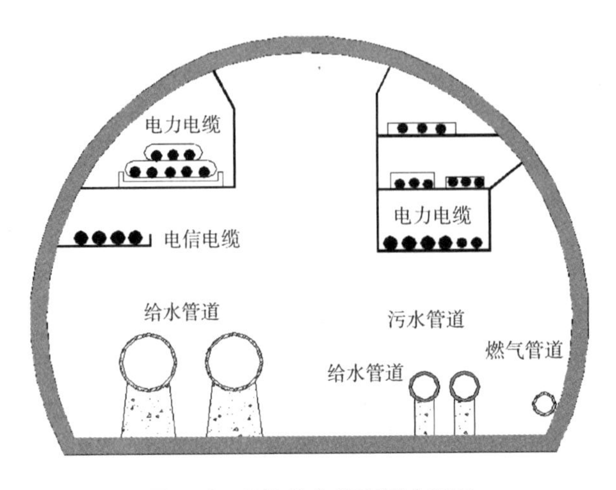

图 1-5　伦敦综合管廊标准断面

德国早在 1890 年即开始兴建综合管廊。汉堡的一条街道在建造综合管廊的同时，在道路两侧人行道的地下建设分支管廊与路旁建筑物的用户直接相连。该综合管廊长度约455 m，在当时获得了很高的评价。如图 1-6 所示。

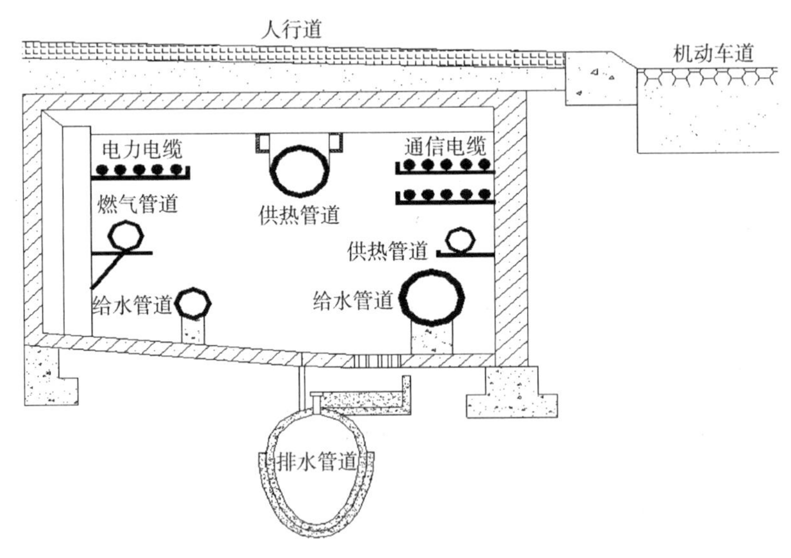

图 1-6　德国综合管廊标准断面

俄罗斯的地下综合管廊系统也很完善，在莫斯科的地下有 130 km 的综合管廊，除煤气管外，各种管线均有。其特点是大部分综合管廊采用预制拼装方式施工，分为单室和双室两种。如图 1-7 所示。

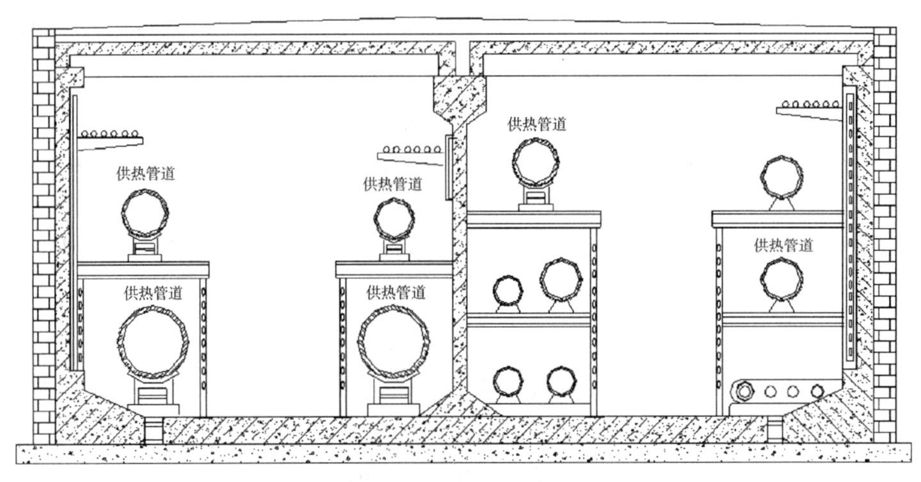

图 1–7　莫斯科综合管廊标准断面

日本最早于1926年开始了千代田综合管廊的建设。1958年在东京陆续修建综合管廊，并于1963年颁布了《综合管廊实施法》。1973年在大阪开始建造综合管廊，其他城市如仙台、横滨、名古屋等都在大量兴建综合管廊。日本在1991年成立了专门的综合管廊管理部门，负责推动综合管廊的建设工作。随着人们对综合管廊的重视及综合管廊综合效益的发挥，日本综合管廊总的建造里程已经超过300 km，综合管廊在日本各大城市的普及率相当高。

北美的美国和加拿大虽然国土辽阔，但因城市高度集中，城市公共空间用地矛盾十分尖锐。美国纽约市的大型供水系统，完全布置在地下岩层的综合管廊中，如图1–8所示。加拿大的多伦多市和蒙特利尔市，也有很发达的地下综合管廊系统。

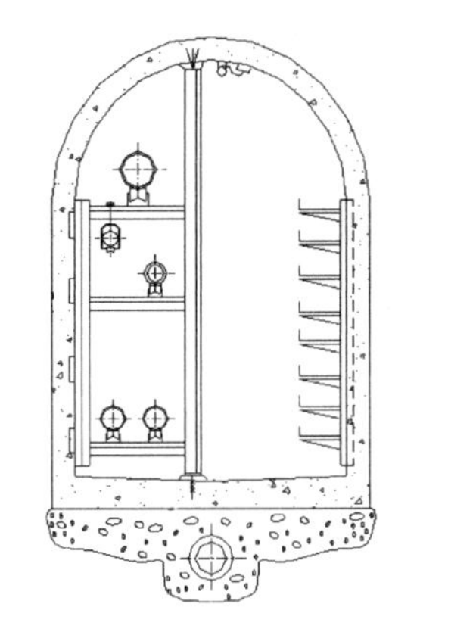
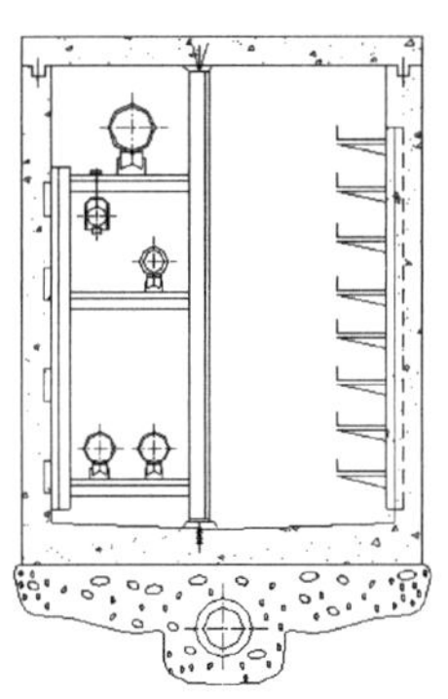

图 1–8　美国综合管廊标准断面

2. 国内情况

综合管廊工程在国内起步相对较晚。1958年，在北京市天安门广场建设的综合管廊是中国的第一条管廊，长1 076 m；1977年配合毛主席纪念堂的施工，又敷设了一条长500 m的综合管廊。

在上海，自1994年以来，已经兴建了多条综合管廊。2002年，在上海市安亭新城镇的开发过程中，将综合管廊作为重要的市政配套工程。由上海市房屋土地资源管理局实施的新镇居住区综合管廊系统，全长6 km，综合管廊内容纳了燃气、自来水、

电力、通信等各种市政公用管线。此外，在上海市松江新城的建设过程中，也已实施了综合管廊工程。如图1-9所示。

2005年，国内第一条采用预制拼装的综合管廊——上海市世博会园区综合管廊工程在上海实施，综合管廊内容纳了110 kV电力、10 kV电力、通信和给水管线。

图1-9　上海市松江新城综合管廊标准断面

在广州，目前已建成了总长17 km的综合管廊系统，该综合管廊包含三舱断面的干线综合管廊、单舱断面的支线综合管廊以及配套的缆线沟，管廊内容纳了电力、通信、高质水、杂用水、热水等市政管线，目前已经建成并投入使用，运行情况良好，取得了显著的社会效益。如图1-10所示。

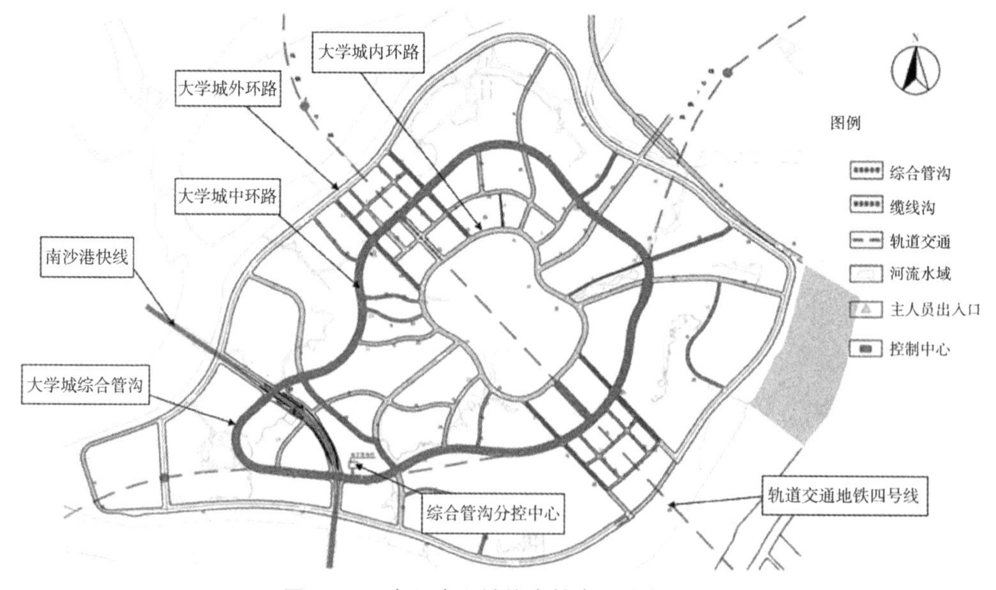

图1-10　广州大学城综合管廊系统布置图

广州的综合管廊建设不但在设计、施工、建设管理上积累了丰富的经验，而且在综合管廊的投资、运营、维护管理、费用分摊等方面，也进行了积极的探索和尝试，并形成了适合当地情况的政策与文件，推动了管廊在国内的建设与发展。

在青岛市高新区，主次干道规划综合管廊74.6 km，已建成54.9 km。综合管廊主要容纳电力、通信、给水、热力、再生水等管线，单舱断面约3.1 m×3.1 m，双舱断面约5.85 m×3.1 m。实现了22.6 km综合管廊智能化管理运营，包括设备自动控制、环境监控、视频监控、入侵报警、热力管线集成监控系统及监控平台软件。目前，青岛市高新区综合管廊服务面积覆盖中、东片区，已达44 km²。经过近5年的运行，已完全杜绝了“马路拉链”现象，提高了城市承载能力和城镇化发展质量。

此外，在昆明、厦门、无锡、石家庄、苏州、沈阳、宁波、深圳、杭州、沈阳、包头、金华、南宁等城市，也已建成或正在规划建设综合管廊。

根据住房和城乡建设部统计的数据，2015年全国共有69个城市、累计开工建设城市地下综合管廊约1 000 km，2016年全国各城市累计新建地下综合管廊2 005 km，形成廊体538 km。至2020年，全国共建设综合管廊8 000 km以上，全国城市道路综合管廊配建率达到2%。经过近5年的快速发展，通过以点带面、示范引领，全国各城市纷纷大力开展综合管廊建设，综合管廊的总体建设规模逐渐扩大，也逐渐涌现出一批具有先进水平的城市地下综合管廊。

二、国家政策

城市地下管线是保障城市运行的重要基础设施和“生命线”。近年来，随着城市快速发展，地下管线建设规模不足、管理水平不高等问题凸显，一些城市相继发生大雨内涝、管线泄漏爆炸、路面塌陷等事件，严重影响了人民群众生命财产安全和城市运行秩序。

推进地下综合管廊建设，统筹各类市政管线的规划、建设和管理，是创新城市基础设施建设的重要举措，不仅可以解决反复开挖路面、架空线网密集、管线事故频发等问题，还可以保障城市安全、完善城市工程、美化城市景观、促进城市集约高效和转型发展，有利于提高城市综合承载能力和城镇化发展质量，有利于增加公共产品有效投资、拉动社会资本投入、打造经济发展新动力。

2013年9月，国务院发布《关于加强城市基础设施建设的意见》（国发〔2013〕36号），明确指出：开展城市地下综合管廊试点，用3年左右时间，在全国36个大中城市全面启动地下综合管廊试点工程；中小城市因地制宜建设一批综合管廊项目。新建道路、城市新区和各类园区地下管网应按照综合管廊模式进行开发建设。

2015年5月，住房和城乡建设部印发《城市地下综合管廊工程规划编制指引》（建城〔2015〕70号），用于规范和指导城市综合管廊工程规划编制工作。

2015年7月，国务院召开常务会议，部署推进城市地下综合管廊建设，明确要求编制综合管廊建设专项规划。各城市政府要综合考虑城市发展远景，按照先规划、后建设的原则，编制地下综合管廊建设专项规划，在年度建设中优先安排，并预留和控制地下空间。

城市规划在城市发展中起着重要的引领作用。为提高综合管廊建设的综合水平，有序合理建设综合管廊，更好地发挥综合管廊的效益，国家提出先进行综合管廊规划编制工作，用以规划引领综合管廊建设。

三、综合管廊规划编制大纲解读

（一）城市地下综合管廊工程规划编制指引

2015年5月，住房和城乡建设部印发《城市地下综合管廊工程规划编制指引》，指导综合管廊规划建设工作。

城市地下综合管廊工程规划编制指引

第一章　总则

第一条　为了规范和指导城市地下综合管廊工程规划编制工作，提高规划的科学性，避免盲目、无序建设，制定本指引。

第二条　本指引适用于城市地下综合管廊（以下简称管廊）工程规划编制工作。

第三条　管廊工程规划应根据城市总体规划、地下管线综合规划、控制性详细规划编制，与地下空间规划、道路规划等保持衔接。

第四条　编制管廊工程规划应以统筹地下管线建设、提高工程建设效益、节约利用地下空间、防止道路反复开挖、增强地下管线防灾能力为目的，遵循政府组织、部门合作、科学决策、因地制宜、适度超前的原则。

第二章　一般要求

第五条　管廊工程规划由城市人民政府组织相关部门编制，用于指导和实施管廊工程建设。编制中应听取道路、轨道交通、给水、排水、电力、通信、广电、燃气、供热等行政主管部门及有关单位、社会公众的意见。

第六条　管廊工程规划应合理确定管廊建设区域和时序，划定管廊空间位置、配套设施用地等三维控制线，纳入城市黄线管理。

第七条　管廊建设区域内的所有管线应在管廊内规划布局。

第八条　管廊工程规划应统筹兼顾城市新区和老旧城区。新区管廊工程规划应与新区规划同步编制，老旧城区管廊工程规划应结合旧城改造、棚户区改造、道路改造、河道改造、管线改造、轨道交通建设、人防建设和地下综合体建设等编制。

第九条　管廊工程规划期限应与城市总体规划一致，并考虑长远发展需要。建设目标和重点任务应纳入国民经济和社会发展规划。

第十条　管廊工程规划原则上五年进行一次修订，或根据城市规划和重要地下管线规划的修改及时调整。调整程序按编制管廊工程规划程序执行。

第三章　编制内容

第十一条　规划可行性分析。根据城市经济、人口、用地、地下空间、管线、地质、气象、水文等情况，分析管廊建设的必要性和可行性。

第十二条　规划目标和规模。明确规划总目标和规模、分期建设目标和建设规模。

第十三条　建设区域。敷设两类及以上管线的区域可划为管廊建设区域。

高强度开发和管线密集地区应划为管廊建设区域。主要是：

（一）城市中心区、商业中心、城市地下空间高强度成片集中开发区、重要广场，高铁、机场、港口等重大基础设施所在区域。

（二）交通流量大、地下管线密集的城市主要道路以及景观道路。

（三）配合轨道交通、地下道路、城市地下综合体等建设工程地段和其他不宜开挖路面的路段等。

第十四条　系统布局。根据城市功能分区、空间布局、土地使用、开发建设等，结合道路布局，确定管廊的系统布局和类型等。

第十五条　管线入廊分析。根据管廊建设区域内有关道路、给水、排水、电力、通信、广电、燃气、供热等工程规划和新（改、扩）建计划，以及轨道交通、人防建设规划等，确定入廊管线，分析项目同步实施的可行性，确定管线入廊的时序。

第十六条　管廊断面选型。根据入廊管线种类及规模、建设方式、预留空间等，确定管廊分舱、断面形式及控制尺寸。

第十七条　三维控制线划定。管廊三维控制线应明确管廊的规划平面位置和竖向规划控制要求，引导管廊工程设计。

第十八条　重要节点控制。明确管廊与道路、轨道交通、地下通道、人防工程及其他设施之间的间距控制要求。

第十九条　配套设施。合理确定控制中心、变电所、投料口、通风口、人员出入口等配套设施规模、用地和建设标准，并与周边环境相协调。

第二十条 附属设施。明确消防、通风、供电、照明、监控和报警、排水、标识等相关附属设施的配置原则和要求。

第二十一条 安全防灾。明确综合管廊抗震、防火、防洪等安全防灾的原则、标准和基本措施。

第二十二条 建设时序。根据城市发展需要，合理安排管廊建设的年份、位置、长度等。

第二十三条 投资估算。测算规划期内的管廊建设资金规模。

第二十四条 保障措施。提出组织、政策、资金、技术、管理等措施和建议。

（二）城市地下综合管廊工程规划大纲

根据城市地下综合管廊工程规划大纲，综合管廊工程规划由文本、图纸及附件组成。附件中规划说明书的具体内容可参照编制指引的规定进行编写。

四、综合管廊问题思考

（一）管线单位协调管理难度大

目前，我国一些城市的综合管廊出现了管线利用率低的情况，据不完全统计，我国城市地下综合管廊中通信、电力等管位利用率大多在50%以下，管位饱和的现象非常少见。一方面，在综合管廊建设之前各管线单位可以无偿使用市政道路下的地下空间，自行铺设管线，而综合管廊的建设则需要他们多缴纳入廊费和运行维护费，这就使得各单位的入廊意愿不高。另一方面，通常来说，一根管线的排管长度会大大超过综合管廊的长度，这样一部分管线在管廊内而大部分管线仍需要挖掘道路直埋，这不仅使得一项工程要办两次手续，还导致施工难度增加，严重影响管线单位入廊的积极性。此外，由于地下综合管廊是一个复杂的综合性工程，其建设和管理牵涉到水、电、气、热、通信等多家管线权属单位，协调起来比较复杂。

（二）管廊建设缺乏前瞻性

目前，我国部分城市在建设过程中没有深刻理解和严格执行政策和规范要求，片面追求总里程、总规模、大断面、大系统，出现了一些缺乏前瞻性的综合管廊工程。例如，在部分大中城市的综合管廊的早期建设中，一条管廊的长度还不足1 km，且管廊通常是零散地分布在不同的路段和城市分区，或者简单地选择有开工建设条件的路段建设，这样碎片化的综合管廊无法有效发挥整体效益；一些中小城市在没有建设综合管廊的迫切需求的情况下跟风建设，最后导致入廊的管线少，无法收回成本，同时又浪费了地下空间；有些地方在管廊规划设计时缺少与道路、轨道交通管理部门的沟通，不合理的管廊建设给日后地下通道、轨道交通等的建设带来困难；有些地方在规划设计时缺少与给水、排水、电力、通信、燃气、供热等行政主管部门及有关单位的有效沟通，没有了解专业管线布置的条件，盲目确定综合管廊的内部空间布置与尺寸，导致日后返工；有些地方设计时没有对综合管廊所在区域未来的功能定位、人口数量、财政情况等进行研究，导致管廊的承载力不足。

（三）老城区项目推进步伐迟缓

目前，管线带来的社会问题主要体现在老城区，所以老城区综合管廊的规划建设应该是管廊推进工作的重点任务之一。《关于推进城市地下综合管廊建设的指导意见》提出，老城区要结合旧城更新、道路改造、河道治理、地下空间开发等建设地下综合管廊。然而，现有的综合管廊建设，主要还是集中在新城区。究其原因，主要是老城区居住人员密集，管线大多且过于杂乱，在建设综合管廊时又需要开挖道路、封锁交通，原有管线若被切断还会影响居民生活。因此，在管廊规划和施工的过程中，需要事先了解原有道路地下各类市政管线的埋设情况，而许多城市老城区的管线信息资料早已缺失，若要摸清原有管线的情况，需要耗费巨大的人力、物力和时间进行排查。因此，在老城区建设综合管廊，存在规划时间长、施工难度大、耗费资金大等问题，这也就造成了目前综合管廊建设主要集中在新城区，老城区项目推进难度大、建设步伐迟缓的现象。

（四）入廊管线的种类和数量存在争议

《城市综合管廊工程技术规范》中规定，给水、雨水、污水、再生水、天然气、热力、电力、通信等城市工程管线可纳入综合管廊。在综合管廊的建设规划过程中，有些建设者认为管廊容纳的管线越多越好。目前，多数专家对管廊收容管线的种类和数量存在争议，由于电力、通信、热力、给水、再生水纳入管廊所需技术和对环境的要求少，所以反对意见也较少，而雨水、污水、燃气以及垃圾等管线由于受地理条件限制大以及存在安全隐患等，纳入管廊的反对意见相对较多。

（五）缺乏稳定的建设资金来源

综合管廊是一项具有准经营属性的市政基础设施项目，具有投资额大、投资回收期长的特点。在我国以往的综合管廊建设实践中，主要是以“政府投资，管线单位租用或免费使用”的运作模式进行。政府通过财政手段筹措建设资金，在后期运营中又无法回收成本，给政府财政造成负担。近几年，我国也在逐渐探索新的投融资模式，其中最主要的是政府与社会资本合作模式，社会资本成为管廊建设资金的重要来源。我国的企业性质包括国有企业、民营企业和外商投资企业，原则上以上三种企业都可以作为社会资本方参与管廊的建设。综合管廊的顺利建设需要强大的资金保障，而目前管廊建设的资金来源过于单一和不可持续。

（六）管廊运营主体的经验不足

综合管廊的运营打破了传统直埋管线时各专业公司自行维护管理的模式，管廊的运营维护涉及管线单位的入廊管理、管线的维护以及管廊主体与附属设施的维护等工作任务。目前我国大部分管廊建设还未全面进入运营管理期，仅从各地综合管廊实施方案来看，有一些政府投资的管廊项目，将综合管廊的管理任务转交给临时成立的管理机构，而临时机构大多对建设成本的回收以及管廊的维护考虑不足，大多只能勉强维持管廊的运行。另外，有一些政府和社会资本合作的项目，把综合管廊的运营维护职能交给了承担施工任务的社会资本，也有部分合同增加了社会资本转让运营权的条款或者安排管线单位联合社会资本运营维护综合管廊的条款。但是，目前大多数社会资本都是刚开始涉足综合管廊领域，综合管廊运营并不是其主要业务，具有综合管廊运营经验的社会资本并不多，而综合管廊运营维护的专业化程度高，其管理工作并不是一个物业公司或者某一个市政公司能够独立胜任的，缺少有经验的综合管廊运营主体，这会为日后的管廊可持续运营埋下隐患。

第二节　综合管廊规划编制

一、综合管廊规划特点分析

（一）综合性：编制过程“多规合一”

综合管廊是地下市政管线的综合载体。综合管廊建设强调地下“多规合一”，需要统筹地下交通、人防、商业开发、排水防涝等设施建设。因此，作为管廊建设的“引领者”，综合管廊规划必须与各规划一一衔接，在规划编制过程中涉及众多的规划在所难免。

综合管廊工程规划应根据城市总体规划、地下管线综合规划、控制性详细规划编制，同时与地下空间规划、道路规划等保持衔接。其具体衔接层次如图1–11所示。

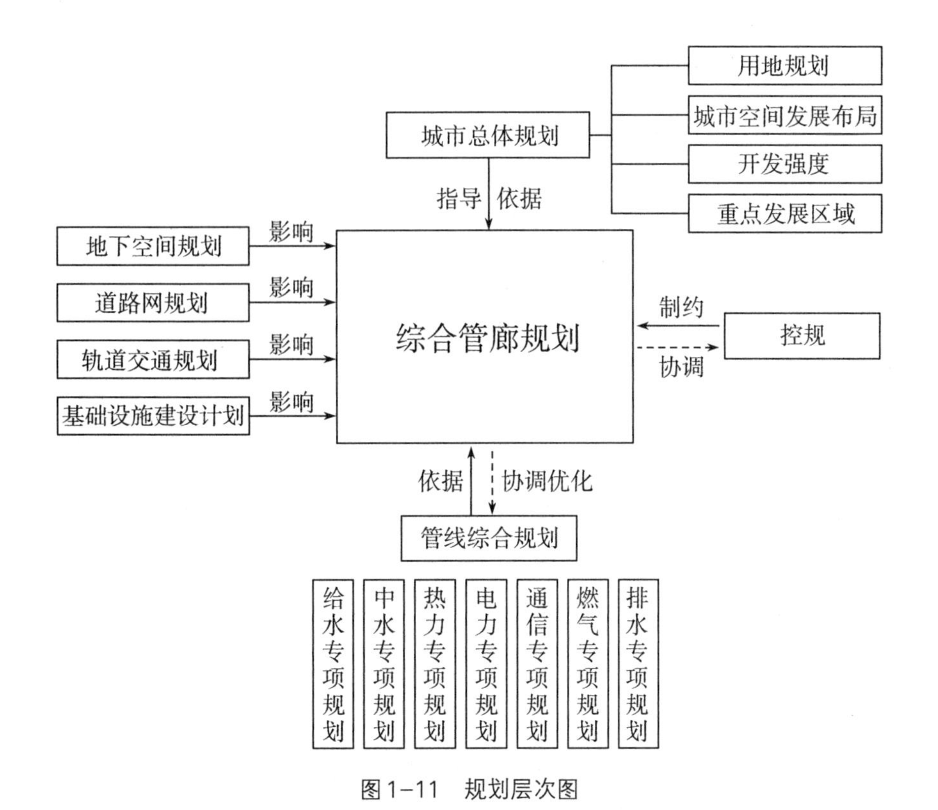

图 1-11 规划层次图

总规层次：即城市总体规划。总体规划作为总依据，制约综合管廊规划编制，直接决定综合管廊建设区域。

专项规划层次：包含地下空间规划、管线综合规划、各管线专项规划、道路网规划、轨道交通规划等。该层面的规划直接影响综合管廊系统布局、入廊管线种类及容量等，同时，综合管廊规划又可以将信息反馈至专项规划，二者相互依存，协调一致。

控规层次：即控制性详细规划。控规基本上可以影响管廊建设区域、系统布局、管廊断面、三维控制线、配套附属设施用地等各部分内容。同时，综合管廊又可以将用地情况反馈至控规，纳入城市黄线管理范围。

（二）协调性

综合管廊规划编制在城市总体规划的指导下，在控规及各专项规划的基础上进行，但同时综合管廊规划又可以将信息反馈至专项规划，二者相互依存，协调一致。

（三）适度超前性

综合管廊被称为“百年工程”，其结构设计使用年限为百年。而不管是城市总体规划还是管线专项规划等，虽然具有前瞻性，但是规划期限远远达不到百年。这就需要综合管廊规划在编制过程中适度超前，既要考虑近期建设需求，又要兼顾远期发展。

二、综合管廊规划编制原则

（1）与城市发展目标相协调。

（2）与城市结构形态相协调。

（3）与城市景观可持续发展相协调。

（4）以适度超前的原则，构建综合管廊系统。

（5）节约土地资源，保证基础设施的可持续发展。

（6）统一规划，近远期结合。

三、技术路线

以总体规划为基础，以城市道路下部空间综合利用为核心，结合城市经济发展状况和发展战略，从宏观、中观、微观三个层面分析可行性；在市政基础设施领域坚持"多规合一"，围绕市政公用管线布局，采用定性规划、定量验证的方式构建科学合

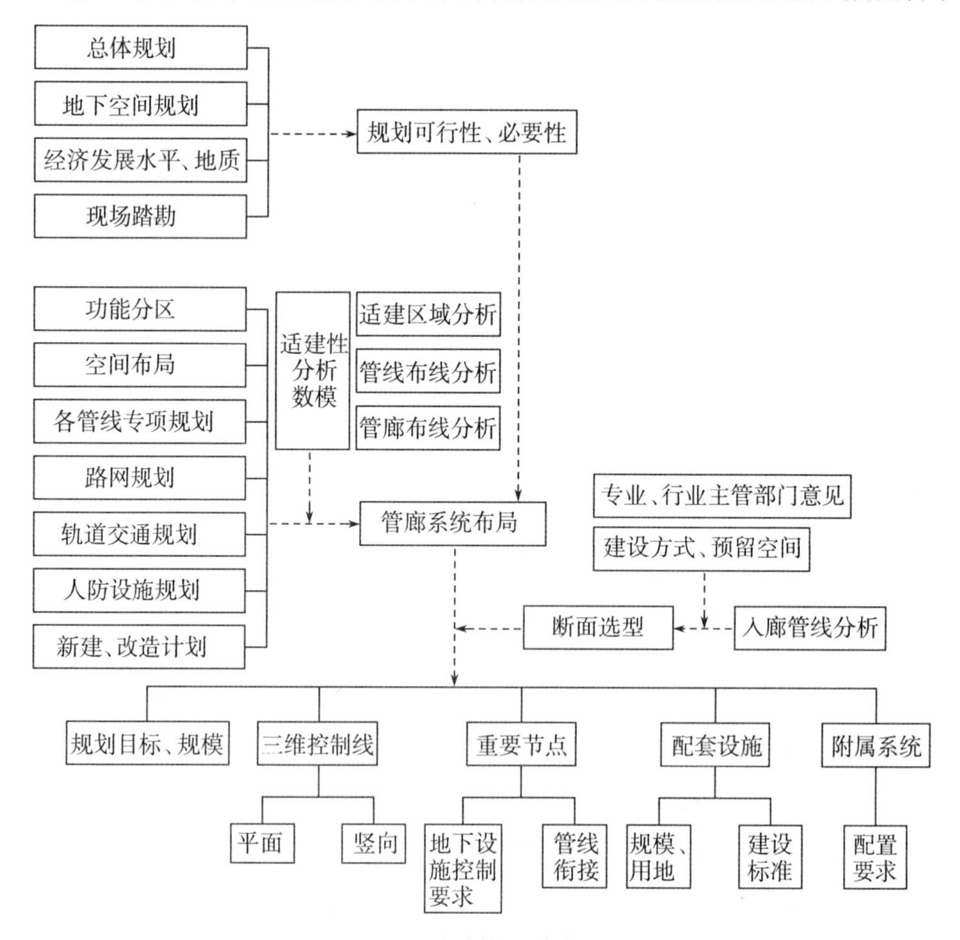

图1-12　规划编制技术路线

理的综合管廊系统；结合行业主管部门、管线专业单位的意见，按照规范要求，合理规划入廊管线、管廊断面、三维控制线、配套设施、附属系统等技术指标。技术路线如图1-12所示。

第三节　威海市综合管廊规划分析

一、规划成果简介

（一）规划范围

本次规划范围包含威海市中心城区及近期重点开发的东部滨海新城、双岛湾科技城等区域，总面积为777 km^2。

1. 主城区

威海市主城区的范围与城市总体规划确定的中心城区范围基本一致，不含双岛湾科技城，面积约384.84 km^2。除环翠区城区外，还包括威海市火炬高新技术产业开发区、威海市经济技术开发区和临港经济技术开发区等三个派出机构。

2. 双岛湾科技城

威海市双岛湾科技城东临沈阳路和规划快速路K1，西接初张路，南以凤凰山路为界，北至黄海，总用地面积约41 km^2。

3. 东部滨海新城

威海市东部滨海新城位于威海中心城区以东7～8 km，东抵茅子草河，西接五渚河，南达所前泊水库，北至黄海，总面积约190 km^2。

（二）规划目标

通过本次规划，可有效统筹威海市城市地下管线建设，减少“马路拉链”发生，增强地下管线防灾能力；结合架空线入地，能够杜绝“城市蜘蛛网”现象；提高城市基础设施承载能力，提升城镇化水平。

目前，规划综合管廊95.87 km，主要集中于东部滨海新城、中心城区和双岛湾科技城。其中，干线综合管廊30.17 km，支线综合管廊48.7 km，结合中心城区架空线路入地规划缆线管廊约17 km。

（三）指导思想

威海市城市综合管廊工程规划应当符合城市总体规划、管线综合规划、控制性详细规划，并与地下空间规划、道路规划及各工程管线专项规划相衔接。

以城市道路下部空间综合利用为核心，结合城市经济发展状况和城市发展战略，围绕城市市政公用管线布局，构筑完善的综合管廊系统。

统筹安排各类工程管线在综合管廊内部的空间位置，协调综合管廊与沿线其他地面、地上及地下工程的关系，形成与城市规划相协调，城市道路下部空间得到合理有效利用的综合管廊系统，以达到改善城市现状，促进城市发展并有效控制建设成本的目标，并为规划、建设提供依据。

（四）规划可行性分析

1. 宏观层面

1）符合国家政策、资金支持

综合管廊作为当今城市市政基础设施集约化发展的重要形式，具有承载能力服务水平高、节约城市土地资源的优点。《关于加强城市地下管线建设管理的指导意见》《关于推进城市地下综合管廊建设的指导意见》均提倡“新建道路、城市新区和各类园区地下管网应按照综合管廊模式进行开发建设”。东部滨海新城作为一个“集高端服务聚集地、文化教育创新区、先进制造产业园、现代农业示范于一体的世界一流生态宜居新城”和“国家绿色生态发展示范区，中韩经贸合作的示范区和桥头堡”，在国家政策的指导下，建设城市地下综合管廊可以有效减少反复开挖，节约资源，提升基础设施建设管理和运营水平，可以实现环境友好、绿色人文和可持续发展的战略目标。

《关于推广运用政府和社会资本合作模式有关问题的通知》中提出“各级财政部门要重点关注城市基础设施及公共服务领域，如城市供水、供暖、供气、污水和垃圾处理、保障性安居工程、地下综合管廊、轨道交通、医疗和养老服务设施，优先选择收费定价机制透明、有稳定现金流的项目”。其中明确提出“政府和社会资本合作（PPP）运营模式的适用范围包含地下综合管廊”，以此进一步为综合管廊建设在资金压力方面提供解决思路。

2015年住房和城乡建设部与国开行联合下发的《关于推进开发性金融支持城市地下综合管廊建设的通知》（建城〔2015〕165号）中指出：一要创新融资模式，根据项目情况采用政府和社会资本合作、政府购买服务、机制评审等模式，推动项目落地；支持社会资本、中央企业参与建设城市地下综合管廊，打造大型专业化管廊建设和运营管理主体；在风险可控、商业可持续的前提下，积极开展特许经营权、收费权和购买服务协议下的应收账款质押等担保类贷款业务。二要加强信贷支持，国家开发银行各分行会同各地住房和城乡建设部门，合理确定拟入库项目的前期准备工作；对纳入储备库中的项目，在符合贷款条件的情况下给予贷款规模倾斜，优先提供中长期信贷支持。三要完善金融服务，积极协助城市地下综合管廊项目实施主体发行可续期项目收益债券和项目收益票据，为项目实施提供财务顾问服务，发挥“投、贷、债、租、证”的协同作用，努力拓宽地下综合管廊项目的融资渠道。

2015年住房和城乡建设部与农发行联合下发的《关于推进政策性金融支持城市地下综合管廊的通知》（建城〔2015〕157号）中要求：一是农发行各分行要把地下综合管廊建设作为信贷支持的重点领域，积极统筹调配信贷规模，在符合贷款条件的情况下，优先给予贷款支持，贷款期限最长可达30年，贷款利率可适当优惠。在风险可控、商业可持续的前提下，地下综合管廊建设项目的特许经营权、收费权和购买服务协议预期收益等可作为农发行的质押担保。二是农发行各分行要积极创新运用政府购买、政府和社会资本合作等融资模式，为地下综合管廊建设提供综合性金融服务，并联合其他银行、保险公司等金融机构以银团贷款、委托贷款等方式，努力拓宽地下综合管廊建设的融资渠道。对符合条件的地下综合管廊建设实施主体提供专项基金，用于补充项目资金不足部分。

2015年国家发展改革委、住房和城乡建设部印发的《关于城市地下综合管廊实行有偿使用制度的指导意见》中提到：一是城市地下综合管廊各入廊管线单位应向管廊建设运营单位支付管廊有偿使用费用。各地应按照既有利于吸引社会资本参与管廊建设和运营管理，又有利于调动管线单位入廊积极性的要求，建立健全城市地下综合管廊有偿使用制度。二是城市地下综合管廊有偿使用费包括入廊费和日常维护费，分别用于弥补管廊建设成本和日常维护、管理支出不足部分。管廊投资建设的合理回报原则上参考金融机构长期贷款利率确定，运营环节的合理利润原则上参考所在地区市政公用行业平均利润率确定。三是各地应灵活采取多种政府与社会资本合作模式，统筹运用价格补偿、财政补贴、政府购买服务等多种渠道筹集资金，引导社会资本合作方形成合理回报预期，依法、依规为管廊建设运营项目配置土地、物业等经营资源。

2015年山东省人民政府办公厅发布的《关于贯彻落实国办发〔2015〕61号文件推进城市地下综合管廊建设的实施意见》中提出，到2020年年底，全省建成标准地下综合管廊长度力争达到800 km的总体目标。“十三五”期间，青岛等2市分别建成60 km以上，烟台等5市分别建成40 km以上，威海等10市分别建成30 km以上，逐步提高城市道路配建地下综合管廊的比例；另外还要求，设区城市应在2016年6月前、其他城市和有条件的县城在2016年年底前，编制完成综合管廊专项规划。另外，从2016年起，将地下综合管廊建设纳入山东省新型城镇化工作考核；省住房城乡建设部门会同省财政部门，结合国家开展城市地下综合管廊建设试点工作，适时启动省级试点，对试点城市给予专项资金补助。

为推动东部滨海新城地下综合管廊建设，2014年9月，威海市政府采用政府和社会资本合作模式成立威海市滨海新城投资股份有限公司，统筹负责地下综合管廊的投资、建设和运营管理，在引入社会资本参与基础设施方面具备良好的架构，也走在了国内前列。

目前，威海市以发行地方债券的形式筹集近9亿资金作为威海市滨海新城投资股份有限公司地下综合管廊建设专项资金，用于威海市综合管廊建设的启动。

综上所述，威海市，尤其是东部滨海新城规划建设综合管廊符合国家政策导向和资金支持方向。

2）符合国民经济发展需求

据统计，2001～2004年，上海、广州、深圳等地建设综合管廊，人均GDP水平为4 650～6 558美元；2001～2005年，城市化水平在70%左右，为综合管廊建设的临界点。另有资料显示，人均GDP达到3 000美元时，城市发展对地下空间开发利用的需求会明显加大，首先表现在对地铁、综合管廊、地下停车场、地下道路等交通、市政基础设施的需求上。

近年来，威海市经济和社会各项事业迅猛发展。2015年，威海市生产总值超过3 000亿元，“十二五”期间年均增长9.8%，人均超过1.6万美元，是全国的两倍多；地方公共财政预算收入249.7亿元，年均增长14.3%；常住人口城镇化率已提高到62.3%；城镇和农村居民人均可支配收入分别超过3.6万元和1.6万元，年均增长10.9%和12.5%；民生支出占财政支出比重已提高到83.1%，基本公共服务的供给水平持续提高、覆盖面不断扩大。从经济基础来看，威海市已经远远超过综合管廊建设临界点，管廊建设经济基础雄厚。

威海市推进城市现代化和新型城镇化的目标任务：通过政策整合，破除城市化进程中的体制机制障碍，进一步提高全市城镇承载能力，力争“十三五”期间全市城市化率每年提高1个百分点以上，2020年达到75%。

综上，威海市规划建设综合管廊符合国民经济发展需求，同时综合管廊建设也是基础设施发展的必然趋势。

2. 中观层面

1）威海市区域现状及功能定位支持

综合管廊的建设往往难以在城市内全面展开，根据国内外许多城市的发展经验，综合管廊的规划表现出明显的区域网络型特点。城市的重要区域往往首先被规划、建设，而且国内许多城市在区域节点规划中都考虑了综合管廊规划，因此从区域现状、功能定位、容量分析等方面进行分析，重点考虑交通、商业设施、人防工程等因素。

一是选择在高密度建设地区。二是选择在道路运输繁忙、交通量大的地区。三是选择在地下空间开发利用需求高的地区，例如，有轨道交通、高压电缆隧道通过的地区，应考虑一并建设地下综合管廊。四是新区优先建设、老区结合项目改造建设。新区在建设初期，地下综合管廊和道路、开敞空间的建设应同步进行；老城应结合旧城更新、道路改造、河道治理、地下空间开发等统筹安排地下综合管廊建设。

2）威海市小城镇发展新模式支持

威海市是国家新型城镇化综合试点城市，一直致力于探索经济高效、环境友好、城乡互动、文明和谐的特色城镇化道路，2015 年城镇化率达到 62.3%。其衡量城市市政公用设施的主要指标位居全国前列。为进一步提升人均市政公用设施指标，在高密度建设区及地下空间开发利用需求高的地区规划综合管廊是可行的。

3）威海市富有特色的山海结构等自然风貌支持

威海市位于山东半岛东端，三面环山，一面临海，地貌特征起伏多变，沟壑纵横，丘陵低山占全区总面积的 79%。山海格局是威海市城区最富特色的风貌要素。

威海市独特的地形地貌，决定了威海城市的发展主要沿滨海一线狭长展开，纵深空间有限，只能采取向东、向西以及地下开发模式达到可持续发展的目标。而独特的地形地貌决定了威海城区各工程管线的主要路由相对统一、固定，这些都为建设城市地下综合管廊提供了先天条件。

3. 微观层面

1）威海市气象、水文等自然条件支持

威海市多年平均降雨量为 765.8 mm，降水量年际变化大，年内时空分布不均。全年雨量集中在 7 ~ 8 月，约占全年的一半，春秋雨量较少，12 月至翌年 2 月雨雪量最少。全市地形属起伏和缓、谷宽坡缓的波状丘陵区。由于海拔较高的昆嵛山、伟德山和正棋山东西横贯市域中部，形成市域地形的脊背以及分水岭，受这种地势的支配，全市水系呈“非”字形从南、北方向分流入海。

威海市河流属半岛沿海边沿水系，多为季节性间歇河流、季风区雨源型河流，河床比降大，源短流急，涨落急剧，径流量受季节性影响差异甚大，枯水季节河床暴露。全市共有大小河流 1 000 余条，流域面积 100 km^2 以上的河流有 10 条。

综合管廊一般沿道路敷设，起伏和缓、谷宽坡缓的波状丘陵区地形和密布的山间河流，使得规划区域雨水管道管径适中，且管廊坡度也能满足排水流量及流速的要求。因此，结合规划区气象、水文资料，通过论证，将规划区域内的雨污水等排水管道纳入综合管廊是可行的。

2）威海市正处于新城区大规模建设开发阶段

东部滨海新城和双岛湾科技城的建设正在启动阶段，现有管线设施主要满足基本生活需求的供水、排水，还没有形成体系，管线种类较为单一、数量较少。路网建设也未成体系。综合管廊建设有条件结合新城建设计划实施。

主城区结合地下空间开发、旧城改造、道路改造、地下主要管线改造等项目同步进行。

3）规划及改造道路条件支持

道路是基础设施建设的主要载体，通常情况下，综合管廊的建设都是利用浅层地下空间，沿道路敷设。因此，道路的各种条件直接影响综合管廊的建设，如道路的等级、道路宽度，承载的管线种类、管径、埋深、维修频率，道路地质条件，等等。

威海市属于丘陵平原地区，地形地貌呈现典型缓丘地貌、河谷平原地区特征。其地质情况以强风化为主，管廊规划建造地层一般属于黏性砂土层，具备较好的地基承载力，从而使得地下管廊的实施具备良好的地质条件。本次规划主要沿主次干道、管线主次路由选择综合管廊规划路由，将管线维修频率较高的管线入廊敷设，减少后期更换、维护造成“拉链路”。据统计，理想状态下的电缆使用周期一般为15年，铸铁材质的供水管线的使用时间一般为20～30年，热力管线在沿海地区受地下水影响，使用寿命为3～5年，受氧化、挤压等影响还会不同程度地缩短管线的寿命。本次规划主要将电力、热力、给水、燃气等入廊敷设。

（五）规划规模

1. 规划规模

威海市共规划综合管廊长度为78.87 km，主要集中于主城区、双岛湾科技城和东部滨海新城。威海市主城区综合管廊本次规划约15 km，其中干线管廊8.4 km，支线管廊6.6 km；双岛湾科技城本次规划约5.0 km，其中干线管廊2.1 km，支线管廊2.9 km；东部滨海新城本次规划地下综合管廊规模约58.87 km，其中干线管廊19.675 km，支线管廊39.195 km。

2. 建设规模分析

主要参考国外管廊完善区域的建设规模及密度和国内发达地区的已建规模，从管廊密度、规划道路里程等方面分析评价。

规划区域2030年人口规模约为170万人，总规用地面积约为777 km^2，其中建设用地约210.48 km^2，规划城市道路总长度约1 115.5 km（其中中心城区规划城市道路总长度为834.7 km，东部滨海新城规划道路总长度280.8 km）。与国内外城市已建管廊区域相比，威海市综合管廊已建及规划规模不管从长度上还是密度上都存在着一定差距。威海市规划管廊长度低于东京（126 km）、莫斯科（130 km），基本与马德里（100 km）持平，管廊密度（规模综合管廊长度与规划用地面积的比值为）0.16，介于国外管廊完善城市的0.12 ~ 0.21的水平。

威海市规划综合管廊长度为78.87 km，规划道路总长度为1 115.5 km，管廊长度约为道路长度的7.07%。

（六）总体布局

1. 适建性数模分析

威海市综合管廊系统评价体系主要包括指标的选取和权重的确定两个部分。

1）指标的选取

威海市综合管廊系统评价体系的功能是为拟建城市地下市政综合管廊项目做技术经济的预评价，为当地决策部门决定最终是否建设、建设哪条综合管廊项目提供重要的参考依据。

影响城市综合管廊建设的因素很多，涉及指标系统的各个方面，因此所选择的评价指标应能从不同方面、不同角度、不同层面客观地反映该城市综合管廊项目的技术、经济的可行性。

（1）建立层次结构模型。城市综合管廊系统评价体系是个复杂的体系，受道路交通、管线需求、地下空间开发利用、周边土地开发利用等多种因素的影响，本研究采用层次分析法从目标层、准则层和指标层3个层次来构建城市综合管廊系统评价体系。

（2）海选评价指标。虽然城市综合管廊建设在我国刚刚起步，但城市综合管廊本身的建造和施工技术还是比较成熟的，因此选取技术性评价指标时主要从管廊的载体——道路的特征、各种市政管线需求、地下空间开发利用以及周边土地开发利用等方面进行选取。

（3）初步确立评价指标。初步确立对城市地下市政综合管廊建设影响比较大的6个单项评价指标：道路等级及交通流量、道路开挖的适宜程度、地下管线需求、地下空间开发利用、功能分区和用地性质及开发强度等指标。评价体系结构模型如图1-13所示。

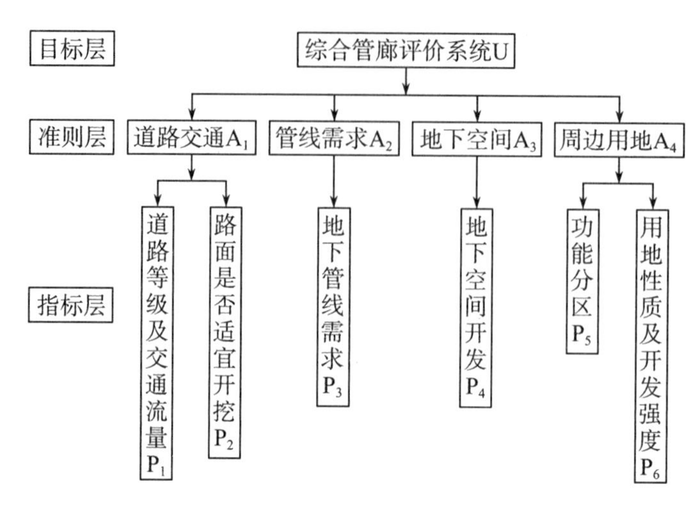

图 1–13 威海市城市综合管廊需求分析评价体系

2）权重的确定

结合《威海市城市总体规划》《东部滨海新城总体规划》以及《双岛湾科技城控制性详细规划》确定的城市道路网和用地规划，同时结合《威海城市地下空间开发利用规划》《威海市城市地下管线综合规划》等专项规划，采用专家评价法对各项评价指标进行权重打分。

3）综合管廊需求评价体系计算公式

$$U=A_1Q_1+A_2Q_2+A_3Q_3+A_4Q_4$$
$$=(p_{11}q_{11}+p_{12}q_{12})+p_{21}q_{21}+p_{31}q_{31}+(p_{41}q_{41}+p_{42}q_{42})$$
$$=(p_{11}q_{11}+p_{12}q_{12})+p_{21}q_{21}+p_{31}q_{31}+\left(\frac{\sum_i^n p'_{4i}q'_{4i}}{n}+p_{42}q_{42}\right)$$

式中，A_i 为准则层第 i 个指标值，Q_i 为准则层第 i 个指标的权重；p_{1i} 为准则层第 1 个指标下第 i 个分指标值，q_{1i} 为准则层第 1 个指标下第 i 个分指标的权重；p'_{4i} 为准则层第 4 个指标下第 1 个分指标中第 i 个地块的指标值，q'_{4i} 为准则层第 4 个指标下第 1 个分指标中第 i 个地块的指标值的权重。

4）需求分析评价

依据威海市城市综合管廊评价体系，对区域内道路敷设综合管廊的需求进行分析评价，其中快速路、主干路以及部分核心区道路评价值如表 1–1 所示。

表1-1　部分城市道路布置综合管廊需求分析评价值

编号	道路名称	道路等级	总分值
1	内环快速路	快速路	0.347
2	K1快速路	快速路	0.363 5
3	K2快速路	快速路	0.347
4	齐鲁大道	快速路	0.569 75
5	疏港路	快速路	0.565 5
6	成大路	快速路	0.332 5
7	威青高速连接线	快速路	0.332 5
8	世昌大道	主干路	0.642 5
9	科技路	主干路	0.613 5
10	文化路	主干路	0.655
11	大连路	主干路	0.646 75
12	沈阳路	主干路	0.63
13	昆明路	主干路	0.661 25
14	吉林路	主干路	0.655
15	古寨西路	主干路	0.66
16	古寨东路	主干路	0.66
17	烟威路	主干路	0.452 5
18	黄河路	主干路	0.572 5
19	昌华路	主干路	0.558 75
20	环翠路	主干路	0.462 5
21	九华路	主干路	0.597 5
22	初张路	主干路	0.475
23	双岛湾西路	主干路	0.632 5
24	双岛湾东路	主干路	0.657 5
25	和兴路	主干路	0.68
26	新威路	主干路	0.68
27	青岛路	主干路	0.98
28	海滨北路	主干路	0.425
29	海滨中路	主干路	0.425

续表

编号	道路名称	道路等级	总分值
30	海滨南路	主干路	0.425
31	嵩山路	主干路	0.412 5
32	上海路	主干路	0.68
33	大庆路	主干路	0.671 5
34	珠海路	主干路	0.586 25
35	海埠路	主干路	0.441 25
36	松涧路	主干路	0.68
37	经十三路	主干路	0.68
38	逍遥大道	主干路	0.68
39	金鸡路	主干路	0.68
40	创新中路	次干路	0.68
41	渤海路	次干路	0.68
42	东风路	次干路	0.671 75
43	纬一路	次干路	0.68
44	纬四路	次干路	0.653 75
45	纬五路	次干路	0.647 5
46	经五路	次干路	0.68
47	智慧岛西路	支路	0.63
48	智慧岛东路	支路	0.63

规划区域应根据道路实施时序，结合需求分析，优先在分值较高的区域和道路上敷设城市地下综合管廊。

2. 定性分析综合管廊系统布局影响因素

1）经济因素

综合管廊较直埋敷设方式的社会效益、环境效益优势明显，近期经济效益远低于直埋敷设方式，一次性投资大，因此，经济因素是影响综合管廊规划布局的重要考虑因素。

本着高效、经济的原则，在重要路段、重要管线路由以及高密度开发的区域敷设综合管廊，以较小的投资换来较大的社会效益。

2）城市功能因素

综合管廊是一项新型的市政设施，服务于周边的地块，它的目的是集约用地、减少二次开挖，适合建设在城市的中心区或交通运输非常繁忙、不宜开挖的地段，所以在综合管廊的系统布置上也必然应该优先考虑在城市的中心区或重要的产业区，以便充分发挥综合管廊的优势。

（1）主城区。依据总体规划，威海市未来发展以有利于壮大中心城市、发挥核心城镇对区域辐射带动作用的原则，最终形成威海市“一个主中心，四个副中心，三条发展轴，十三个重点镇”的A字形格局。

新威路、青岛路和金线顶滨海路位于城市中心，以行政办公、文化娱乐、金融商业等服务功能为主，开发强度高。青岛路、新威路是主城区的主要道路之一，交通流量大，是建设综合管廊的适宜区。

（2）双岛湾科技城。双岛湾科技城延续总体规划的规划结构，明确各组团的功能与布局，确定规划片区用地的规划结构为一个核心、两个服务圈层、三个特色公园、四大组团区域。

在双岛湾科技城核心位置的中央智慧岛，是区域生产服务中心和公共配套服务中心，以文化服务设施、商业金融和商务办公等功能为主，汇集商业购物中心、商务综合体和总部研发集聚基地等高端服务设施。

（3）东部滨海新城。东部滨海新城将充分体现山、水、城的空间关系，构建完善的城市功能布局，形成“一带、两轴、五组团”的城市空间格局。

东部滨海新城是威海市近期重点开发建设区域，结合新城的开发建设时序同步建设辐射全区的综合管廊系统是适宜的。

3）地形因素

（1）主城区。地处鲁东断块丘陵的东部，属谷宽坡缓的波状丘陵区。东北部及西南部以山体为主，海拔高度为200 m左右，大部分为波状丘陵。沿海区域有部分平原地带，区内主要河流具有间歇性和源近流短的特点。威海市主城区受山体及海洋影响，整个区域沿海岸线呈带状发展，对综合管廊系统布局有一定影响。

（2）双岛湾科技城。双岛湾三面环山，河海交汇，山、海、湾、岛、滩、林、河、湿地融于一体，具有独一无二的“海在城中，城在山中”的空间特质。双岛湾内，除主航道潮流槽外，均为潮滩，地势平缓，微向流槽倾斜，坡降1/2 000左右，流槽两侧常有潮沟发育，潮滩物质主要为细砂。在双岛湾畔，海蚀地貌主要分布于东岸、南岸及口门大岛、小岛的岛岸。在口门附近的东岸及大岛、小岛的周围有现代海蚀崖发育，高度一般在10 m以内，崖壁陡峭，基岩裸露，其上零星分布海蚀穴。崖外有岩滩或岩坡，即海蚀平台，宽度一般为50～60 m，但岬角顶端宽达百余米。口门西侧为良好的砂质岸线，长度约2 km。

该区内北侧烟墩山主峰海拔为148 m，南侧凤凰山主峰海拔为144 m，二者作为区域制高点，构成了区内主要的空间轮廓。区内腹地地势较平缓，海拔高度基本在30 m以下。

威海市河流属半岛边沿水系，为季风区雨源型河流。河床比降大，源短流急，暴涨暴落。径流量受季节影响差异较大，枯水季节多断流。

该规划区域内4条河流均为雨源山溪河流，源短流急，均属间歇性河流，无水文观测资料。河流水源靠季节性降水补给，径流量季节性变化大。在正常的降水年份，多数河流夏、秋两季有水，冬、春两季干涸。

双岛湾三面环山，河海交汇的独特地形将规划区域分割为5个分散组团，河海相间的规划布局不利于规划区内各工程管线的联系。

（3）东部滨海新城。该区域属于丘陵平原地区，整体地势南高北低；南部以山体为主，海拔最高为480 m，大部分为200～300 m高的波状丘陵；北部沿海地区多为平原，可建设用地数量较多；南面桥头镇三面环山，中间为一盆地，地势较平坦，用地建设条件良好。

该规划区内现有的主要河流包括3条：五渚河、逍遥河和石家河。其中以石家河的流域面积最大。位于桥头、泊于两镇境内的石家河段沿岸多为丘陵地带，中下游有小型冲积平原分布。五渚河跨越草庙子、温泉、崮山、桥头四镇。在石家河上游还有一座水库——所前泊水库，位于桥头镇所前泊村西南，是一座以防洪、灌溉和城市供水为主，兼有养殖等综合利用和水情调节功能的中型水库。

五渚河、逍遥河、石家河沿纵向将核心区切割为3个流域，割裂了管线的有机通道，使得管线衔接需多次穿越河流，降低了管线供给的安全性。如图1-14所示。

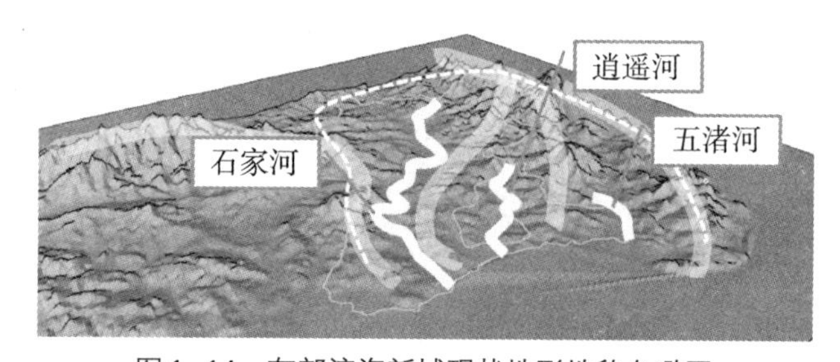

图1-14　东部滨海新城现状地形地貌鸟瞰图

该区域中部的山体、林地和泊于水库沿规划区域横向将核心区分割为2个发展组团。山体的阻隔和密布的河网在空间上切断了核心区内管线的联系，不利于管线系统的展开。

4）交通因素

综合管廊应优先布置在交通流量大、地下管线密集的城市主要道路以及景观道路上，因此交通因素也影响着管廊的布局。

（1）主城区。主城区三面环海，中部为山体所隔，城市用地沿山海之间带状布局，道路网总体呈“环形+方格网”形态。城市道路由环翠中心区向高新技术产业开发区、经济技术开发区两翼延伸。

中心城区形成“一环四联一纵”快速路网布局，“一环”为内环快速路，“四联”包括K1快速路、K2快速路、齐鲁大道—成大路、威青高速连接线，“一纵”为疏港路。

以快速路系统为依托，结合城市空间布局，构建以“环山向海”为主要联系方向的主干路骨架，调整、完善各组团内部主干路系统。主城组团的形成以世昌大道—青岛路、文化路—海滨路为骨架，以大连路—昆明路、科技路、沈阳路、吉林路、古寨西路、古寨东路、嵩山路、珠海路、上海路—大庆路等为支撑的主干路网络。

在新威路、青岛路等道路下，配合轨道交通、地下道路、城市地下综合体等建设工程以及道路改扩建等，同步实施地下综合管廊是适宜的。

（2）双岛湾科技城。双岛湾科技城路网是由交通性快速路、交通性主干道、城市景观性主干道、生活性主干道构筑的“五横四纵”的整体路网骨架。

和兴路、创新中路是中央智慧岛连接东西两侧的主要通道，能够实现环湾东西向交通与初张路及沈阳路的通畅连接，交通流量大；而智慧岛路是中央智慧岛内主要通行环路。在和兴路、创新中路、智慧岛路上实施综合管廊是适宜的。

（3）东部滨海新城。其大部分道路都未实施，配合新城道路建设同步实施综合管廊是适宜的。

5）站点布局影响因素

（1）主城区。根据各管线规划，可以看出主城区的电力、通信、热力、燃气等基本由区域内部自己供给，给水由经济技术开发区的柳林水厂、崮山水厂供给，因此管线引入路由相对固定，内部系统较为完整。

（2）双岛湾科技城。根据各管线规划，双岛湾科技城主要依靠外围站点向新城内部供应，因此管线引入路由相对固定。

（3）东部滨海新城。给水、电力、通信、热力、燃气等均由西部城区站点引入，因此管线引入路由相对固定。

6）管线系统布局

（1）主城区。通过对威海市主城区的现状管道的梳理，结合各管线规划情况，可以得出，威海市主城区的现状及规划管道的基本概况。其中，给水、热力、通信、电力的主干管道基本位于海滨路、世昌大道、青岛路、新威路及文化路等道路下。

表1-2　主城区市政管线主要路由

	给水	热力	再生水	电力	通信
海滨路	●	●	●	●	●
世昌大道	●	●		●	●
青岛路	●	●		●	●
新威路	●			●	
文化路				●	●

注：表中●表示该市政路上有相应的管线。

文化路及世昌大道构成主城区管线横向骨架，海滨路及青岛路—新威路成为纵向条带的管线主要路由，通过4条路的构架，中心城区管线容量充足，系统安全。以吉林路、沈阳路、统一路、古寨西路为纵向代表，以昆明路、渔港路、宝泉路等为横向引申，构成环状系统，使主城区管线有机结合，提高保障率。

（2）双岛湾科技城。

① 横向贯通。和兴路、马山路、凤凰山北路的东西向管线主动脉形成“二横”贯通的布局，和兴路将分散的片区管线系统有机地连接在一起；马山路、凤凰山北路作为管线连通的有力保障，保证管线站点容量充足、管线系统稳定。② 纵向延伸。利用双岛西路、双岛东路和烟墩山路完善管线主动脉的纵向分配功能，保证市政设施的区域共享；保证内部组团管线畅通，快捷有效地抵达4个组团及外围的产业发展区，将核心区各组团紧密联系起来。③ 环状闭合，网状分配。峒岭河路、硅谷路、创新西路、创新东路、万泉路等环线形成闭合环网管线系统，完善管线总体布局；提高管线的整体服务水平，通过在主干框架外围形成环状，将管线分配至整个片区；加强管线系统的整体性，提高保障率。

（3）东部滨海新城。

① 横向贯通。松涧路、成大路、纬四路的东西向管线主动脉形成“三横”贯通的布局，松涧路将分散的片区管线系统有机地连接在一起，同时与市区进行连通；成大路、纬四路作为管线连通的有力保障，保证管线站点容量充足、管线系统稳定。② 纵向延伸。利用金鸡路完善管线主动脉的纵向分配功能，保证市政设施的区

域共享；保证内部组团管线畅通，快捷有效地抵达滨水休闲区及外围的产业发展区，将核心区各组团紧密联系起来。③ 环状闭合。以经一路、经七路、经十三路、经十七路作为纵向管线主干路，以纬七路、纬九路作为滨水休闲区环线，形成闭合管线系统，完善管线总体布局。提高管线的整体服务水平，通过在主干框架外围形成环状，将管线分配至整个片区；加强管线系统的整体性，提高保障率。④ 网状分配。结合区域地块开发，有针对性地完善支线分配，满足用户需求。

通过对干线、支线进行合理布局，搭建一套容量充沛、分配合理、供给便捷的管网系统。

3. 管廊系统布局

1）主城区

威海市主城区受地形地貌限制，管廊布局沿滨海一线展开；其大规模发展至今只有大约20年的时间，基础设施较新，使用情况良好；环翠区建设基本完善，近期无大规模的旧村改造。

结合以上因素，在主城区，本次规划沿新威路—青岛路布置综合管廊，构建支状的系统布局；在金线顶滨海路局部成环，不再规划大规模的综合管廊建设，仅在重要节点结合个别区域的地下空间项目进行小范围建设。

金线顶滨海路综合管廊：金线顶位于威海湾的中部，地理位置极为优越，属于城市的标志性地段。该区域规划有居民区、学校、企事业单位、驻军单位、渔码头、水上生态园、商业酒店等，规划定位较高。该区域高级商业区段较多，规划地下管线种类多，扩容改建频繁。为保护环境和避免道路重复开挖，可结合片区地下商业设施及地下交通等同步实施，在金线顶滨海路建设综合管廊非常适合。结合该片区规划，沿金线顶滨海路敷设综合管廊，规划总长度约3.5 km，其中，核心区约1.3 km。

新威路综合管廊：在新威路（戚家夼路至世昌大道路段）建设综合管廊，规划总长度约1.1 km。

青岛路综合管廊：结合《威海城市地下空间开发利用规划》，远期规划在青岛路（齐鲁大道至戚家夼路段）建设地下快速路，同时结合地下快速路施工进行综合管廊建设，规划总长度约8.4 km。

渤海路综合管廊：结合《威海城市地下空间开发利用规划》中的地下人行道规划，远期在威海渤海路（嵩山路至海滨路段）敷设综合管廊，规划总长度约2.0 km。

结合电力架空线杆改造，在古寨西路（古寨南路至花园中路段）、古寨南路（柴峰路至古寨东路）、文化中路（福山路至西北山路）等道路敷设电力缆线管廊，全长约5 550 m。

表1-3　主城区综合管廊汇总表

	长度/km	备注
新威路	1.1	支线管廊
金线顶滨海路管廊	3.5	支线管廊
青岛路管廊	8.4	干线管廊
渤海路	2.0	支线管廊
汇总	15.0	—

2）双岛湾科技城

结合站点的分布、管线布局及用地规划的影响分析，确定管线布局的骨架管网为“两纵一横”，且道路沿线为密集开发区域。考虑到双岛湾科技城东西两侧片区均已建成或在建，短时间内无改扩建计划，而核心区中央智慧岛还未建设，因此综合管廊敷设模式应以中央智慧岛作为重点建设区域，最终确定为环线系统布局。

和兴路、智慧岛路和创新中路形成“二纵二横”布局，成为综合管廊系统骨架，重点在中央智慧岛形成综合管廊布局，同时沿和兴路敷设过河综合管廊。如表1-4所示。

表1-4　双岛湾科技城地下综合管廊汇总表

	长度/km	备注
和兴路管廊	2.1	干线管廊
智慧岛路管廊	2.02	支线管廊
创新中路管廊	0.88	支线管廊
汇总	5.0	—

双岛湾科技城综合管廊重点建设区域为中央智慧岛，和兴路、智慧岛路、创新中路等中央智慧岛主要道路都已敷设综合管廊，所以本次管廊规划不再在中央智慧岛其他道路规划缆线管廊。

3）东部滨海新城

结合站点的分布、管线布局及用地规划的影响分析，确定管线布局的骨架管网为四纵三横，且道路沿线为密集开发区域。因此，东部滨海新城综合管廊敷设模式也应以“四纵三横”作为重点研究对象。东部滨海新城综合管廊系统形成完善的环状布局。如表1-5所示。

沿松涧路、金鸡路形成“一纵一横”布局，成为综合管廊系统骨架，形成东西向、南北向管线主要通道。

表1-5　东部滨海新城干线管廊汇总表

	长度/km	备注
松涧路管廊	12.565	干线管廊
金鸡路管廊	7.11	干线管廊
汇总	19.675	—

在经七路、纬四路、经十三路、纬九路设置支线管廊，与松涧路、金鸡路围成“三纵三横”布局。

在经一路、经二路、纬一路、纬七路设置支线管廊，与干线管廊形成更加完善的管廊系统。如表1-6所示。

表1-6　东部滨海新城支线管廊汇总表

	长度/km	备注
经七路管廊	2.845	支线管廊
经十三路管廊	2.1	支线管廊
纬四路管廊	4.3	支线管廊
纬九路管廊	2.4	支线管廊
经一路管廊	2.885	支线管廊
经二路管廊	4.67	支线管廊
经五路管廊	2.42	支线管廊
经九路管廊	1.39	支线管廊
经十一路管廊	1.515	支线管廊
经十七路管廊	2.555	支线管廊
经十九路管廊	2.1	支线管廊
经二十八路管廊	0.86	支线管廊
纬一路管廊	1.8	支线管廊
纬五路管廊	0.955	支线管廊
纬七路管廊	3.4	支线管廊
纬十一路管廊	3.0	支线管廊
汇总	39.195	—

结合东部滨海新城综合管廊系统布局，在纬一路（经二路至金鸡路路段）、纬一路（经七路至纬三路路段）、纬三路（成大路至纬一路路段）、纬四路（经二十三路至金鸡路路段）、纬六路（金鸡路至纬四路路段）、经十路（成大路至松涧路路段）和威石辅路（成大路至松涧路路段）等7条道路规划电力缆线管廊，作为东部滨海新城综合管廊系统的有机组成。东部滨海新城规划缆线管廊长约11 690 m。

4）远景展望

结合总体规划、地下空间规划、各管线专项规划等，定性分析基础设施站点分布、管线布局及用地规划、城市发展格局等因素，初步确定在高密度建设区、交通量大的干道、新建城区、结合项目改造的老城区等规划综合管廊，并通过适建性数据模型将各规划提取指标定量衔接进行验证，最终形成“横向贯通、纵向延伸、环状闭合、网状分配”的规划布局。

（七）入廊管线

1. 入廊管线种类

目前，城市工程管线主要包括电力电缆（高压、低压）、通信电缆（含电信、联通、移动、国防、有线电视等）、燃气、给水、热力、雨水、污水、再生水等。另外，还有交通监控和路灯电缆。如果考虑到城市的发展，城市工程管线还有供冷、直饮水、垃圾及其他专用管线等。如表1–7所示。

表1–7　国内部分城市综合管廊入廊管线情况一览表

序号	建设地点	建成年代	长度/km	入廊管线
1	上海张杨路	1994	11.13	给水、电力、通信、燃气
2	上海安亭新镇	2002	5.8	给水、电力、通信、燃气
3	上海松江新城	2003	0.32	给水、电力、通信
4	连云港西大堤	1997	6.67	给水、电力、通信
5	济南泉城路	2001	1.45	给水、电力、通信、热力
6	北京中关村西区	2005	1.9	给水、电力、通信、燃气、热力
7	深圳盐田坳	2005	2.67	给水、通信、燃气、污水压力管
8	兰州新城	2006	2.42	给水、电力、通信、热力
9	广州大学城	2007	17.4	给水、电力、通信、供冷
10	大连保税区	2008	2.14	给水、电力、通信、再生水、热力
11	宁波东部新城	2009	6.16	给水、电力、通信、再生水、热力

续表

序号	建设地点	建成年代	长度/km	入廊管线
12	无锡太湖新城	2010	16.4	给水、电力、通信
13	深圳光明新城	2011	18.3	给水、电力、通信、再生水

2. 入廊管线适宜性分析

根据《城市综合管廊工程技术规范》（GB 50838—2015）第3.0.1条："给水、雨水、污水、再生水、天然气、热力、电力、通信等城市工程管线可纳入综合管廊。"纵观国内外工程实践，各种城市工程管线均有敷设在综合管廊内的案例。但是管廊建设受内部、外部因素影响较大，因此需从以下几方面对管线入廊的适宜性进行重点分析。

（1）各专业管线的特性。

（2）专业管线之间的相互影响。例如，热力散热对电力的不良影响，110 kV及以上电力电缆对通信电缆的干扰等。

（3）专业管线的安装、使用和运营维护需求。

（4）入廊管线的火灾危险性，对消防、通风、监控、报警等的要求。

（5）与城市规划、环境景观、地下空间利用的协调统一。

（6）经济性。

3. 电力、通信线缆纳入综合管廊的适宜性分析

电力电缆、通信电（光）缆管线易弯曲，在综合管廊内铺设时，设置的自由度和弹性较大，不易受空间的限制，所以国内外已建和在建的综合管廊，基本容纳了电力电缆和通信电（光）缆。

电力电缆进入综合管廊的主要风险在于可能发生火灾，由于电力线路过载引起的电缆温升超限，可通过采用阻燃或不燃电缆降低灾害的发生，因此规定含电缆的舱室火灾危险性为丙类。对于干线管廊容纳电力电缆的舱室及电缆数量6根及以上的舱室，应设置自动灭火系统、火灾监控系统，以加强防范。

在通信管线方面，由于通信运营商众多，业内竞争激烈，大量的通信管线不断重复建设，在耗费了大量的城市地下资源的同时，也给城市管理带来困难。建设综合管廊并租售给各运营商使用，可实现共建共享，节省地下空间资源，因此通信电（光）缆入综合管廊是必要的。

电力、通信线缆纳入管廊主要考虑电力对通信的干扰问题。目前，基本选用通信光缆作为信息传输载体介质，此时二者的相互干扰问题可以忽略不计，无需采取特殊的技术就可共同敷设。根据《城市综合管廊工程技术规范》（GB 50838—2015）第

4.3.7条规定："110 kV及以上电力电缆，不应与通信电缆同侧布置。"

综合以上分析，在综合管廊规划设计中，应容纳电力、通信线缆。当敷设110 kV及以上电缆时，不与通信电缆同侧布置或分舱敷设。

4. 给水、再生水管道纳入综合管廊的适宜性分析

给水、再生水管道属于压力管道，布置较为灵活，无需考虑管廊纵坡变化的影响，且与其他专业管线相互干扰较小，所以国内外已建和在建的综合管廊中，基本纳入给水及再生水管道。

给水及再生水管道纳入综合管廊的主要风险：如果发生爆管突发事件，抢修困难，对于同舱管线产生的不良影响较大。因此，可通过提高管材、管件、阀门、接口等的质量，加强日常压力监测、巡检，提前预防，及时发现隐患，避免发生爆管事件。与传统的直埋敷设方式相比，管道置于管廊内可以明显克服管道的跑、冒、滴、漏问题，避免外界因素引起的管道爆裂，也为管道扩容提供方便。给水、再生水管廊的火灾危险性类别根据采用的管材类型可将其确定为丁类或戊类。

综合以上分析，在综合管廊规划设计中，应容纳给水、再生水管道。

5. 热力管道纳入综合管廊的适宜性分析

热力管道，根据热媒可分为热水管道和蒸汽管道。

热力管道压力一般较大，其管材通常为钢管，再外套保温层。虽然外套保温层有隔水的作用，能够对热力管道进行保护，但实践证明，埋在地下的热力管道还是会受到不同程度的腐蚀。在威海市，由于受海水的入侵，热力管道的腐蚀尤其严重。热力管道纳入综合管廊可以有效地延长使用年限。热力管道维修比较频繁，纳入管廊可避免管道维修引起的交通堵塞。另外，热力管道由于热负荷的增加，相比其他管线扩容，更换管道的频率更高，所以热力管线一般也纳入综合管廊。

热力管道入廊产生的主要影响：其输送介质可能会带来管廊内温度升高，从而对安全造成影响。《城市综合管廊工程技术规范》（GB 50838—2015）第4.3.5条、第4.3.6条规定："热力管道采用蒸汽介质时应在独立舱室内敷设。""热力管道不应与电力电缆同舱敷设。"因此，热力管道必须做好保温，同时在管线布置上应将热力管线与热敏感的其他管线保证适当的间距或分舱设置。

综合以上分析，在综合管廊规划设计中，应容纳热力管道。同时要避免热力和电力管线之间的相互影响。

6. 燃气管道纳入综合管廊的适宜性分析

从安全因素来考虑，如果通过采取科学的技术措施解决燃气管道的安全问题，那么燃气管道是可以直接进入综合管廊的。根据相关规范，燃气入廊须独立设舱，会增加工程的投资，同时，对运行管理和日常维护也提出了更高的要求。

将燃气管道纳入综合管廊的优点主要表现在以下方面。

（1）燃气管道不易受到外界因素的干扰而被破坏，如各种管线的叠加引起的爆裂、砂土液化引起的管线开裂和燃气泄漏、海水入侵引起的燃气管道侵蚀、外界施工引起的管线开裂等，提高了城市的安全性。

（2）燃气管道、阀门等易于安装检修。

（3）燃气管道纳入综合管廊后，依靠监控设备可随时掌握管线状况。发生燃气泄漏时，可立即采取相应的救援措施，避免燃气外泄情形的扩大，最大程度地降低了灾害发生的概率和引起的损失。

（4）避免了管线维护引起的对城市道路的反复开挖和相应的交通阻塞、交通延滞。

燃气管道纳入综合管廊时，也存在不利因素，主要体现在平时使用过程中的安全管理与安全维护成本高于传统直埋方式，但其安全性得到了极大的提高，所造成的总损失也得到了显著降低。

综上所述，燃气管道可纳入综合管廊，但应采取单舱设置、设置截断阀、设置燃气泄漏检测仪表，以及消防设施（每隔一定距离设置阻火墙、消防喷水等）等有效的防护措施。因此，综合考虑管廊的防灾抗灾能力和经济性，规划区域将道路燃气管道纳入综合管廊。

7. 雨污水等重力流管道纳入综合管廊的适宜性分析

雨污水管道为重力流，管道高程与综合管廊竖向协调相对较难，结合规划区域的地形地势特点，存在雨污水管道入廊的优势。因此，下面对雨污水管线入廊的适宜性进行重点分析。

1）管线特性

雨污水管道的主要特性是重力流，管道须按照一定的坡度进行敷设，通常，管道坡度与所在道路的纵坡保持一致。威海市区雨污水管道坡度一般采用0.2%～5%，地形平坦及管径较大时，管道坡度取小值，地形陡峭及管径较小时，管道坡度取大值，以保证管道流速不冲不淤。

雨污水管道截面尺寸相比其他专业管线明显偏大，其管径根据所转输的水量及敷设的管道坡度综合确定，通常情况下，雨水支管为DN300～DN600，雨水干管为DN600～DN1 000，雨水主干管为DN1 200～暗渠。污水支管为DN300～DN400，污水干管为DN500～DN800，污水主干管为DN1 000～DN1 200。

污水管道由于所收集的污水会产生硫化氢、甲烷等有毒、易燃、易爆的气体，管道接口、支管交汇处、检查井处均存在气体泄漏的可能。雨水虽然不会产生上述气体，但由于雨水管道存在污水乱插乱接、初期雨水污染物含量高的现象，也无法保证雨水管道或渠道不产生上述气体。

雨污水管道水流含有大量固体悬浮物，易沉积淤塞，必须对管渠系统进行定期的检查和清通养护。

2）雨污水管道入廊条件分析

雨污水管道是否可纳入综合管廊的影响因素主要有管道埋深、支管接入、地形地势、道路横断面等。

（1）管道埋深。

雨污水管线纳入综合管廊，首先应符合排水系统规划，其高程能够与上下游管道良好衔接，还要满足管廊内敷设管线的空间要求，这样才具备管线入廊的基本条件。

综合管廊的覆土深度直接影响工程造价。标准断面的最小覆土深度应根据地下设施竖向规划、地面荷载、绿化种植及管廊外埋设管线最小覆土等因素综合确定。通常，综合管廊最小覆土深度考虑雨水口支管、专业管线支管等从综合管廊上方穿越的情况，控制最小覆土深度为1.5 m。

根据《城市综合管廊工程技术规范》（GB 50838—2015）第4.3.2条、第5.3.1条分别规定："综合管廊断面应满足管线安装、检修、维护作业所需要的空间要求。""综合管廊标准断面内部净高应根据容纳管线的种类、规格、数量、安装要求等综合确定，不宜小于2.4 m。"根据人体工学的尺度要求及暗渠净高的工程经验，如果单根管线的管廊净高按照不小于1.8 m控制，那么雨污水管线纳入综合管廊需满足污水管线的最小覆土厚度不宜小于3.9 m。

综上所述，在保证下游排水出路的前提下，当污水管道的埋深大于3.9 m时，可纳入综合管廊。

（2）道路坡向。

市政道路是雨污水管线敷设的主要载体，当道路纵坡坡向与管线水流方向一致且坡度大于0.2%时，重力流管线从施工及水流流态方面均比较有利，在这种道路条件下，雨污水管线较适宜纳入综合管廊。

3）雨污水管线入廊的其他要求

（1）疏通要求。

根据《城市综合管廊工程技术规范》（GB 50838—2015）第4.3.10条："污水纳入综合管廊应采用管道排水方式"。考虑到管廊内的安装及检修条件，视管径及管材情况，管廊内检查井应采用一体式塑料检查井或三通垂直朝上加盘堵的方式。

目前，城市排水管道清通养护的方法有水力冲洗、机械冲洗、人力疏通、竹片（玻璃钢竹片）疏通、绞车疏通、钻杆疏通。城市排水管道在清通养护施工时，具体采用哪一种单一或综合方法，应根据管径大小、管道存泥状况、管道位置和设备条件而定。入廊污水管道如果采用机械清洗、绞车疏通等，廊内须预留操作空间。

（2）通风要求。

为了及时快速地将泄漏的气体排出，根据《城市综合管廊工程技术规范》（GB 50838—2015）第 7.2.1 条规定："含有污水管道的舱室应采用机械进、排风的通风方式。"同时，为保证雨污水管线具有较好的水力条件，每隔一定距离需要设置通气井，气体应直接排至管廊以外的大气中，其引出位置应协调周边的环境，避开人流密集或可能对环境造成影响的区域。

（3）消防、监控与报警要求。

根据《城市综合管廊工程技术规范》（GB 50838—2015）第 7.1.1 条规定，含有雨污水管线的舱室的火灾危险性规定如下：含污水管道为丁类；含雨水管道，如选用塑料等难燃管材为丁类，如选用钢管、球墨铸铁管等不燃管材为戊类。考虑到雨水的实际情况，本书将含雨水舱室归并为丁类。

根据《城市综合管廊工程技术规范》（GB 50838—2015）第 7.5.4 条规定："含有污水管道的舱室应对温度、湿度、水位、氧气、硫化氢、甲烷气体进行检测，含有雨水管道的舱室应对温度、湿度、水位、氧气进行检测，宜对硫化氢、甲烷气体进行检测，并对管廊内的环境参数进行监测与报警。"

一般而言，有压污水管道可以参照给水管道做法直接纳入管廊，而重力污水则需要针对具体的竖向问题进行具体分析。从竖向协调看，规划综合管廊的廊体空间标高为地面下 2 ~ 6 m，而相应道路的污水埋深基本在此竖向范围内，竖向协调不是限制污水纳入综合管廊的制约因素。但污水纳入综合管廊尚存在一些问题：污水管径大，入廊后，管廊断面增大，导致投资增加；污水管有通风、防渗透等安全方面的要求，增加了管廊建设难度。综合来看，制约重力污水进行管廊的竖向协调问题可以有效得到解决，在保障安全的前提下，综合管廊可考虑容纳污水管，以更好地发挥其综合效益。雨水管道因受限于下游排水出路问题，应结合道路竖向及河道防洪规划进一步论证。

8. 其他管线纳入综合管廊的适宜性分析

其他管线主要有交通监控、路灯电缆、供冷管、直饮水管、垃圾输送管、海水利用管，可以考虑将其纳入综合管廊预留管位。

9. **入廊管线分析**

综上所述，尽管综合管廊有着显著的优越性，然而与传统的管线直埋方式相比却需要更多的投资，从而限制了它的普及应用。特别是当综合管廊内敷设的工程管线较少时，综合管廊建设费用所占比重将更大，因此，综合管廊内收纳管线种类和数量是综合管廊建设的核心和关键。

本次规划结合城市经济、管理水平以及各种管线的特性，对纳入综合管廊的可行性进行了分析，结论有如下几个方面。

（1）纳入综合管廊的基本管线。给水管、再生水管、电力电缆、通信电缆以及热力管道、燃气管道构成了纳入综合管廊的基本管线，在敷设管廊的路段应尽量将以上各种管线纳入管廊。燃气管纳入综合管廊，其安全性得到了极大的提高，所造成的总损失也得到了显著降低，因此建议燃气管可单独设室入廊。综合管廊内容纳管线应注意各种管线的相互干扰，并采取分侧布置或单独设舱布置等防护措施。

（2）纳入综合管廊的预留管线。预留管线应根据周边用地功能和城市发展需求灵活选择，主要包括交通监控、路灯电缆、供冷管、直饮水管、垃圾输送管、海水利用管等。

（3）纳入综合管廊需要论证的管线。建议将规划范围内的压力排水管以及重力流排水管线纳入综合管廊，局部区域的重力流排水管可结合实际情况和需要进行专门论证是否将其纳入综合管廊。

10. **管线入廊时序规划**

在新城区，综合管廊入廊管线较多，如分批实施则存在着各工程管线互相冲突、安装困难等问题。为克服上述困难，建议综合管廊各专业管线和综合管廊主体同步设计、同步实施、同步安装。

对于同步设计、同步实施和同步安装的各工程管线，建议按照先重力流管道后压力流管道、先大管径后小管径、先水管后缆线的原则确定综合管廊入廊管线的入廊时序。

在老城区或现状管线较多的道路上实施综合管廊，各工程管线不能实现同步入廊，则应结合管线改扩建计划制定入廊时序。

（八）断面选型

综合管廊的断面可以根据容纳的管线种类、数量、施工方法综合确定。威海市总体地质条件良好，周边现状构筑物相对较少，具备明挖施工条件，干线综合管廊采用双舱、三舱断面如图 1-15 所示。支线综合管廊采用双舱、单舱矩形断面。在受保护的河道、黑松林风貌区域，如松涧路过石家河及周边区域可采用非开挖技术实施，采用圆形断面。如图 1-16 所示。

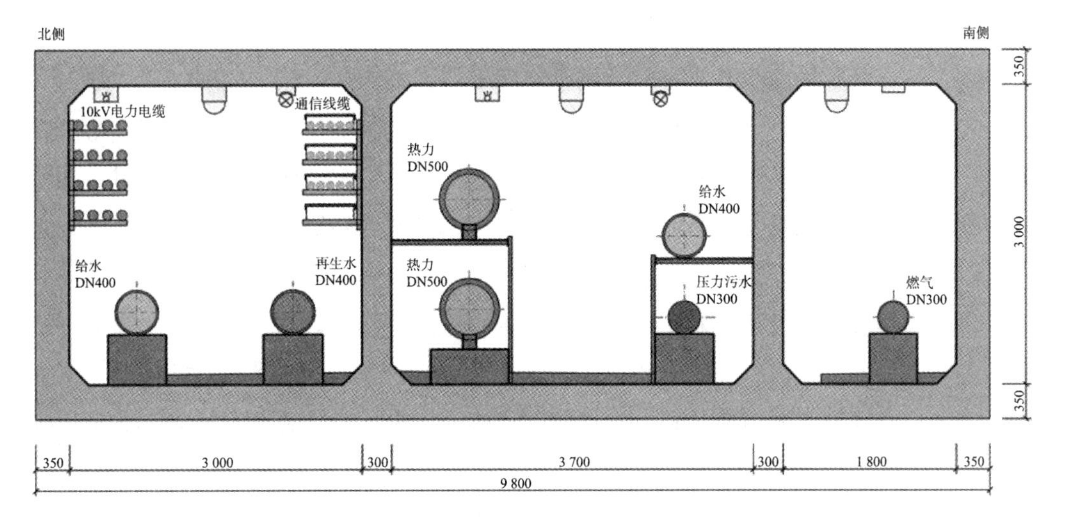

图1-15　典型三舱管廊断面（单位：mm）

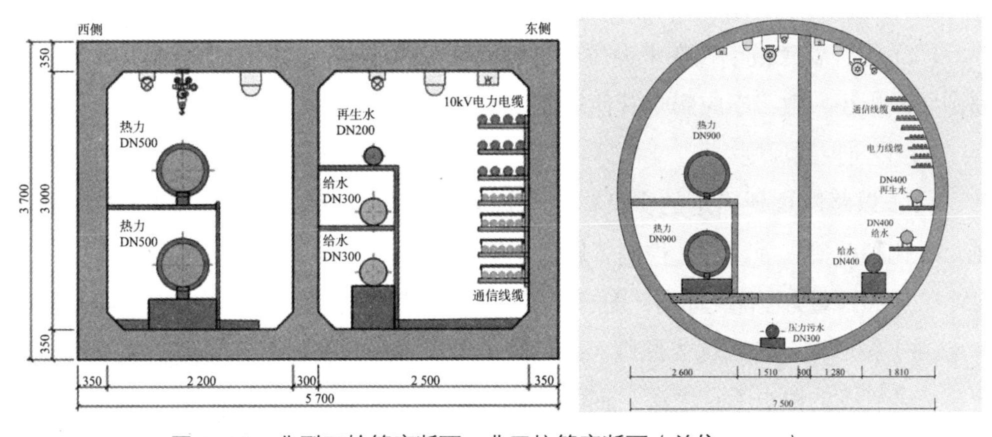

图1-16　典型双舱管廊断面、非开挖管廊断面（单位：mm）

从经济性、实用性考虑，结合市政管线容量，仅将新建区域的干线管廊规划为三舱断面，其余以单舱、双舱断面及缆线管廊为主。

（九）三维控制线划定

明确综合管廊在城市地下空间的平面、竖向位置，同时结合控规预留配套设施用地等，统一纳入城市黄线管理范畴。

1. 划定原则

综合管廊在规划过程中需要充分考虑地下空间的集约化利用，统筹考虑其他地上、地下工程的管线，确定综合管廊与直埋管线、现状建（构）筑物等的平面、竖向净距要求。

1）平面布置原则

（1）综合管廊平面中心线宜与道路中心线平行，不宜从道路一侧转到另一侧。

（2）为便于综合管廊吊装口、通风口等附属设施的运行，综合管廊应尽量敷设在道路一侧的人行道、绿化带或中央分隔带下；若受绿化带宽度限制时，也可设置在机动车道下，吊装口和通风口等地上构筑物要引至车行道外的绿化带内，不得影响正常人行和车行。

（3）为尽量减少过路排水管线对综合管廊埋深的影响，规划综合管廊的道路宜双侧布置排水管线，并宜在管廊外侧，以尽量减少过路支管对干线管廊的影响。

（4）综合管廊与城市快速路、主干路、铁路、轨道交通、公路交叉时，宜采用垂直交叉方式布置；受条件限制，可倾斜交叉布置，但其最小交叉角不宜小于60°。

（5）综合管廊与相邻地下构筑物的最小间距应根据地质条件和相邻构筑物性质确定，且应满足相关规范要求。

（6）直埋管线与管廊、管廊与管廊以垂直衔接为宜。

（7）综合管廊最小转弯半径应满足收纳管线的最小转弯半径及要求，并尽量与道路圆曲线半径一致，不应影响其他管线的敷设。

2）竖向控制原则

（1）以路网规划确定的交叉口竖向标高为依据，考虑未入廊管线支管在廊顶穿越、绿化种植要求等因素，控制管廊最小深度。

（2）按照重力流优先原则，确定交叉口排水管道的管径及埋深，作为重要控制条件。

（3）按照综合管廊优先原则，在保障重力流管线的前提下，为便于施工、节省投资，综合管廊的覆土不宜太深，宜优先考虑。

（4）减少管线、管廊交叉点，并尽量分散，利用管道坡降，在不同交叉点分别控制竖向，以减小管线埋深。

2. 平面位置

平面位置应根据道路横断面、地下管线和地下空间利用情况等确定。其主要考虑道路横断面布置、规划管位、管网附属设施、综合费用分析等多种因素的合理布置。由于综合管廊每隔100 m左右会有通向地面的通风口及人员出入口，为减小对道路通行及景观的影响，鉴于在道路两侧均规划宽度不等的绿化带，因此，本次规划优先将综合管廊的平面位置布置于道路绿化带下，当绿化带宽度不能满足要求时，建议调整绿化带宽度或布置在人行道和非机动车道下。在设计综合管廊施工图时，应根据道路设计方案确定布置位置。

平面间距要求：管廊与邻近建（构）筑物及其他工程管线的最小水平净距应符合

《城市工程管线综合规划规范》的规定。与邻近建（构）筑物的间距应满足施工及基础安全间距要求，且不应小于表1-8中的要求。

表1-8　综合管廊与邻近建（构）筑物的间距要求

	综合管廊与地下构筑物水平净距	综合管廊与地下管线水平净距
明挖施工	1.0	综合管廊外径
非开挖施工	1.0	综合管廊外径

3. 竖向控制

最小覆土深度应根据地下设施竖向规划、行车荷载、绿化种植及设计冻深等因素综合确定。要充分考虑各种管廊节点的处理以及减少车辆荷载对管廊的影响，兼顾其他市政管线从廊顶横穿的要求、道路绿化要求等，一般控制在2.0 m。

在进行综合管廊规划设计时，应尽量减少其在道路交叉口交叉。管廊与非重力流管道交叉时，非重力流管道应避让管廊；管廊与重力流管道交叉时，应根据实际情况，经过经济、技术比较后确定避让方案；管廊穿越河道时，应根据地质、水文情况合理确定，一般采取从河道下部穿越的方案。

雨水入廊的路段，雨水舱室应结合综合管廊整体设计，坡度不应小于相关规定的最小坡度以满足排水要求。

综合管廊与相邻地下管线及地下构筑物的交叉垂直净距应根据地质条件和相邻构筑物性质确定，且不得小于表1-9中的要求。

表1-9　综合管廊与邻近管线、建（构）筑物的垂直净距要求

	综合管廊与地下管线交叉垂直净距
明挖施工	0.5
非开挖施工	1.0

注：综合管廊与地下管线交叉主要指综合管廊与直埋敷设的管线的交叉。

图1-17为直埋管线与综合管廊交叉情况下的竖向控制方式，该种形式的竖向控制以重力流管道优先；而且，尽量保障综合管廊的埋深最浅（需保证最小覆土和冻土层厚度要求）；其余管线按照电力、通信、热力、燃气、给水、再生水的先后次序，依次加深；若直埋管线接入综合管廊，在综合管廊侧壁或顶部设置管线接口。

图1-17　金鸡路与松涧路交叉口处三维示意图

4. 工程纵断规划阶段分析

1）非重力流管线入廊的纵断面技术要求

地下综合管廊标准段的覆土深度应根据地下设施竖向规划、行车荷载、绿化种植及设计冻深等因素综合确定。最小覆土深度应考虑雨水支管、燃气管线（支管）等自地下综合管廊上方穿越的情况，控制最小覆土深度为1.5 m。

地下综合管廊纵向坡度不小于0.2%；超过10%时，应在人员通道部位设防滑地坪或台阶。

在穿越路口处，为避让重力流管线，非重力流管线采取局部下卧或上穿的措施通过；穿越河道处时，采取下卧方式通过。

2）重力流管线入廊的纵断面技术要求

重力流管线入廊首先应从排水系统上进行分析，保证在入廊后仍然能服务于周边地块，并顺利接入下游系统，不增加任何提升措施。

在考虑地下综合管廊顶部空间需穿越各类支管所需的至少1.5 m空间，以及满足地下综合管廊最小高度2.4 m的维护、管理要求时，污水管线入廊需保证3.9 m以上的埋深。

雨水管渠在满足1.5 m的覆土深度前提下，需考虑其过水断面和清淤要求，不宜小于3 m埋深。

下面，以松涧路（经七路至经九路段）重力流管线入廊为例进行分析。

（1）入廊条件的论证。

道路设计：道路自东西两侧坡向逍遥河，坡度为0.3%~2.1%。该段道路纵坡坡向与排水管线水流方向一致。

雨水系统：逍遥河流域面积26.6 km^2，50年一遇洪水位设计为5.39 m，规划河底标高3.0 m，如图1-18所示。河道东西两侧雨水沿道路坡向汇流至此，雨水管道接入逍遥河处管内底标高3.0 m。分别以道路坡度0.25%及0.37%向上游推算，则经七路与松涧路交叉口处雨水管道埋深2.59 m，经九路与松涧路交叉口处雨水管道埋深2.58 m；松涧路（经七路至经九路段）雨水管道埋深基本在2.5 m，如图1-19所示。

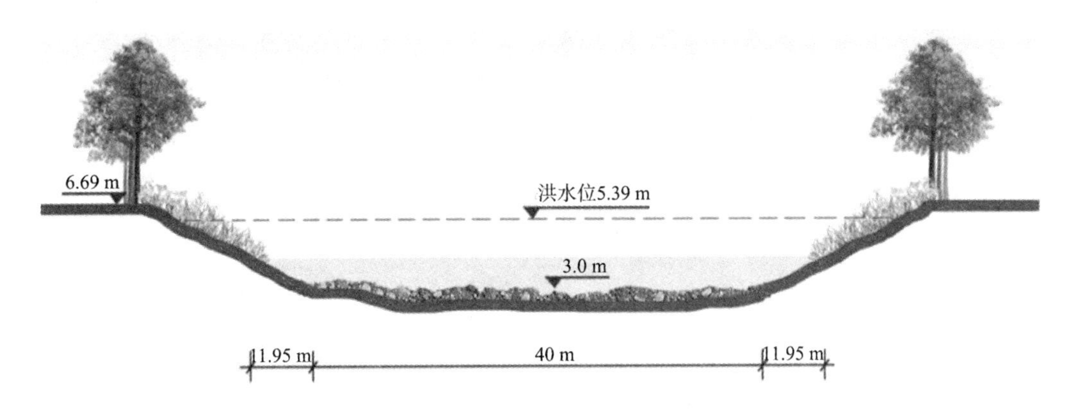

图1-18　逍遥河规划河道断面（单位：m）

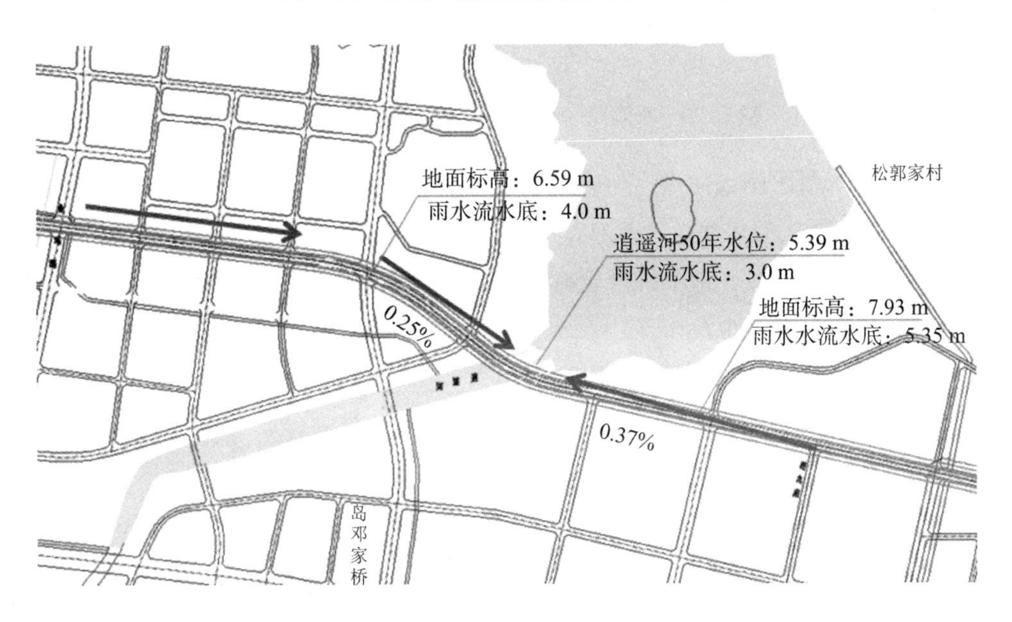

图1-19　松涧路-逍遥河雨水系统（单位：m）

松涧路（经七路至经九路段）重力流污水沿道路坡向首先自流汇集至逍遥河畔的4号污水泵站，污水泵站加压后向东送至泊于污水处理厂进行处理。

4号污水泵站处地面标高5.58 m，污水管道流水底标高 -0.28 m，管道埋深5.86 m。同时，经七路至4号泵站段及经九路至4号泵站段，与道路坡向一致，污水管道埋深基本在5.8 m左右。如图 1-20 所示。

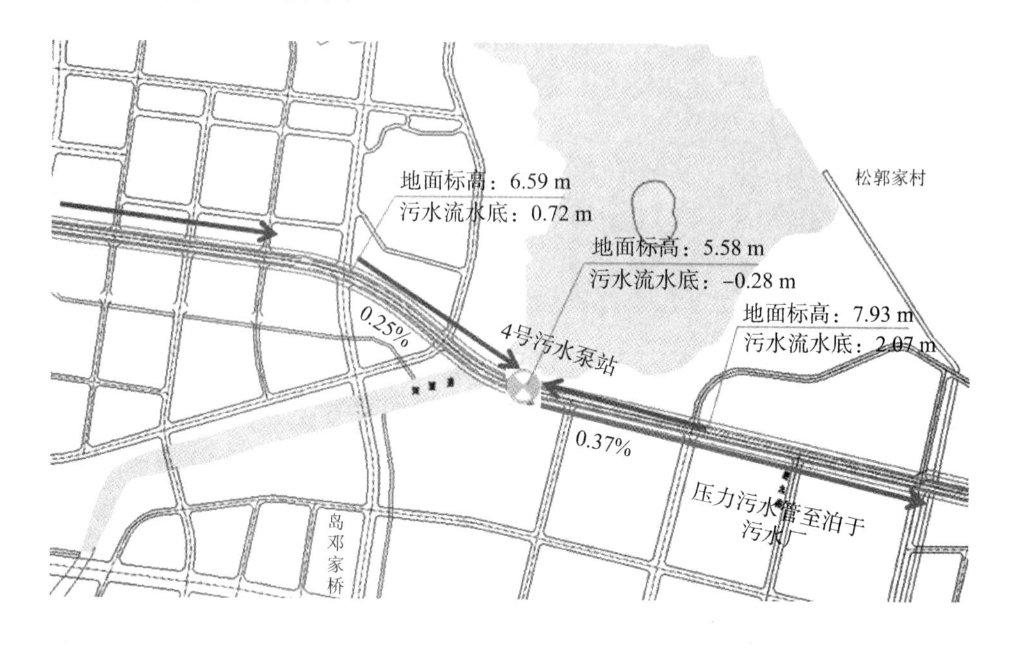

图 1-20　松涧路—逍遥河污水系统（单位：m）

松涧路自东西两侧坡向逍遥河，坡度为 0.3% ~ 2.1%。该段道路纵坡坡向与排水管线水流方向一致，且坡度大于0.2%，雨污水管线纳入综合管廊较为适宜。

通过微调排水管线、地下综合管廊纵向坡度，形成的纵断面如图 1-21 所示，因此排水管线具备入廊条件。

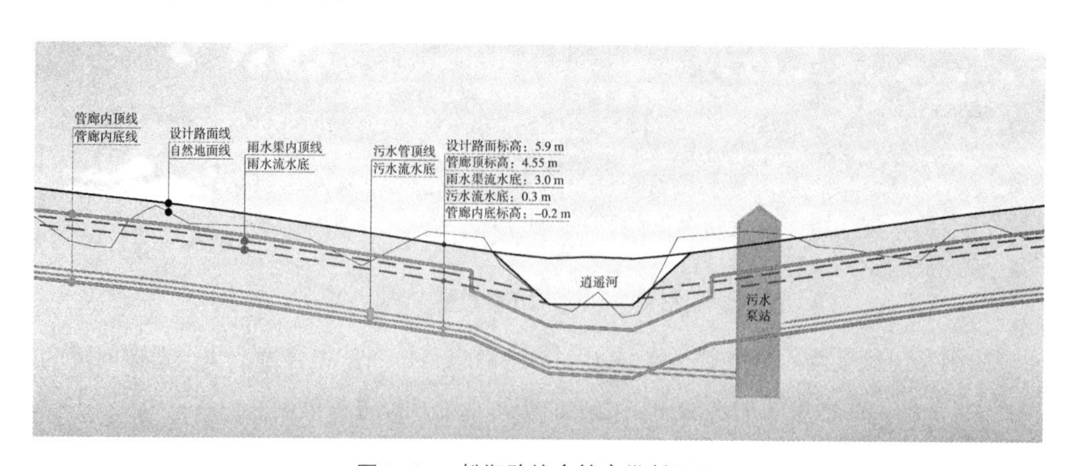

图 1-21　松涧路综合管廊纵断面图

（2）重力流管线入廊对管廊纵断面的影响。

其需满足重力流管线排放要求，DN300 污水管道最小设计纵向坡度为 0.2%，与地下综合管廊最小纵向坡度一致。对于最大纵向坡度，需核算排水管道的实际流速不得大于最大设计流速，以减少对管道的冲刷破坏。

对于DN300的高密度聚乙烯排水管道，在最大设计充满度时对应的最大坡度约为7.3%。地下综合管廊最大的纵坡一般按照 10% 控制，超过 10% 时，需考虑管线的防滑、固定等，同时考虑管廊主体的防滑措施。因此，排水管线入廊时，管廊纵向坡度一般按照排水管线坡度控制，以保证排水系统的安全运行。

5. 穿越河道处的纵断面技术要求

地下综合管廊穿越河道时应选择河床稳定的河段，最小覆土深度应满足河道整治和地下综合管廊安全运行的要求，并应符合下列规定。

（1）在Ⅰ～Ⅴ级航道下面敷设，顶部高程应在远期规划航道底高程 2.0 m 以下。

（2）在Ⅵ、Ⅶ级航道下面敷设，顶部高程应在远期规划航道底高程 1.0 m 以下。

（3）在其他河道下面敷设时，顶部高程应在河道底设计高程 1.0 m 以下。

在河底敷设地下综合管廊时，应充分考虑河道冲刷深度，敷设在河道冲刷深度以下 1 m。

（十）重要节点控制

1. 管线交叉节点

在道路交口、管线预留、监控中心或地下构筑物（如地下综合体）处，入廊管线需引入或引出，在综合管廊内管线与外部的衔接节点需设置管廊出线井。如图 1–22 所示。

图 1–22 管廊管线分支口示意图

出线井是管廊设计的重点和难点。出线井的设计需同时考虑管线衔接、管线安装、养护检修以及管廊通风、消防、排水系统等一系列内部影响因素，另外还受衔接管线种类、埋深和其他地下设施等外部因素的制约，可称之为管线立交。

为了规范综合管廊的节点处理方式，结合中央商务区内综合管廊敷设特点，将综合管廊出线井规范为三种型式：直埋出线井、“T”形直埋出线井、“十”字形交叉直埋出线井。

（1）直埋出线管廊与管线交叉横断面图，如图1-23所示。

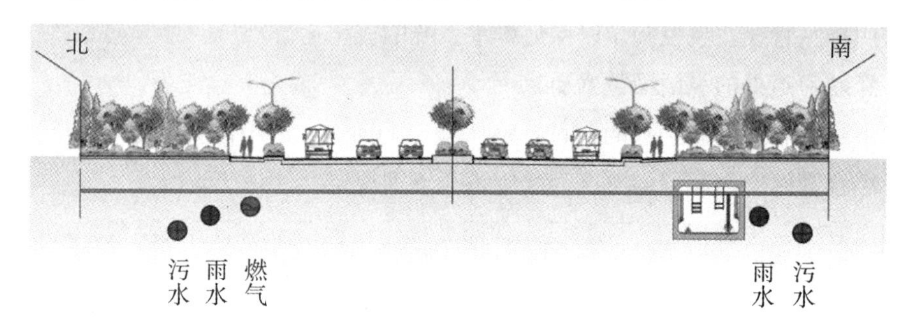

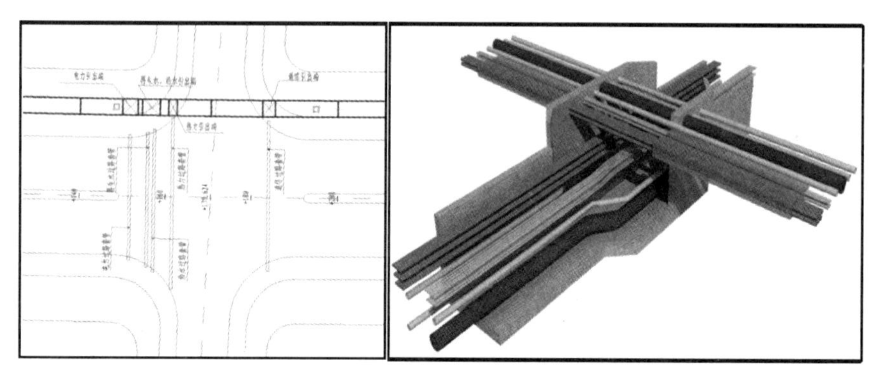

图1-23　直埋出线管廊与管线交叉横断面图

（2）“T”形出线管廊与管线交叉横断面图，如图1-24所示。

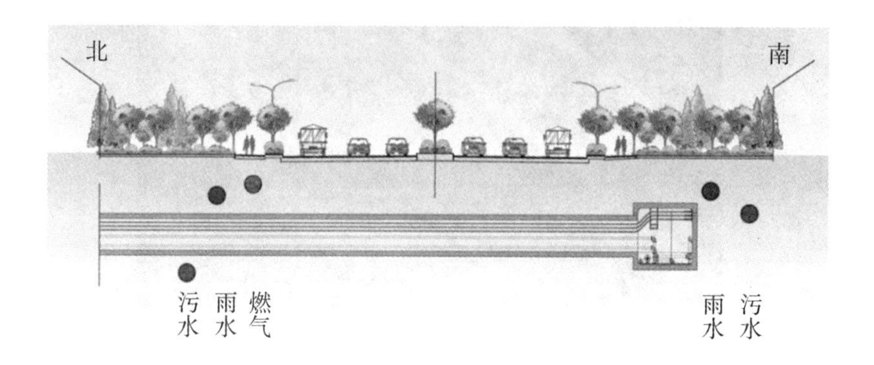

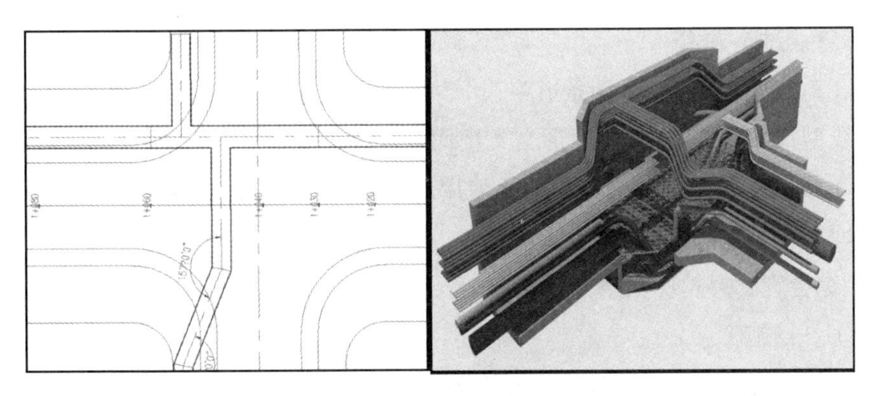

图1-24 “T”形出线管廊与管线交叉横断面图

（3）“十”字形出线管廊与管线交叉横断面图，如图1-25所示。

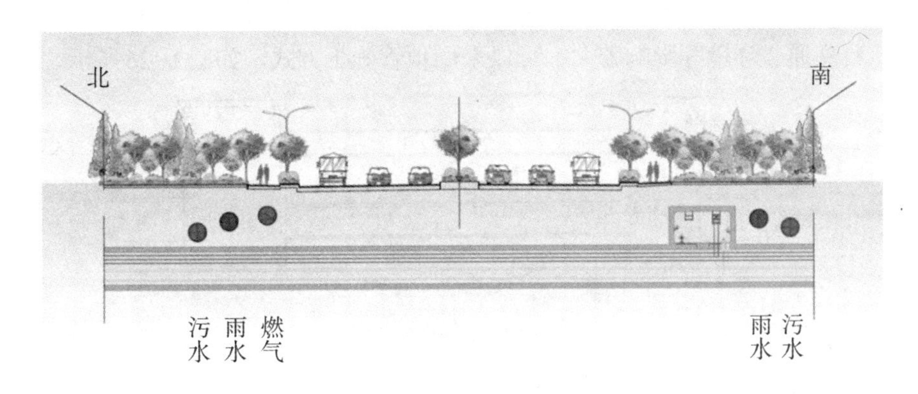

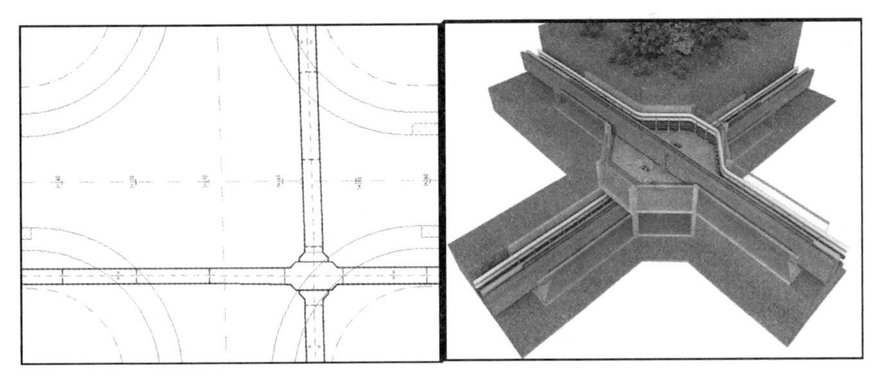

图1-25 “十”字形出线管廊与管线交叉横断面图

2. 综合管廊过路处理

道路交叉口处管线情况较复杂，为满足综合管廊与管线空间净距要求及廊内管线与道路交叉口现状管线的衔接，通常采用出线井或者直埋出线的方式。

1）管线过路方式

（1）道路交叉口过路。两条道路“十”字形交叉且均设置综合管廊，则采用“十”字形出线型式；两条道路“T”形交叉且均设置综合管廊，采用“T”形出线型式。

（2）预留支管过路。为方便地块使用而预留的支管，可以采用“T”形出线型式或者直埋出线并预留过路套管形式。

2）综合管廊穿越现状路施工方式

（1）开挖施工。

综合管廊穿越非交通要道且在开挖施工对社会影响不大的情况下，可以采用开挖施工。

（2）顶管施工。

综合管廊在穿越重要交通线路如主干道、有轨电车线路及现状河道等情况下，开挖施工对交通、环境等影响较大，可以采用顶管施工方式。如图1-26所示。

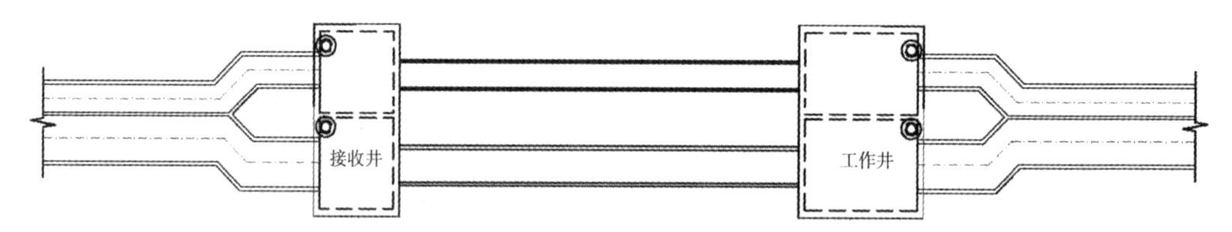

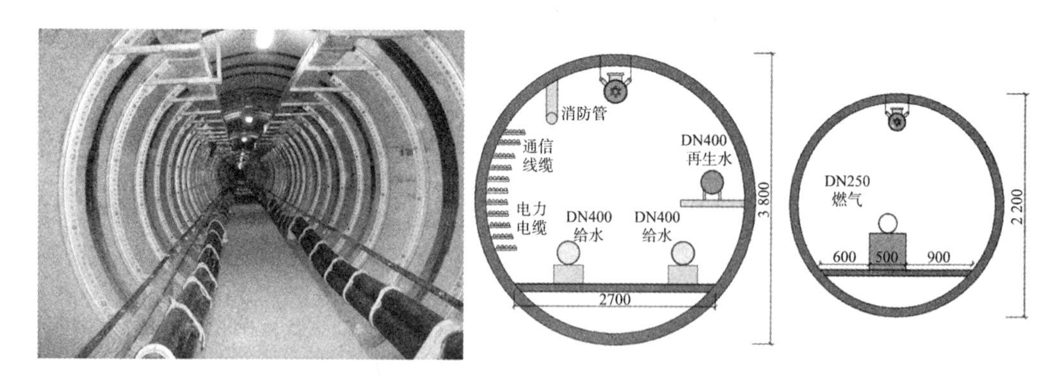

图1-26　顶管施工示意图（单位：mm）

3. 过河节点

《城市工程管线综合规划规范》（GB 50289—2016）规定，道路与河道、铁路交叉处工程管线宜采用综合管廊集中敷设。

随着经济的飞速发展和人们生活品质的提升，对河道景观的要求越来越高，一般，河道除满足常规的行洪功能外，还具有较高的景观功能。管线穿越河道常见的敷设方式为河底穿越直埋敷设和管道桥等，管道桥因景观效果一般，在城市中应用越来越少；较多的仍是采用直埋敷设，但也存在一定的弊端：管线穿越现状河道时，因不能同步实施，需频繁开挖沟槽造成景观破坏；若采用综合管廊敷设，仅需进行一次性土建，其后管线实施在管廊内进行，不会对河道景观造成影响，环境效益和社会效益较好。

综合管廊穿越河道时应选择在河床稳定的河段，且需避让现状桥梁等构筑物，最小覆土深度应满足河道整治和综合管廊安全运行的要求。在Ⅰ～Ⅴ级航道下面敷设时，顶部高程应在远期规划航道底高程2.0 m以下；在Ⅵ、Ⅶ级航道下面敷设时，顶部高程应在远期规划航道底高程1.0 m以下；在其他河道下面敷设时，顶部高程应在河道底设计高程1.0 m以下。如表1-10所示。

表1-10　综合管廊与河道的垂直净距要求

	综合管廊顶面与河底垂直净距
Ⅰ～Ⅴ级航道下敷设	H≥2.0 m
Ⅵ、Ⅶ级航道下敷设	H≥1.0 m
其他河道下面敷设	H≥1.0 m

（十一）配套设施

1. 监控中心

为了保证综合管廊安全、可靠地运行，需要设置一套完善的监控系统，而监控中心就是综合管廊的核心和枢纽。综合管廊的管理、维护、防灾、安保、设备的远程控制，均在监控中心内部完成。

监控中心宜靠近综合管廊干线，为便于维护管理人员自监控中心进出管廊，其间宜设置专用维护通道，并根据通行要求确定通道尺寸。

监控中心应满足内部设备布置要求、维护人员日常休息使用以及放置工具箱的要求，在需要的位置可考虑发挥科普教育等功能。

监控中心信号接驳至智慧城市威海云计算中心，统一监控、管理。如图1-27所示。

用地规模：规划远期于青岛路与望岛路交叉处设置总控制中心，实现管廊智能化管理，除满足监控、报警等功能外，可进行展示和科普教育，建筑面积约500 m^2。建议结合智慧城市总控中心设置，同时为管廊控制中心信号接入预留接口。

拟在双岛湾科技城规划1处总控制中心，位于中央智慧岛和兴路，建筑面积控制在500 m^2，结合公建配套实施。

拟在东部滨海新城金鸡路、松涧路处设置总控制中心，实现管廊智能化管理，除满足监控、报警等功能外，可进行展示和科普教育，建筑面积约1 000 m^2。

设置区域分控站，面积约200 m^2，信号接入总控制中心。

图1-27　监控中心效果图

2. **吊装口**

综合管廊吊装口的主要作用是满足管线、管道配件等进出综合管廊，一般情况下宜兼顾人员出入功能。投料口净尺寸应满足管线、设备、人员进出的最小允许限界要求。

由于综合管廊内的空间较小，管道运输距离不宜过大，根据各类管线安装敷设运输的要求，综合确定吊装口间距不宜大于400 m。吊装口的尺寸应根据各类管道（管节）及设备尺寸确定，一般刚性管道按照6 m长度来考虑，宽度按照最大管道外壁各20 cm来计量，常规容纳DN600以下管道的舱室吊装口可按照7 m × 1 m来计量。电力电缆须考虑入廊时的转弯半径要求，一般可按照2 m × 1 m控制。

吊装口可采取两种方式：地上式和地下式。为弱化地上构筑物对景观环境的影响，推荐采用地下式。若采用地上式需与景观结合，在有条件的情况下可与人员出入口或自然通风口结合设置。

3. **通风口**

由于综合管廊属于地下结构，长期埋设在地面以下会对综合管廊内部的空气质量产生一定的不良影响，因而需要设置一定的通风设施，综合管廊内外空气的交换通过通风口进行。如图1-28所示。

通风口净尺寸由通风区段长度、内部空间、风速、空气交换时间决定。通风口的位置根据道路横断面的不同而不同，可设置在道路的人行道市政设施带、道路两侧绿化带或道路中央绿化分隔带。通常采用自然进风、机械排风模式，即在防火分区一端自然进风，另一端机械排风。

图 1-28　通风口效果图

4. **人员出入口**

综合管廊应设置人员出入口，一般情况下人员出入口不应少于 2 个，宜与逃生口、吊装口、进风口结合设置。其地面构筑物须与景观相协调。如图 1-29 所示。出入口用地面积按照 5 m × 3 m 控制。

图 1-29　人员出入口效果图

二、实施计划

结合威海市“十三五”重点项目建设情况和新区开发进度，确定实施计划。

规划近期（2016 ~ 2020 年）建设金鸡路、松涧路等干线、支线管廊，搭建地下综合管廊骨架；与政府相关部门密切配合，制定管线入廊政策；结合已投入运营的管廊，制定综合管廊维护和管理制度；探索 PPP 管廊建设、运营模式，对后续建设运营提供可持续的发展模式。规划远期（2021 ~ 2030 年）综合管廊共建设 17.6 km，如表 1-11 和表 1-12 所示。

表1-11　综合管廊近期（2016～2020年）建设计划表

管廊名称	长度/m	管廊名称	长度/m
金鸡路综合管廊	7 110	经五路综合管廊	2 420
松涧路综合管廊	12 565	纬五路综合管廊	955
纬一路综合管廊	1 800	经二路综合管廊	3 815
经七路综合管廊	2 200	金线顶核心区综合管廊	1 300
经十三路综合管廊	2 100	经九路综合管廊	1 390
纬四路综合管廊	4 300	经十一路综合管廊	1 515
纬七路综合管廊	3 400	经二十八路综合管廊	860
纬九路综合管廊	2 400	经二路综合管廊	855
经十九路综合管廊	2 100	经七路综合管廊	645
新威路综合管廊	1 100	经一路综合管廊	2 885
纬十一路综合管廊	3 000	经十七路综合管廊	2 555
威石辅路缆线管廊	2 700	古寨西路缆线管廊	2 400
文化中路缆线管廊	2 100	古寨南路缆线管廊	1 000

表1-12　综合管廊远期（2021～2030年）建设计划表

管廊名称	长度/m	管廊名称	长度/m
金线顶区域综合管廊	2 200	和兴路综合管廊	2 100
青岛路综合管廊	8 400	智慧岛路综合管廊	2 020
渤海路综合管廊	2 000	创新中路综合管廊	880
经十路缆线管廊	2 700	纬四路缆线管廊	2 300
纬一路缆线管廊	1 800	纬三路缆线管廊	2 000

（一）编制过程“多规合一”

在规划编制过程中，积极践行市政基础设施“多规合一”，确保“多规”在地下空间开发、管线容量、综合管廊建设等重要空间参数一致，并在统一的空间信息平台上建立控制线体系，以优化空间布局、有效配置土地资源、提高政府空间管控水平和治理能力的目标。

统筹考虑综合管廊规划与道路规划、管线规划、地下空间规划等的关系，从技术、经济的角度，整合规划布局，调整矛盾的管线路由，使管廊规划与各专项规划协调统一。

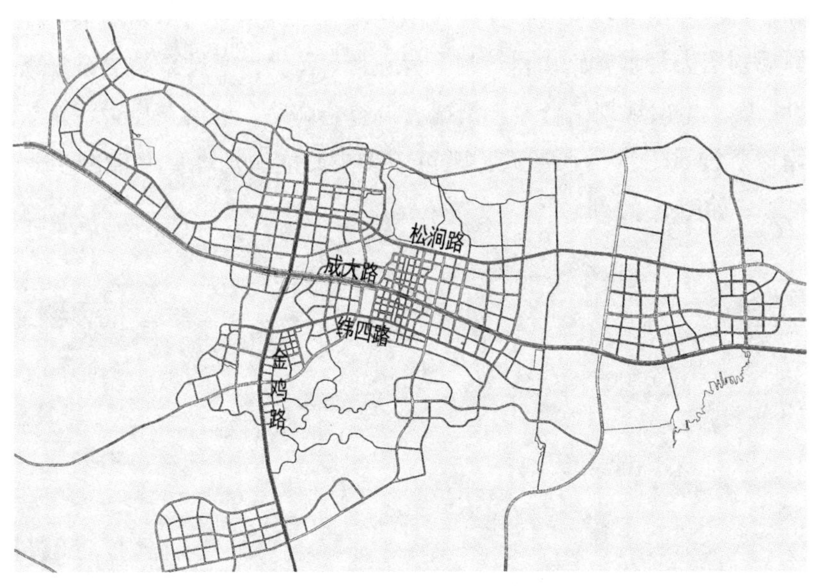

图 1–30　市政主干管线路径图

以东部滨海新城为例，区域给水、电力、通信、热力、燃气等均由中心城区站点引入。松涧路、成大路、纬四路的横向管线主动脉形成“三横”贯通的布局；利用金鸡路管线主动脉的纵向分配功能，保证市政设施的区域共享。如图 1–30 所示。

1. 与燃气专项规划相协调

综合管廊规划在系统布局上，微调燃气管线系统布局，将逍遥大道（金鸡路至纬四路段）DN200 燃气主管道调整至纬四路（金鸡路至逍遥大道段），结合纬四路综合管廊同步敷设，一方面减少沿山体敷设的长度，优化了燃气管线规划布局；同时，也提高了纬四路段综合管廊的使用效率和经济性。如图 1–31 所示。

图 1–31　原燃气专项规划图、调整燃气专项规划图

2. 与污水专项规划相协调

根据污水专项规划，在金鸡路及松涧路规划DN600～DN800压力污水管道，污水自南向北、自西向东接入规划的4号污水泵站，通过4号污水泵站提升后接入污水处理厂。原规划压力污水管路由呈“M”形，上下起伏，通过泵站提升，浪费能源，且增加敷设长度。本次规划结合地势情况，调整金鸡路、松涧路压力污水管线路由，沿逍遥河南岸敷设重力流污水管道，既可减少泵站能源消耗，又能减少管道敷设长度，节省投资。如图1-32所示。

图1-32　原排水专项规划图、调整排水专项规划图

3. 与城市地下空间规划相协调

（1）与地下空间开发利用规划相统一。

《威海城市地下空间开发利用规划》对中心城区地下开发强度和综合管廊建设区域已有规划，本次规划与其相一致，结合开发时序，在青岛路、金线顶核心区、新威路等规划综合管廊。

（2）与轨道交通规划相统一。

威海市目前未规划地铁线路，但东部滨海新城规划有轨电车线路，应考虑综合管廊与有轨电车的相对关系。

金鸡路为综合管廊干线路由，同时也是有轨电车主要路由。有轨电车规划在道路中央分隔带，综合管廊因地上构筑物等附属设施予以避让，规划在东侧绿化带，同时控制竖向埋深不少于2.5 m。如图1-33所示。

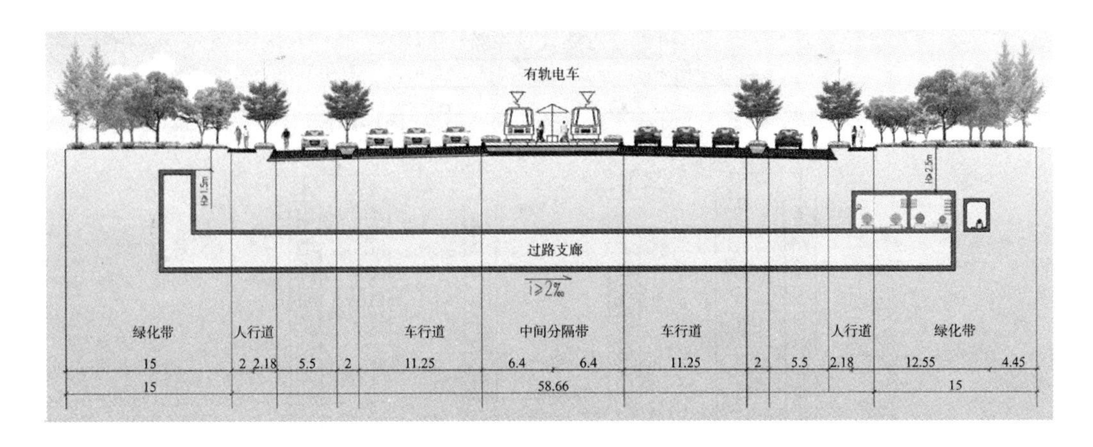

图 1-33　金鸡路综合管廊与有轨电车节点控制图（单位：m）

4. 与地下管线综合规划相协调

威海市中心城区、东部滨海新城等地下管线综合规划已编制完成或在编，在综合管廊规划编制中，在管线敷设方式、平面位置、竖向埋深和管廊所容纳管线容量等方面相对统一，最终在节点控制中将三维控制落实到位。

（二）建立模型，科学规划，系统布局

通过数据模型的方式将综合管廊规划与各规划相关指标进行定量衔接。如在评估体系中筛选道路交通、管线需求、地下空间、周边用地等因素作为评估准则层，将各准则层分级赋予指数，这一评价过程就是综合管廊规划与道路交通规划、管线专项规划、地下空间开发规划、用地发展规划等统筹考虑、有效衔接的过程。

1. 评价体系构建

（1）首先，从技术、经济、社会环境等因素综合分析，利用层次分析法建立评价体系，层次结构为目标层、准则层和指标层。

目标层：将综合管廊建设区位量化评价作为总目标。

准则层：筛选道路交通、管线需求、地下空间、周边用地等因素作为评估指标。

指标层：对准则层指标细分作定性和定量分析。

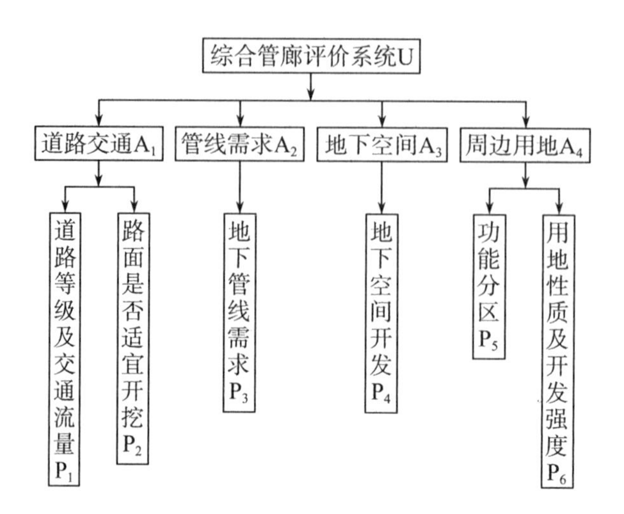

图 1–34　综合管廊评价体系

（2）其次，体系的构建重点为指标的选取和权重的确定。

（3）最后，按照评价公式计算分值，得出管廊适建性区域和布线图。

$$U=\sum_{i=1,\ j=1}^{i=n,\ j=m} P_{ij}\times Q_{ij}$$

式中，P_{ij} 为第 i 个准则层下第 j 个分指标值，Q_{ij} 为第 i 个准则层下第 j 个分指标的权重。

2. **指标体系**

1）道路交通

道路交通准则主要从道路等级及交通流量、路面是否适宜开挖、道路建设时序3个评估因子来考虑，赋予每个因子不同的分级情况下不同的指数。如表1–13 ~ 表1–15所示。

表1–13　评估因子——道路等级及交通影响评估指数

评估因子		指数分级				
道路等级	分级	快速路	主干路	次干路	支路	其他道路
	指数	80 ~ 100	60 ~ 80	40 ~ 60	20 ~ 40	0 ~ 20

表1–14　评估因子——路面是否适宜开挖评估指数

评估因子		指数分级				
路面是否适宜开挖	分级	十分适宜	适宜	可	不适宜	不可
	指数	80 ~ 100	60 ~ 80	40 ~ 60	20 ~ 40	0 ~ 20

表1-15 评估因子——道路建设时序评估指数

评估因子		指数分级				
道路建设时序	分级	2016～2017年	2018～2020年	2020～2025年	2025～2030年	2030年后
	指数	80～100	60～80	40～60	20～40	0～20

2）管线需求

从现状管线需求、规划管线建设规模、管线建设时序三个方面量化市政管线需求对综合管廊系统布局的影响。如表1-16～表1-18所示。

表1-16 评估因子——现状管线情况评估指数

评估因子		指数分级				
现状管线情况	分级	现状管线容量、使用寿命均不满足区域需求	4～6类现状管线容量、使用寿命均不满足区域需求	2～4类现状管线容量、使用寿命均不满足区域需求	1～2类现状管线容量、使用寿命均不满足区域需求	现状管线容量、使用寿命均满足区域需求
	指数	80～100	60～80	40～60	20～40	0～20

表1-17 评估因子——规划管线种类及性质评估指数

评估因子		指数分级				
规划管线种类及性质	分级	含4种以上主干管	含3～4种主干管	含2～3种主干管	含1～2种主干管	均为支管
	指数	80～100	60～80	40～60	20～40	0～20

表1-18 评估因子——道路建设时序评估指数

评估因子		指数分级				
建设时序	分级	2016～2017年	2018～2020年	2020～2025年	2025～2030年	2030年后
	指数	80～100	60～80	40～60	20～40	0～20

3）地下空间

地下综合管廊建设应结合地下空间开发、商业综合体开发等相关工程，可以减少区域开挖次数，减少施工投资，还可以减少对周边环境的影响。如表1-19～表1-22所示。

表1-19　评估因子——地下空间开发条件评估指数

评估因子		指数分级				
地下空间利用	分级	可结合地下空间、商业综合体开发同步实施	近期可结合地下空间开发、商业综合体计划建设	远期可结合地下空间开发、商业综合体建设预留	无地下空间开发、商业综合体建设计划	已经完成地下空间、商业综合体开发
	指数	80 ~ 100	60 ~ 80	40 ~ 60	20 ~ 40	0 ~ 20

4）周边用地

周边用地主要包含用地分区、用地性质及开发强度、地块开发建设时序三个指标层。

表1-20　评估因子——区位因素评估指数

评估因子		指数分级				
区位因素	分级	重点建设区域	新开发建设区域	老城区改造	远期开发建设区域	已建成区
	指数	80 ~ 100	60 ~ 80	40 ~ 60	20 ~ 40	0 ~ 20

表1-21　评估因子——用地性质评估指数

评估因子		指数分级				
用地性质	分级	保护性用地	商业用地	特殊工业用地	居住用地	其他用地
	指数	80 ~ 100	60 ~ 80	40 ~ 60	20 ~ 40	0 ~ 20

表1-22　评估因子——地块开发建设时序评估指数

评估因子		指数分级				
地块开发建设时序	分级	吻合	较为吻合	一般吻合	基本吻合	不吻合
	指数	80 ~ 100	60 ~ 80	40 ~ 60	20 ~ 40	0 ~ 20

3. 各指标权重的确定

结合总体规划、城市路网、管线专项规划，初步确定各项评价指标的最终权重。如表1-23所示。

表1-23 量化评价体系评价指标权重

目标层	准则层	准则权重	指标层	指标权重	最终权重
城市地下市政综合管廊建设区位量化评价体系	道路交通	0.3	道路等级及交通流量	0.3	0.09
			路面是否适宜开挖	0.3	0.09
			道路建设时序	0.4	0.12
	管线需求	0.2	现状管线需求分析	0.4	0.08
			规划管线建设规模	0.4	0.08
			管线建设时序	0.2	0.04
	地下空间	0.2	城市用地综合开发	0.4	0.08
			城市隧道开发	0.6	0.12
	周边用地	0.3	用地分区	0.3	0.09
			用地性质及开发强度	0.3	0.09
			地块开发建设时序	0.4	0.12

4. **建设区位量化评价体系结论**

1）区域适建性分析

依据城市综合管廊建设区位量化评价体系，对用地范围内各地块的综合管廊建设的适建性进行分析和评价，确定综合管廊的适建区域。

根据规划范围内地块开发建设综合管廊的适建性，该地块可分为优先建设区域、应建设区域、宜建设区域、可建设区域、不宜建设区域、山体及绿地区域6个等级。各等级建设时序依次降低。

威海市管廊建设区域为中心城区高密度建设区域，主要集中在青岛路、新威路两侧及金线顶片区，这里是综合管廊规划建设的重点区域。双岛湾科技城高密度建设区域主要集中在以中央智慧岛为核心的区域。东部滨海新城高密度建设区域主要集中在金鸡路、成大路两侧和逍遥河、五渚河片区以及行政服务中心区域。

2）管廊布线分析

结合区域适建性分析结果和道路实施时序以及评价分值优先实施城市地下综合管廊。

通过定性分析、定量验证形成综合管廊系统布局，为该区域提供了精准的区域规划指引，将各区域管廊有机联系起来。

（三）因地制宜，合理控制规模与规划断面

从防灾减灾、土地集约利用、提高市政管线安全保障率等方面考虑，综合管廊的配建率越高越有利，但过高的配建率势必带来经济压力。如何用最少的投资来获得最优的综合管廊建设方案，这一问题对于像威海市这样的中等城市来说是需要专门研究的。

（1）综合管廊规模。结合东部滨海新城道路新建、中心城区道路改造规划建设干线管廊、支线管廊，结合架空线路入地规划缆线管廊。威海市共规划综合管廊78.87 km，另外在古寨西路、古寨南路、文化中路等道路规划缆线管廊约17 km，管廊建设密度约为0.16，介于国外管廊完善城市的密度（0.12～0.21）水平。

到2020年，威海市规划建成综合管廊61.37 km，缆线管廊17 km，综合管廊配建率可达到1.97%，与住房和城乡建设部、国家发展改革委发布的《全国城市市政基础设施建设“十三五”规划》中2020年城市道路综合管廊综合配建率为2%这一要求相契合。

（2）综合管廊断面尺寸。从经济性、实用性考虑，结合市政管线容量，仅将新建区域的干线管廊规划为三舱断面，其余以单舱断面、双舱断面及缆线管廊为主，充分考虑中小城市的财政承受能力。

第四节　规划总结

威海市综合管廊规划针对威海市这一中等城市特点，坚持“多规合一”，实现与管线专项规划、管线综合规划、地下空间开发利用规划等相关规划的高度融合。通过构建建设区域量化评价体系，用数据模型验证规划区综合管廊“横向贯通、纵向延伸、环状闭合、网状分配”布局的合理性和科学性，并合理控制建设规模。威海市制定了适合城市发展的综合管廊整体布局、管廊断面形式等规划方案，对同类型其他中小城市编制管廊规划的技术路线提供了可复制、可推广的经验。

1. 首次建立适宜性数据模型评价体系，定量进行城市综合管廊适建性分析

在住房和城乡建设部专家的指导下，对城市地下市政综合管廊建设技术经济评价体系进行层次分析，建立递阶层次结构模型图，根据威海市自身特点，将道路交通、管线需求、地下空间开发、周边土地开发利用等多种因素合理核定指标权重，构建城市综合管廊系统评价体系，进行城市综合管廊适建性分析，确定科学合理的城市地下综合管廊系统布局。

2. 科学合理的管廊规划助力威海市国家综合管廊试点城市申报

威海市综合管廊规划有效地指导了区域综合管廊的建设。威海市城市地下综合管廊规划助力威海市在山东省竞争性评审中获得唯一申报资格，助力威海市在2016年全国地下综合管廊试点城市竞争性评审过程中脱颖而出，取得第五名的好成绩，入选第二批全国地下综合管廊试点城市。

3.“多规合一”为中小城市综合管廊规划编制提供可以借鉴的样本

威海市综合管廊规划编制，分层次分析各规划对管廊规划的影响以及管廊规划与各规划的衔接与协调方式，最终实现多规划在综合管廊规划中的“合一”。

本次规划从威海市实际情况出发，结合规划区域用地、人口、市政基础设施需求、财政收入等因素，科学合理地确定综合管廊系统布局、建设规模、断面选型，以相对较小的投资获得最大的社会效益，并为中小城市编制综合管廊规划提供可借鉴的样本。

4. 促进形成更加完善的综合管廊投融资体系

威海市在2014年底积极运作，以政府和社会资本合作模式筹建了威海市滨海新城建设投资股份有限公司，由该公司负责整个威海市地下综合管廊及轨道交通的投资、建设和运营管理。规划中将政府和社会资本合作模式纳入资金保障措施中，为威海市公用设施建设开创了更优、更好的操作模式和方法，有利于项目的后续开发建设，也为地下综合管廊项目建设打下了良好的基础。

第二章

设计篇

第一节　总体设计

一、断面设计

综合管廊是管线的载体，其断面设计与入廊管线种类、管线容量、管线布置形式等直接相关，同时，管廊断面反过来又会影响管线安装、使用空间、管廊总体投资等。

（一）规范相关要求

根据《城市综合管廊工程技术规范》（GB 50838—2015）中的第4.3章节，对综合管廊断面设计的原则性要求如下。

（1）综合管廊断面形式应根据纳入管线的种类及规模、建设方式、预留空间等确定。

（2）综合管廊断面应满足管线安装、检修、维护作业所需要的空间要求。

（3）综合管廊内的管线布置应根据纳入管线的种类、规模及周边用地功能确定。

（4）天然气管道应在独立舱室内敷设。

（5）热力管道采用蒸汽介质时应在独立舱室内敷设。

（6）热力管道不应与电力电缆同舱敷设。

（7）110 kV及以上电力电缆，不应与通信电缆同侧布置。

（8）给水管道与热力管道同侧布置时，给水管道宜布置在热力管道下方。

（9）进入综合管廊的排水管道应采用分流制，雨水纳入综合管廊时可利用结构本体或采用管道排水方式。

（10）污水纳入综合管廊应采用管道排水方式，污水管道宜设置在综合管廊的底部。

（二）管线入廊分析

一般来说，综合管廊入廊管线种类在规划编制阶段就已经确定，根据《城市综合管廊工程技术规范》（GB 50838—2015），给水、雨水、污水、再生水、天然气、热力、电力、通信等城市工程管线均可因地制宜纳入综合管廊。

对于给水、再生水、电力、通信及热水管道等常规管线，一般情况下均纳入总管廊，对于燃气、重力排水管道需要在具体项目中进行论证有无纳入综合管廊的条件及必要性。因此，在具体项目断面设计时，着重论证特殊管线即可。

1. 给水、再生水管线纳入综合管廊的适宜性分析

市政给水、再生水管线均为压力管线，材质一般为球墨铸铁管、钢管，与其他市政管线之间的相互干扰小，通常将其纳入综合管廊。综合管廊容纳给水、再生水管线可为未来管线扩容提供空间。综合管廊拥有实时监控和方便检查维护等优势，管线维修方式由埋地敷设时的事故维修变为日常维护保养，可及时发现和处理管线常出现的“跑、冒、滴、漏”现象，有利于管线的维护和安全运行，减少管道维修抢险造成的道路开挖及交通拥堵。

综合管廊容纳给水、再生水管线的风险性表现为容易发生爆管等突发事件，这将会威胁综合管廊自身和其他管线的安全。为避免突发事件的发生，除加强后期的检查维护外，综合管廊在设计时，对于给水、再生水管线的管材、管件、接口形式的选择，应根据管线在管廊断面的位置、管线节点受力情况等各种因素确定。

2. 热力管道纳入综合管廊的适宜性分析

热力管道，根据热媒分为热水管道和蒸汽管道。

热力管道压力一般较大，管材通常为钢管外套保温层，虽然外套保温层有隔水的作用，能够对热力管道进行保护，但实践证明，埋在地下的热力管道还是会受到不同程度的腐蚀。威海地区由于海水的入侵，对热力管道的腐蚀尤其严重。热力管道纳入综合管廊可以有效地延长使用年限。热力管道维修比较频繁，纳入管廊可避免管道维修引起的交通堵塞。另外，热力管道由于热负荷的增加，相比其他管线扩容更换管道的频率更高，所以热力管线一般也纳入综合管廊中。

热力管道入廊产生的主要影响是：其输送介质可能会带来管廊内温度的升高，从而影响安全。《城市综合管廊工程技术规范》（GB 50838—2015）第 4.3.5 条、第 4.3.6 条分别规定：“热力管道采用蒸汽介质时应在独立舱室内敷设。”“热力管道不应与电力电缆同舱敷设。”因此，热力管道必须做好保温，同时在管线布置上应将热力管线与热敏感的其他管线保持适当的间距或分舱设置。

综合以上分析，在综合管廊规划设计中，应容纳热力管道，同时要避免热力和电力管线之间的相互影响。

3. 天然气管道纳入综合管廊的适宜性分析

从安全因素来考虑，通过采取科学的技术措施解决天然气管道的安全问题，天然气管道是可以直接进入综合管廊的。根据相关规范，天然气入廊需要独立设舱，这会增加工程的投资，同时，对运行管理和日常维护也提出了更高的要求。

将天然气管道纳入综合管廊的优点主要体现在以下几个方面。

（1）天然气管道不易受到外界因素的干扰而破坏，如各种管线的叠加引起的爆裂、砂土液化引起的管线开裂和天然气泄漏、海水入侵引起的天然气管道侵蚀、外界施工引起的管线开裂等，提高了城市的安全性。

（2）天然气管道、阀门等易于安装检修。

（3）天然气管道纳入综合管廊后，依靠监控设备可随时掌握管线状况，发生天然气泄漏时，可立即采取相应的救援措施，避免了天然气外泄情形的扩大，最大程度地降低了灾害发生的概率，减少了随之引起的损失。

（4）避免了管线维护引起的对城市道路的反复开挖和随之带来的交通阻塞、交通延滞。

天然气管道纳入综合管廊时，也存在以下不利因素。

（1）燃气管道一旦发生泄漏，易对人身安全带来影响。

（2）燃气管道发生泄漏后，在密闭空间内当达到一定浓度后，如遇明火，易造成爆炸等事故。

（3）为了使燃气管道能正常安全地运行，需配置一定的仪表设备对天然气管道进行监测。

（4）在技术上，天然气管道在综合管廊内敷设，需要单独设舱，并配备消防设施、抢险设施和抢险通道，增加综合管廊的断面尺寸。断面和节点结构将更加复杂，管理、维护的难度将更大，工程投资也大幅增加。

（5）竣工验收难。天然气属于易燃易爆品，竣工后消防验收相当麻烦，并且目前还没有关于管廊内天然气的验收规范可以参考。

综上所述，天然气管道可以纳入综合管廊，但必须单独设舱并采取相应的防护措施。

4. 雨污水等重力流管道纳入综合管廊的适宜性分析

1）管道特性

雨污水管道的主要特性是重力流，管道须按照一定的坡度进行敷设，通常，管道坡度与所在道路的纵坡保持一致。

雨污水管道截面尺寸相比其他专业管线明显偏大，其管径根据其所转输的水量及敷设的管道坡度综合确定。通常情况下，雨水支管为DN300～DN600，雨水干管为DN 600～DN1 000，雨水主干管为DN1 200～暗渠；污水支管为DN300～DN400，污水干管为DN500～DN800，污水主干管为DN1 000～DN1 200。

由于污水管道所收集的污水会产生硫化氢、甲烷等有毒、易燃、易爆的气体，管道接口、支管交汇、检查井处均存在管道内气体泄漏的可能。雨水虽然不会产生上述气体，但由于雨水管道存在污水乱插乱接、初期雨水污染物含量高的现象，无法保证雨水管道或渠道不产生上述气体。

雨污水管道水流含有大量固体悬浮物，易沉积淤塞，必须对管渠系统进行定期的检查和清通养护。

2）雨污水管道入廊条件分析

雨污水管道是否可纳入综合管廊的影响因素主要有管道埋深、支管接入、地形地势、道路横断面等。

3）雨污水管线入廊的其他要求

（1）疏通要求。根据《城市综合管廊工程技术规范》（GB 50838—2015）第4.3.10条规定："污水纳入综合管廊应采用管道排水方式。"考虑到管廊内的安装和检修条件，以及管廊内检查井视管径和管材情况，采用一体式塑料检查井或三通垂直朝上加盘堵的方式。

目前城市排水管道清通养护的方法有水力冲洗、机械冲洗、人力疏通、竹片（玻璃钢竹片）疏通、绞车疏通、钻杆疏通。城市排水管道清通养护施工时，具体采用哪一种方法或某几种的综合方法，应根据管径大小、管道存泥状况、管道位置和设备条件而定。入廊污水管道如采用机械清洗、绞车疏通等，廊内需预留操作空间。

（2）通风要求。为了及时快速地将泄漏的气体排出，根据《城市综合管廊工程技术规范》（GB 50838—2015）第7.2.1条规定，含有污水管道的舱室应采用机械进、排风的通风方式。同时，为保证雨污水管线具有较好的水力条件，每隔一定距离需要设置通气井，气体应直接排至管廊以外的大气中，其引出位置应协调周边的环境，避开人流密集或可能对环境造成影响的区域。

（3）消防、监控与报警要求。根据《城市综合管廊工程技术规范》（GB 50838—2015）第7.1.1条规定，对含有雨污水管线的舱室的火灾危险性规定：含污水管道为丁类；含雨水管道，如选用塑料等难燃管材为丁类，如选用钢管、球墨铸铁管等不燃管材为戊类。考虑到雨水的实际情况，本书将含雨水舱室归并为丁类。

根据《城市综合管廊工程技术规范》（GB 50838—2015）第7.5.4条规定，含有污水管道的舱室应对温度、湿度、水位、氧气、硫化氢、甲烷气体进行检测。含有雨水管道的舱室应对温度、湿度、水位、氧气进行检测，宜对硫化氢、甲烷气体进行检测，并对管廊内的环境参数进行监测与报警。

一般而言，有压污水管道可以参照给水管道做法直接纳入管廊，而重力污水管则需要针对具体的竖向问题进行具体分析。从竖向协调看，规划综合管廊的廊体空间标高为地面下 2 ~ 6 m，而相应道路的污水埋深基本在此竖向范围内，竖向协调不是限制污水管纳入综合管廊的制约因素。但污水管纳入综合管廊尚存在一些问题，主要体现在污水管径大，入廊后，管廊断面增大，导致投资增加；污水管有通风、防渗透等安全方面的要求，增加了管廊建设难度。综合来看，制约重力污水管进行管廊的竖向协调问题可以有效得到解决，在保障安全的前提下，综合管廊可考虑纳入污水管，以更好地发挥其综合效益。雨水管道因受限于下游排水出路问题，应结合道路竖向及河道防洪规划做进一步论证。

综上所述，尽管综合管廊有着显著的优越性，然而与传统的管线直埋方式相比却需要更多的投资，从而限制了它的普及应用。特别是当综合管廊内敷设的工程管线较少时，综合管廊建设费用所占比重将更大。因此，综合管廊内收纳管线的种类和数量是综合管廊建设的核心和关键。

本次规划结合城市经济、管理水平以及各种管线的特性，对各种管线被纳入综合管廊的可行性进行了分析，结论有如下几个方面。

（1）纳入综合管廊的基本管线。给水管、再生水管、电力电缆、通信电缆以及热力管道构成了纳入综合管廊的基本管线，在敷设管廊的路段应尽量将以上各种管线纳入管廊。

（2）纳入综合管廊的预留管线。预留管线应根据周边用地功能和城市发展需求灵活选择，主要包括交通监控、路灯电缆等。

（3）纳入管廊需论证的管线。雨水、污水及天然气管道需要结合具体项目进行论证。

（三）断面形式分析

综合管廊断面可以分为矩形、圆形、马蹄形等形式。

矩形断面的空间利用效率高于其他断面，施工方便，管廊在具备明挖施工条件时采用矩形断面，施工的标准化和模块化比较容易实现。但当受施工条件制约，必须采用非开挖技术如顶管法、盾构法进行综合管廊施工时，可采用圆形断面。当地质条件适合采用暗挖法施工时，采用马蹄形断面更合适，主要考虑到其受力性能好，易于施工。当采用明挖预制拼装法施工时，综合考虑断面利用、构件加工、现场拼装等因素，可采用矩形、圆形、马蹄形断面。

（四）分舱形式分析

根据《城市综合管廊工程技术规范》（GB 50838—2015）第4.3.4至4.3.7条规定，天然气管道应在独立舱室内敷设；热力管道采用蒸汽介质时应在独立舱室内敷设；热力管道不应与电力电缆同舱敷设；110 kV及以上电力电廊，不应与通信电缆同侧布置；给水管道与热力管道同侧布置时，给水管道宜布置在热力管道下方。

各类管线能否同舱敷设如表2-1所示。

表2-1　各类管线能否同舱敷设表

	电力	通信	给水	热力	燃气	雨水	污水
电力	︵	︵	√	×	×	×	×
通信	︵	√	√	√	×	×	×
给水	√	√	√	√	×	×	×
热力	×	√	√	√	×	×	×
燃气	×	×	×	×	√	×	×
雨水	×	×	×	×	×	√	×
污水	×	×	×	×	×	×	√
备注	√可同舱敷设　×不可同舱敷设　︵有限制条件敷设						

由此可见，纳入管廊的管线种类直接影响管廊断面的分舱个数，同时，容纳电力电缆和热力管道的断面至少为双舱断面。热力管道为蒸汽介质的，需要增加一个舱室；将天然气管道纳入管廊的也需增加一个舱室。

（五）断面设计

管线纳入综合管廊，需要考虑其安装空间及后期维护检修、更换等操作空间问题。根据入廊管线的特性，大致可以将其分为缆线和管道两类。

1. 缆线对管廊断面的影响

1）电力电缆

电力电缆敷设安装应该按照支架形式设计，并应符合《电力工程电缆设计规范》（GB 50217—2018）及《交流电气装置的接地设计规范》（GB/T 50065—2011）的规定。

电缆支架的层间距离应满足电缆敷设及其固定、安装接头的要求，而且在多根电缆同置于一层支架的情况下，可以更换或增设任意一根电缆及接头。

表2-2　电缆支架与桥架最小层间距表

单位：mm

<table>
<tr><th colspan="2">电缆电压等级和类型、敷设特征</th><th>普通支架、吊架（最小间距）</th><th>桥架（最小间距）</th><th>支架/桥架（最小间距）</th></tr>
<tr><td rowspan="6">电力电缆明敷</td><td>控制电缆明敷</td><td>120</td><td>200</td><td rowspan="4">300</td></tr>
<tr><td>6 kV以下</td><td>150</td><td>250</td></tr>
<tr><td>6～10 kV交联聚乙烯</td><td>200</td><td>300</td></tr>
<tr><td>35 kV单芯</td><td>250</td><td>300</td></tr>
<tr><td>35 kV三芯</td><td>300</td><td>350</td><td></td></tr>
<tr><td>110～220 V每层1根以上</td><td>350</td><td>400</td><td rowspan="2">500</td></tr>
<tr><td colspan="2">电缆敷设于槽盒中</td><td>h+80</td><td>h+100</td></tr>
</table>

注：① 上述表格来自综合管廊工程总体设计及图示。② 最上层支架距离管廊顶板或梁底的间距允许最小值，应满足电缆接引至上侧柜盘时的允许转弯半径要求，且不宜小于表中所列数值再加80～150 mm的和值。③ 最上层支架距离其他设备的净距，不应小于300 mm；当无法满足时，应设置防护板。

在实际设计过程中，考虑到电缆施工和后期维修及运行安全，一般10 kV电缆支架间距也按照300 mm控制。110 kV及以上电压等级的单芯电缆的外径大，考虑卡箍尺寸及安装空间，110 kV电缆支架层间距一般取350 mm，220 kV电缆支架层间距一般取400 mm。

2）通信线缆

通信线缆敷设安装应按照桥架形式设计，并应符合国家现行标准《综合布线系统工程设计规范》（GB 50311—2016）的规定。通信桥架的层间距不得小于200 mm，常用间距为300 mm。

2. 给水、再生水管道对管廊断面的影响

再生水管道与给水管道特性基本一致，可按照给水管道考虑其在管廊内的空间。给水、再生水管道可以布置在管廊同侧，且给水管道宜布置在再生水管道上方；给水管道可以和电力、通信、热水管道同舱布置，且给水管道宜布置在热水管道下方。但在设计过程中，若遇到给水管道管径较大、再生水管径较小的情况，给水管道可置于再生水管道下方，但应做好防护。

根据《城市综合管廊工程技术规范》（GB 50838—2015）中的5.3章节，对综合管廊断面设计的原则性要求：综合管廊标准断面内部净高应根据容纳管线的种类、规格、数量、安装要求等综合确定，不宜小于 2.4 m；综合管廊通道净宽应满足管道、配件及设备运输的要求，并应符合下列规定。

（1）综合管廊内两侧设置支架或管道时，检修通道净宽不宜小于 1.0 m；单侧设置支架或管道时，检修通道净宽不宜小于 0.9 m。

（2）配备检修车的综合管廊检修通道宽度不宜小于 2.2 m。

综合管廊的管道安装净距不宜小于表 2–3 中的规定。

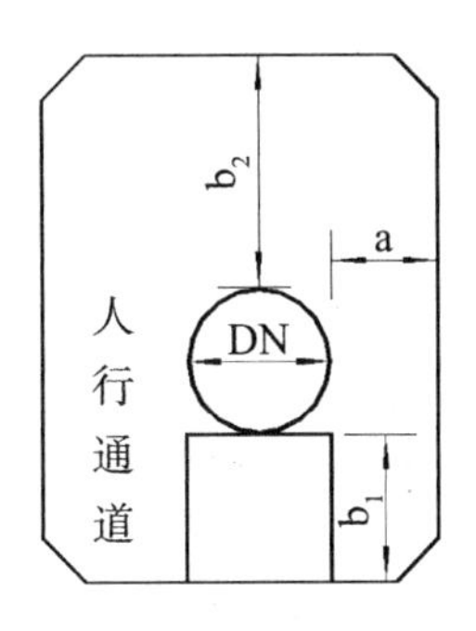

图 2–1　管道安装净距图

表 2–3　综合管廊的管道安装净距

单位：mm

<table>
<tr><th rowspan="3">DN</th><th colspan="6">综合管廊的管道安装净距</th></tr>
<tr><th colspan="3">铸铁管、螺栓连接钢管</th><th colspan="3">焊接钢管、塑料管</th></tr>
<tr><th>a</th><th>b_1</th><th>b_2</th><th>a</th><th>b_1</th><th>b_2</th></tr>
<tr><td>DN＜400</td><td>400</td><td>400</td><td rowspan="5">800</td><td rowspan="3">500</td><td rowspan="3">500</td><td rowspan="5">800</td></tr>
<tr><td>400≤DN＜800</td><td rowspan="2">500</td><td rowspan="2">500</td></tr>
<tr><td>800≤DN＜1 000</td></tr>
<tr><td>1 000≤DN＜1 500</td><td>600</td><td>600</td><td>600</td><td>600</td></tr>
<tr><td>≥DN1 500</td><td>700</td><td>700</td><td>700</td><td>700</td></tr>
</table>

因此，综合管廊断面设计应按照上述要求进行，并考虑管道的阀门等配件安装、维护的空间。

3. 热力管道对管廊断面的影响

热力管道因输送介质，会导致外界环境温度变化，有一定的安全隐患，因此，输送蒸汽介质的管道需单独成舱，输送热水介质的管道不得与电力电缆同舱布置，且应尽量单独布置；如果与其他管线同舱布置，应置于其他管线上方，且应做好自身的保温绝热措施。

热力管道保温后管径一般较大，对管廊断面尺寸影响较大，是水平还是竖向布置，需结合管廊内部其他管线情况进行具体论证，统一考虑。

4. 天然气管道对管廊断面的影响

天然气管道纳入综合管廊必须单独成舱，管道在管廊内的安装空间要求与给水管道的相同，同时也需考虑阀门等配件的安装需求。

（六）设计案例

案例一：管廊内容纳有热水、给水、再生水及电力、通信线缆。本案例将两根DN300热力管竖向放置，节省空间；单独成舱，减弱了对其他管线的热影响。给水管、再生水管与通信、电力线缆组成水电舱，电力及通信线缆沿侧壁置于上方，让出下部空间；给水管道管径略大，将2根给水管道置于底板支墩上平行放置；再生水管道置于给水管道上部支架上，充分利用管廊的竖向空间。如图2-2所示。

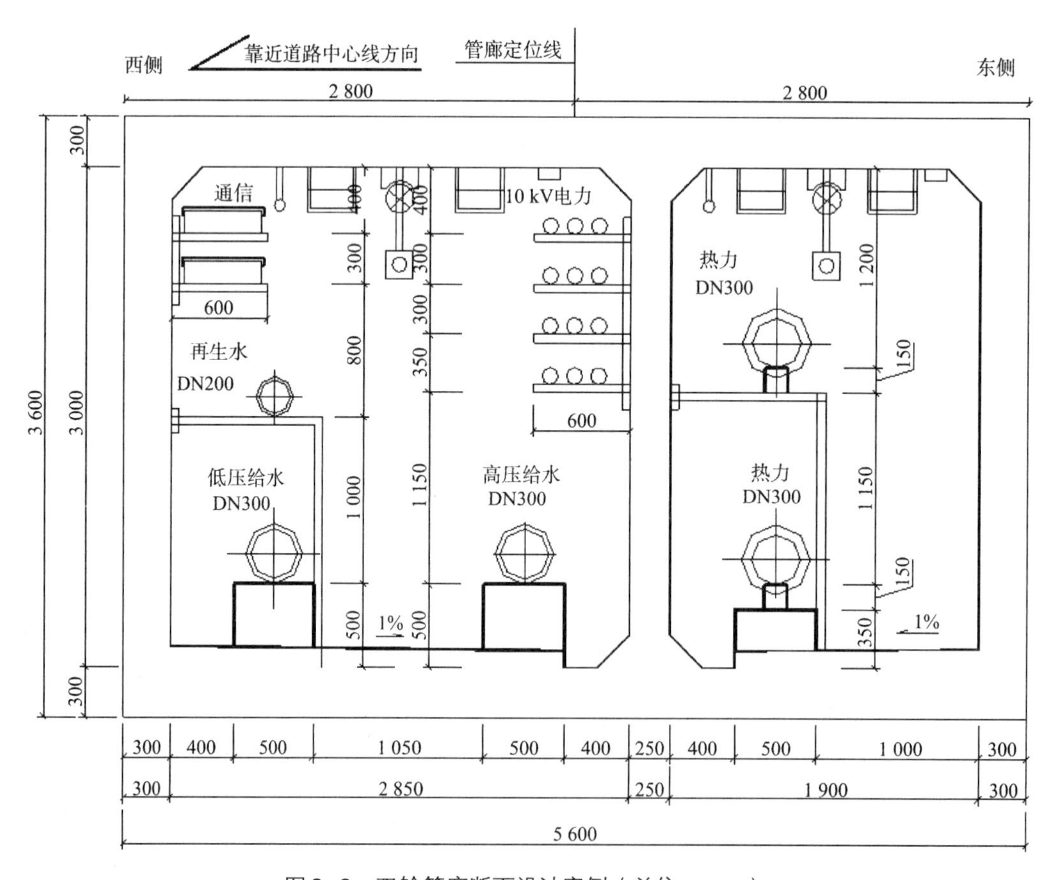

图2-2　双舱管廊断面设计案例（单位：mm）

案例二：在威海市东部滨海新城松涧路松涧管廊设计过程中，因管廊穿越石家河水系及两侧的黑松林自然风貌区，无开挖建设条件，固采用非开挖施工方式，管廊断面如图 2-3 所示。

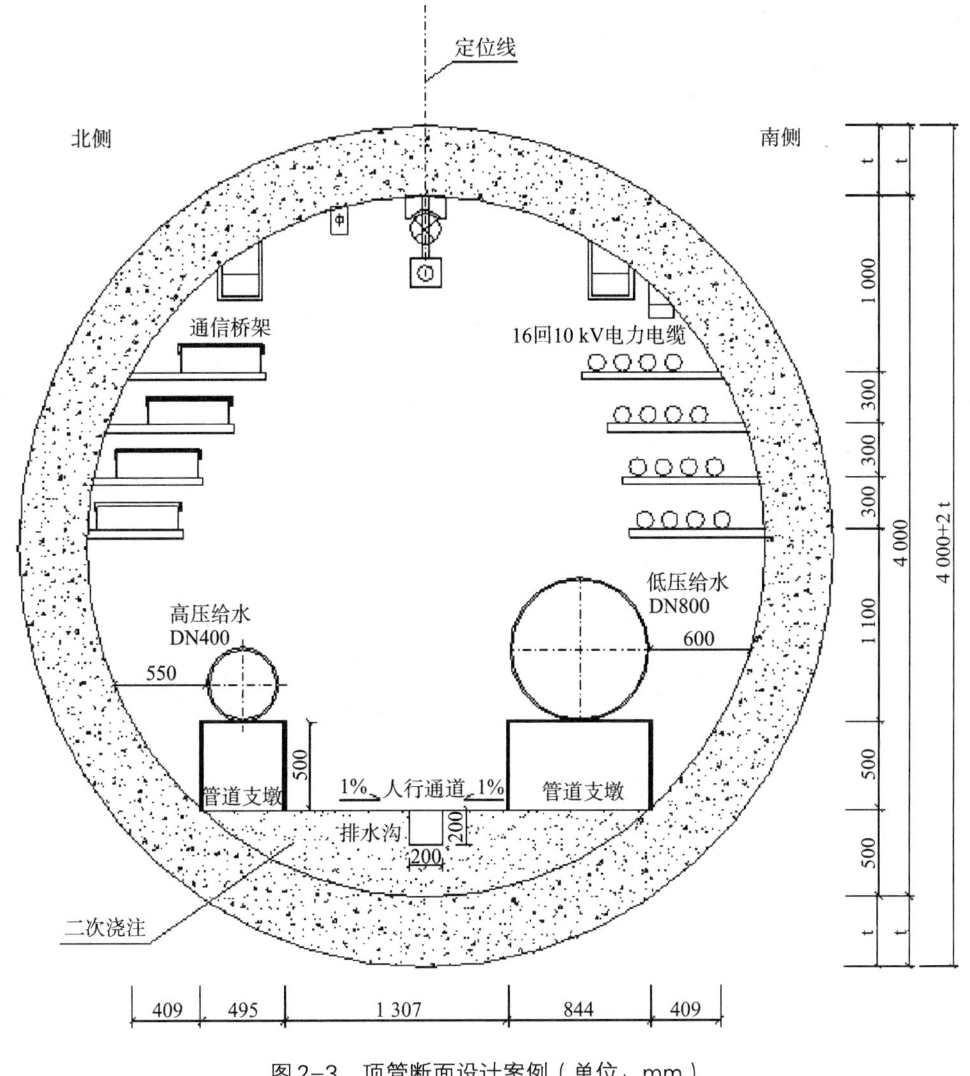

图 2-3　顶管断面设计案例（单位：mm）

案例三：松涧路管廊内容纳 2 根 DN900 热力管道，为方便管道安装及后期更换，管廊内设置检修车出入通道。根据规范，配备检修车的综合管廊检修通道宽度不宜小于 2.2 m，但松涧路管廊不具备断面拓宽的条件，因此在现有断面基础上，采用检修车与管线上下分层的方式，满足检修车入廊的要求。在检修车入口处的管廊上层空间作为检修车的通道，下层作为管线通道，同时可作为热力管道的自然补偿。车后带牵引栓，除可用作参观车辆外，在牵引栓处后挂平板拖车，用于平时检修及材料运输。如图 2-4 及 2-5 所示。

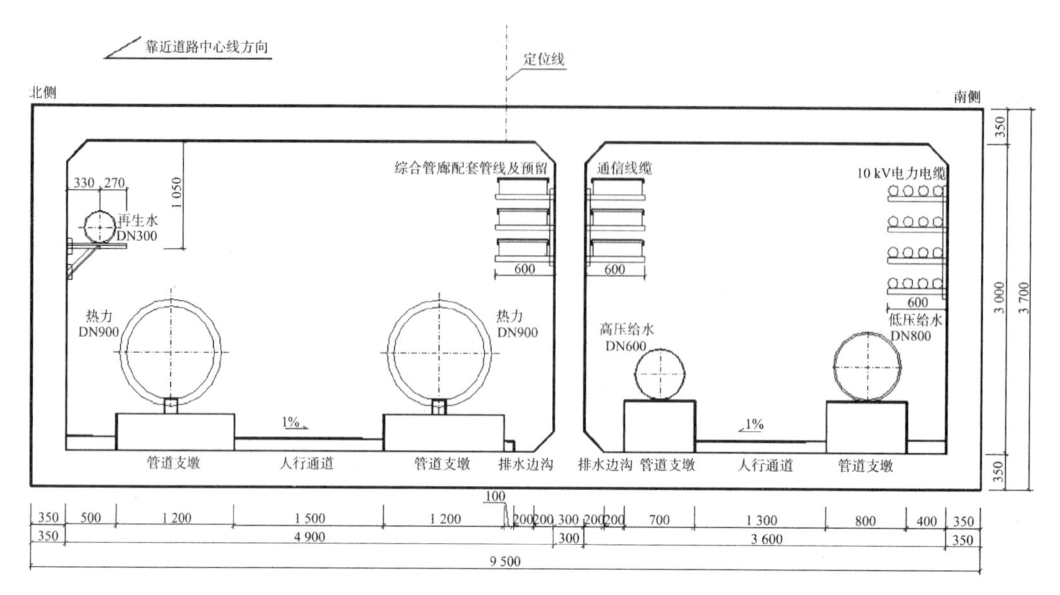

图2-4　检修车入廊断面设计案例（单位：mm）

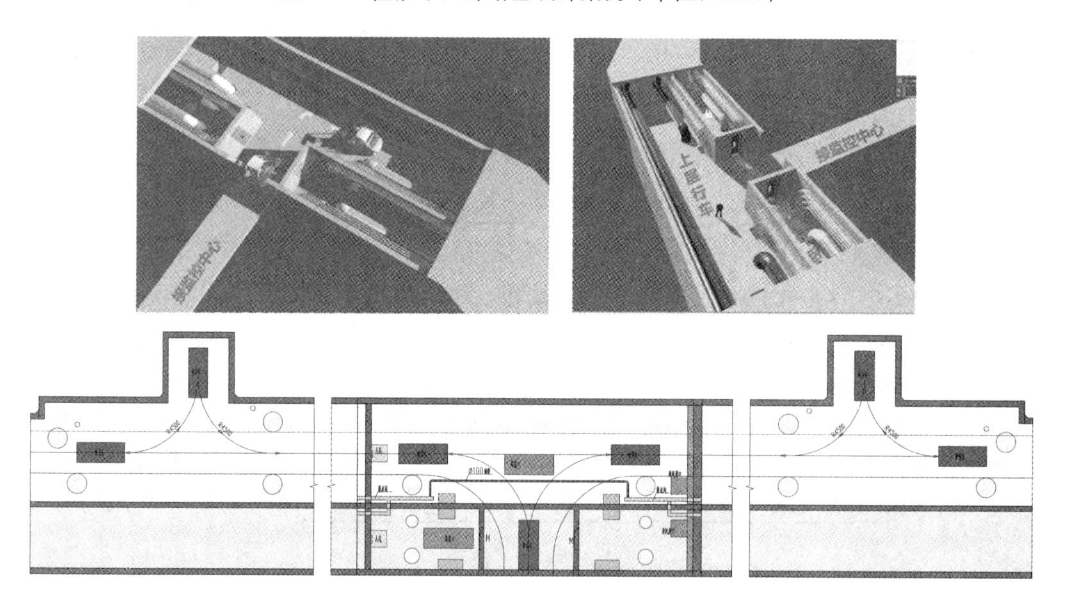

图2-5　检修车入廊设计案例

二、平面设计

根据《城市综合管廊工程技术规范》（GB 50838—2015）中的5.1章节，综合管廊平面中心线宜与道路、铁路、轨道交通、公路中心线平行。综合管廊穿越城市快速路、主干路、铁路、轨道交通、公路时，宜垂直穿越；受条件限制时可斜向穿越，最小交叉角不宜小于60°。

在实际设计过程中，除上述条件外尚需考虑以下因素。

（一）综合管廊在道路横断面中的位置

综合管廊位置应根据道路横断面、地下管线和地下空间利用情况等确定。干线综合管廊宜设置在机动车道、道路绿化带下，支线综合管廊宜设置在道路绿化带、人行道或非机动车道下，缆线管廊宜设置在人行道下。

但综合管廊设置有吊装口、通风口、逃生口等附属设施，因此应尽量敷设在绿化带下，如图2-6所示。若受现状情况限制，无法布置于绿化带下时，附属孔口须通过夹层引至绿化带内，如图2-7所示。

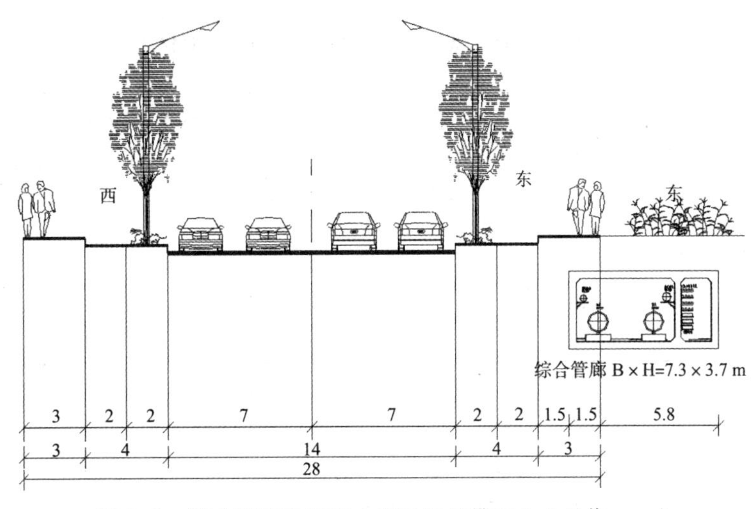

图2-6 综合管廊位置图（置于绿化带下）（单位：m）

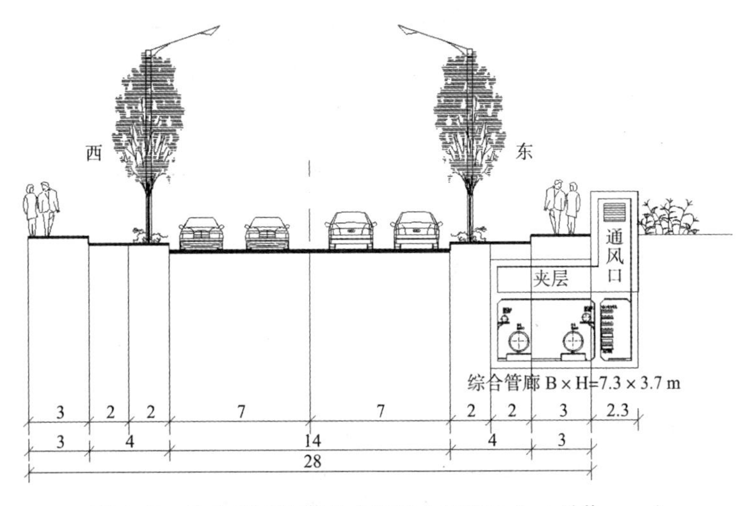

图2-7 综合管廊位置图（置于人行道下）（单位：m）

（二）综合管廊平面转折点角度应满足廊内管线最小转弯半径的要求，并尽量与道路圆曲线半径相一致

一般管廊内均容纳电力、通信线缆，且线缆的转弯半径一般大于给水、热力等管

道，故管廊的转折角度应考虑电力、通信线缆的情况。特殊情况下需对其他管线转弯半径进行核算。

根据综合管廊规范，综合管廊内电力电缆弯曲半径和分层布置应符合现行国家标准《电力工程电缆设计规范》（GB 50217—2018）的有关规定；综合管廊内通信线缆转弯半径应大于线缆直径的15倍，且应符合现行行业标准《通信线路工程设计规范》（YD 5102—2010）的有关规定。

电缆转弯如图2-8所示，转弯半径最小要求如表2-4所示。

表2-4　电（光）缆敷设允许的最小半径

电/光缆类型（直径D）		允许最小转弯半径	
		单芯	3芯
交联聚乙烯绝缘电缆	≥66 kV	20D	15D
	≤35 kV	12D	10D
光缆		20D	

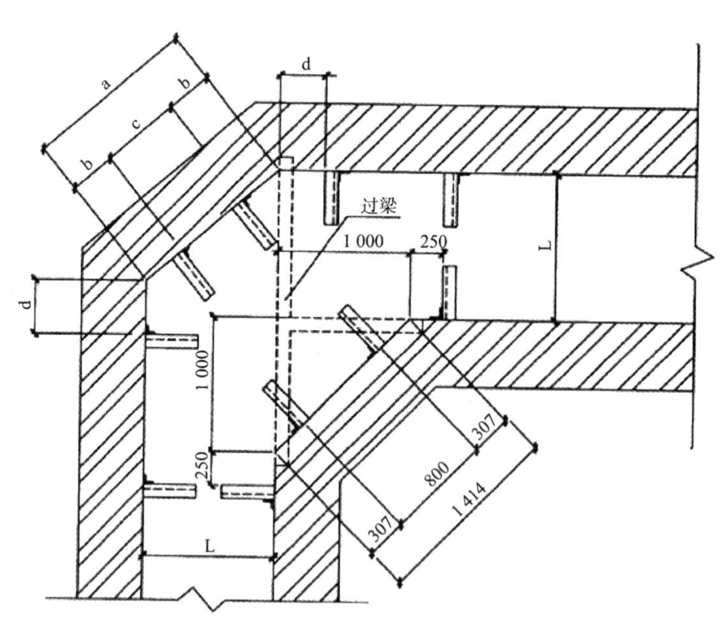

图2-8　电缆转弯示意（单位：mm）

（三）地下构筑物及管线的影响

综合管廊与地下构筑物、管线水平净距要求如表2-5所示。

表2-5 综合管廊与相邻地下构筑物的最小净距

施工方法 / 相邻情况	综合管廊与地下构筑物水平净距	综合管廊与地下管线水平净距
明挖施工	1.0 m	1.0 m
顶管、盾构施工	综合管廊外径	综合管廊外径

三、纵断面设计

（一）标准段覆土考虑因素

综合管廊布置于绿化带下，首先要考虑上部绿化种植的要求，一般的灌木所需种植土深为0.5 ~ 1.0 m，一些高大的乔木需要1.5 m左右。若只考虑绿化种植，综合管廊标准段覆土为2 m左右即可。

综合管廊上部会布置I/O站、通风口等节点，节点中安装一定的设备，因此需要一定的安装空间。如果I/O站需要安装配电柜，那么吊装口夹层需满足管道吊装及运输要求等，因此需要加深节点顶部的覆土深度。如果标准段管廊的覆土过浅，会导致纵断在遇到节点部分只局部加深，整个管廊的纵断连续性较差。因此，在确定标准段覆土深度时，需统筹考虑局部节点的深度。

（二）穿越河道节点覆土要求

综合管廊穿越河道时应选择在河床稳定的河段，最小覆土深度应满足河道整治和综合管廊安全运行的要求，并应符合以下规定。

在Ⅰ~Ⅴ级航道下面敷设时，顶部高程应在远期规划航道底高程2.0 m以下。

在Ⅵ、Ⅶ级航道下面敷设时，顶部高程应在远期规划航道底高程1.0 m以下。

在其他河道下面敷设时，顶部高程应在河道底设计高程1.0 m以下。

（三）交叉节点覆土要求

综合管廊与相邻地下管线及地下构筑物的最小净距应根据地质条件和相邻构筑物性质来确定，且不得小于表2-6中规定的净距。

表2-6 综合管廊与相邻地下构筑物的最小净距

施工方法 / 相邻情况	综合管廊与地下管线交叉垂直净距
明挖施工	0.5 m
顶管、盾构施工	1.0 m

（四）纵向坡度要求

综合管廊纵向走向应满足管廊纵向排水最小坡度要求。通常综合管廊内通过设置排水沟的形式排水，坡度不应小于0.2%。

综合管廊纵向坡度也需满足廊内各管线转弯半径的要求。同时，综合管廊内纵向坡度超过10%时，应在人员通道部位设置防滑地坪或台阶，满足人员通行需求。如图2-9所示。

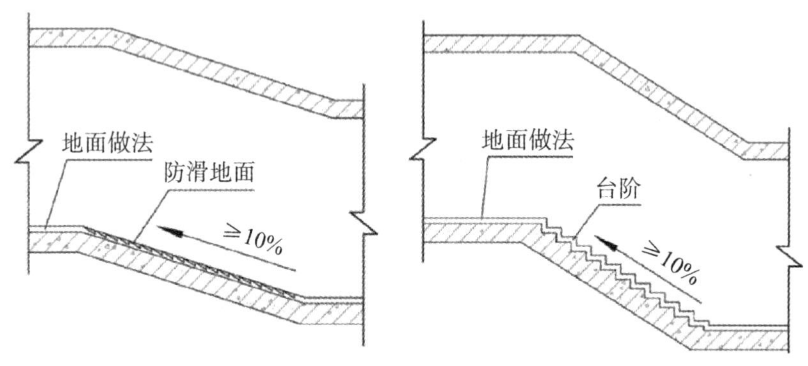

图2-9　人行通道防滑措施示意图

（五）设计案例

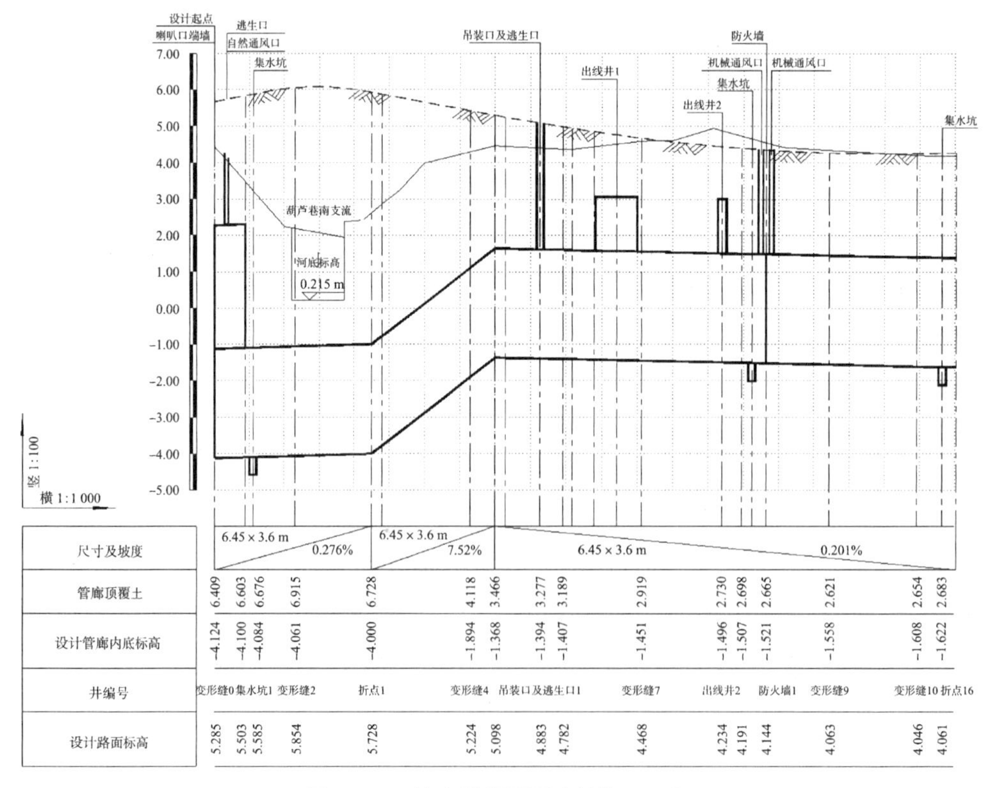

图2-10　管廊纵断面图（单位：m）

以某支线管廊纵断面设计为例，标准段覆土为2.5 m～3.0 m，既满足景观绿化种植要求，也不会在出线井、通风口等管廊局部加高或有夹层的区域出现纵坡急剧的变化；在穿越水系段，管廊在河底1 m以下位置穿过。如图2-10所示。

四、节点设计

综合管廊的每个舱室应设置人员出入口、逃生口、吊装口、进风口、排风口、管线分支口等。

综合管廊的人员出入口、逃生口、吊装口、通风口等露出地面的构筑物应满足城市防洪要求，并应采取防止地面水倒灌及小动物进入的措施。

（一）监控中心

为了保证综合管廊安全、稳定地运行，需要设置一套完善的监控系统，而监控中心就是综合管廊的核心和枢纽。综合管廊的管理、维护、防灾、安保、设备的远程控制，均在监控中心内部完成。

监控中心宜设置控制设备中心、大屏幕显示装置、会商决策室等。同时，有条件的可以兼顾维护人员日常休息、工具存放等要求，在需要的位置可考虑展示以及科普教育等功能。

监控中心的选址应以满足其功能为首要原则，鼓励与城市气象、给水、排水、交通等监控管理中心或周边公共建筑合建，便于智慧型城市建设和城市基础设施统一管理。

以威海市东部滨海新城松涧路监控中心为例，如图2-11，该监控中心被称为管廊智慧中心。智慧中心总建筑面积1 777 m^2，设科普馆、监控室、设备间、会议室、办公室等，是集办公、监控、管理于一体的综合管廊科普教育基地。

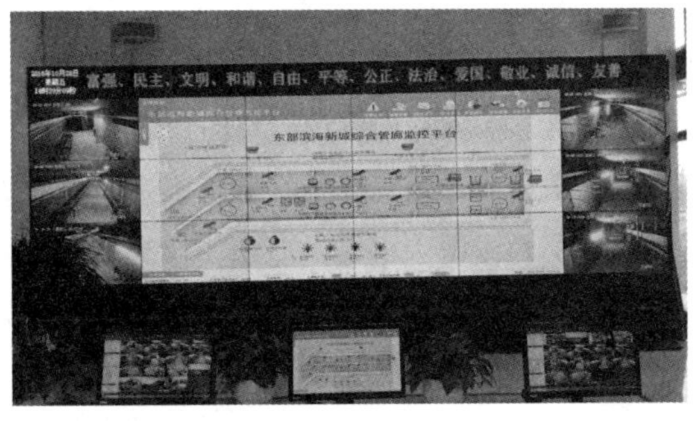

图2-11　松涧路管廊监控中心

（二）人员出入口

人员出入口，顾名思义是供人员正常进出的位置，可供参观、施工、维修、检修人员进出。

综合管廊人员出入口宜与逃生口、吊装口、进风口结合设置，且不应少于2处。

在实际工程设计中，监控中心兼有人员出入口功能，如图2-12所示，满足人员正常巡检时的通行需要，其他远离监控中心的位置，结合周边用地规划、景观等单独建设。人员出入口的位置及数量，最好在规划阶段根据综合管廊系统布局综合确定，方便管廊后期的运营维护。

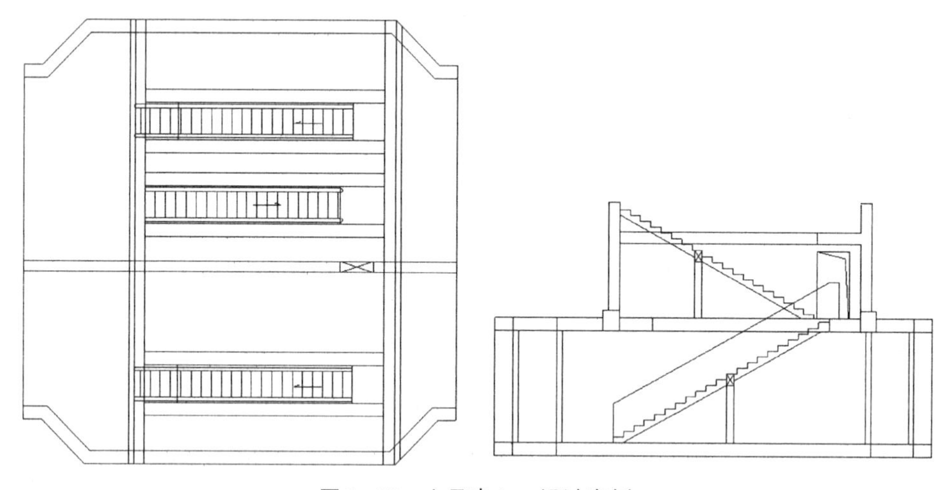

图2-12　人员出入口设计案例

（三）逃生口

逃生口的主要功能是使管廊内施工或日常巡检人员在特殊情况时快速离开管廊回到地面。因此，逃生口设计要充分考虑极端情况下的各种因素，如应尽量设置在防火分区中部，方便尽快逃离；人员从内部可以快速并且轻松开启逃生口，但从外部却不易打开；人员从管廊底板向上爬行时，超过一定高度应设置安全护笼或者休息平台等以防坠落；在纵断设置逃生口时，若条件允许，逃生口埋深可以尽量减小。

根据规范、图集等，综合管廊逃生口的设置应符合以下规定。

（1）敷设电力电缆的舱室，逃生口间距不宜大于200 m。

（2）敷设天然气管道的舱室，逃生口间距不宜大于200 m。

（3）敷设热力管道的舱室，逃生口间距不应大于400 m。当热力管道采用蒸汽介质时，逃生口间距不应大于100 m。

（4）敷设其他管道的舱室，逃生口间距不宜大于400 m。

（5）逃生口尺寸不应小于1 m×1 m，当其为圆形时，内径不应小于1 m。

（6）露出地面的盖板应设置一种内部使用时易于人力开启，且在外部使用时非专业人员难以开启的安全装置。

（7）露出地面的最小高度应满足城市防洪要求，并应采取防止地面水倒灌及小动物进入的措施。

（8）双舱或多舱合用逃生口，各舱室应采取有效防火分隔措施，确保不同舱室、不同防火分区的独立性。逃生口内部顶板处入孔盖板应选用可快速开闭的防火盖板，其耐火等级同防火门。

（9）当逃生口爬梯高度大于4 m时，应从下段距离地面2 m高处开始设置护笼以防止人员坠落。

在实际工程中，一般除对敷设蒸汽介质的舱室逃生口单独设置外，其余舱室均可以与通风口、吊装口合建。

逃生口可参考图2-13进行设计。

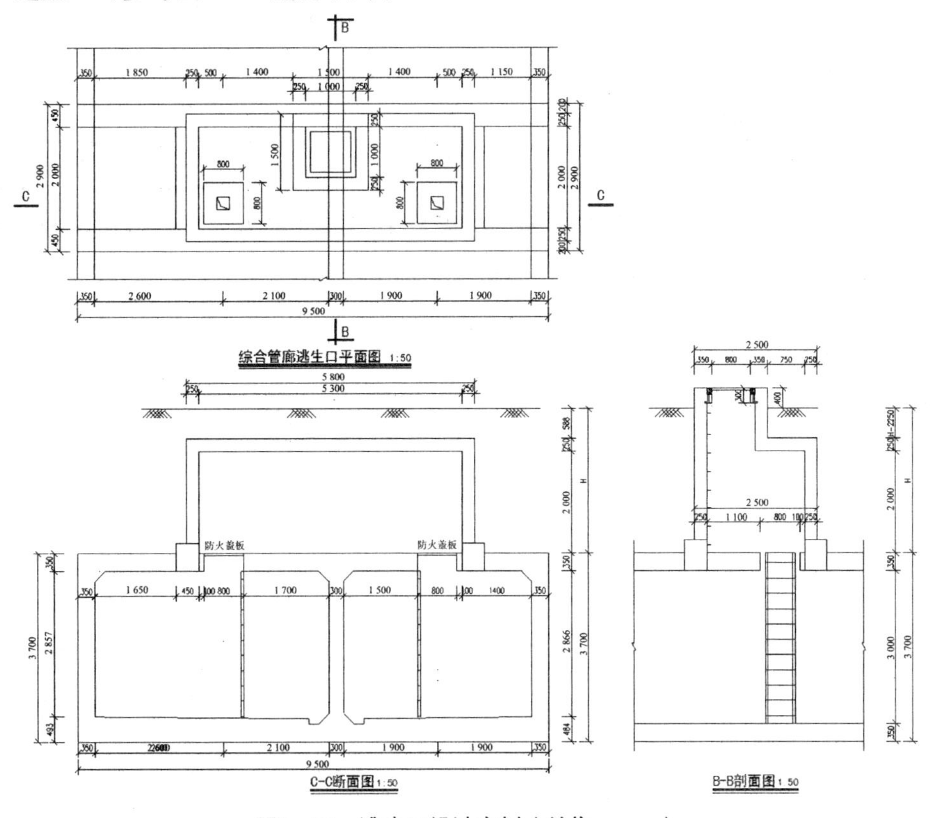

图2-13　逃生口设计案例（单位：mm）

（四）吊装口

综合管廊土建施工完毕后，内部管线、设备在初次安装及后期更换时，均需要通过吊装口运输。

根据规范，综合管廊吊装口的最大间距不宜超过400 m。吊装口净尺寸应满足管线、设备、人员进出的最小允许限界要求，如表2−7所示。主廊吊装口长度需考虑常规的管长，如给水管线长度约6 m，热力管线长度约为12 m，并考虑吊装设备、管道重量、吊装难度等综合确定，通常为7 m；宽度需考虑最大管线及设备的进出要求，并留有一定的余量，一般不小于1 m。过路支廊一般长度较短，且垂直于道路方向，受道路宽度影响，一般过路支廊吊装口长度为3.5 m。如表2−7所示。

表2−7　吊装口尺寸表

舱室类型		吊装口宽度/m	主廊吊装口长度/m	支廊吊装口长度/m
管道类	管道管径DN/mm			
	DN≤600	1.0	7.0	3.5
	600＜DN≤800	1.3		
	800＜DN≤1 000	1.5		
	1 000＜DN≤1 200	1.8		
	1 200＜DN≤1 500	2.1		
缆线类		1.0	4.0	3.5

为弱化吊装口对地面景观的影响，可以将吊装口设置为地下式，覆土50 cm左右，或者将吊装口与通风口合建，与道路景观协调一致。如图2−14所示。

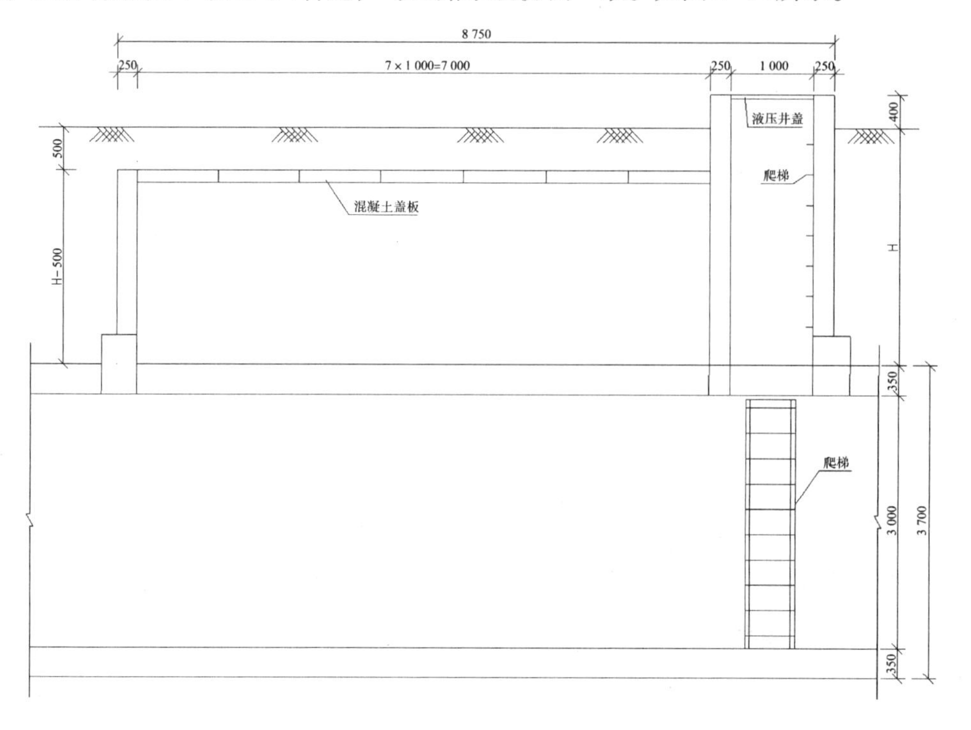

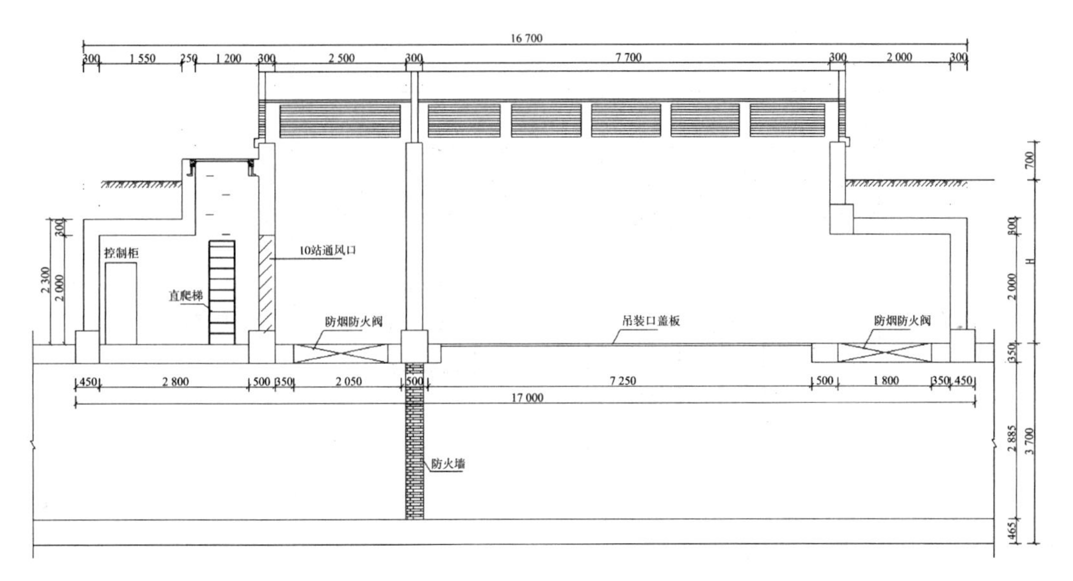

图2-14　吊装口、通风口、I/O站合建设计案例（单位：mm）

（五）通风口

综合管廊进风口、排风口的净尺寸应满足通风设备进出的最小尺寸要求。

天然气管道舱室的排风口与其他舱室进风口、排风口、人员出入口以及周边建（构）筑物口部距离不应小于10 m。天然气管道舱室的各类孔口不得与其他舱室连通，并应设置明显的安全警示标识。

综合管廊宜采用自然进风和机械排风相结合的通风方式。天然气管道舱和含有污水管道的舱室应采用机械进、排风的通风方式。通风口的布置与防火分区的划分有直接联系，每个分区设置一进一出两个通风口。进风口和排风口间距应满足通风要求，避免短路，因此在设计中可以将两个防火分区的进风口集中于一端，排风口集中于另一端。如图2-15所示。

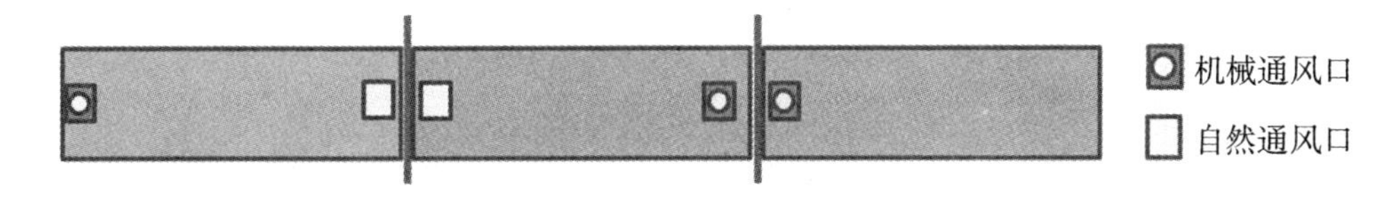

图2-15　防火区间通风口布置图

通风口地上部分应设置在绿化带内，出地面最小高度应满足城市防洪要求。在威海市综合管廊通风口设计中，结合城市防洪、通风系统需求，确定百叶窗下缘高出地面70 cm。如图2-16所示。

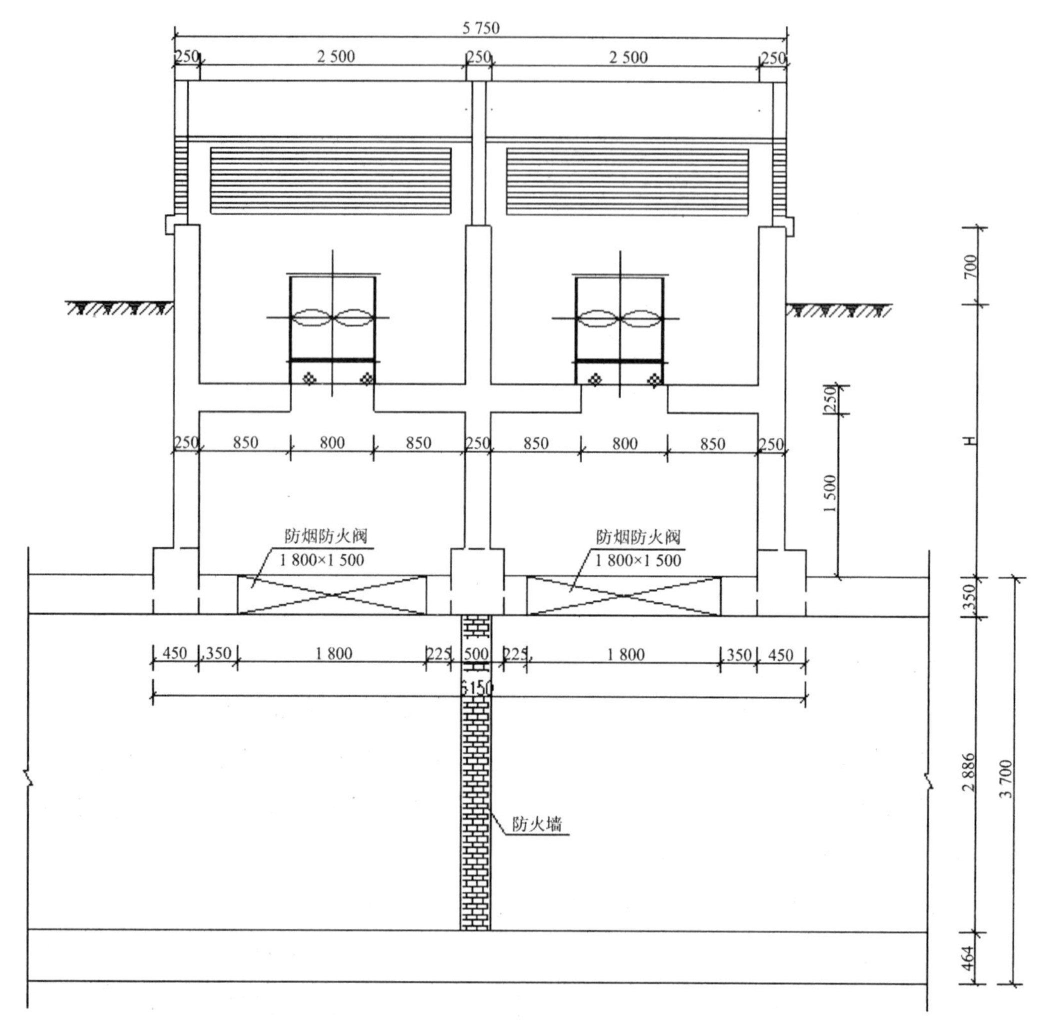

图2-16　通风口设计案例（单位：mm）

（六）孔口组合设计

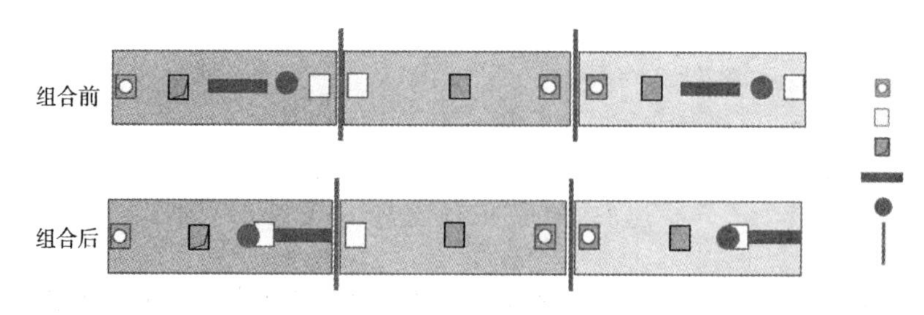

图2-17　孔口合建设计案例

综合管廊出露地面的孔口多，有通风口、逃生口、吊装口等。常规水电舱通风口、逃生口每隔200 m一个，吊装口每隔400 m一个，I/O站每隔400 m一个。

按照400 m两个防火分区统计，若每个孔口都单独设置，则400 m有7个位置有露出地面的构筑物，如图2-17所示。

在威海市综合管廊设计中将自然通风口、吊装口、I/O站组合在一起，如图2-18所示，这样2个防火分区就只有5个孔口出露地面，孔口相对集中，地面景观好处理，标准段也容易施工。

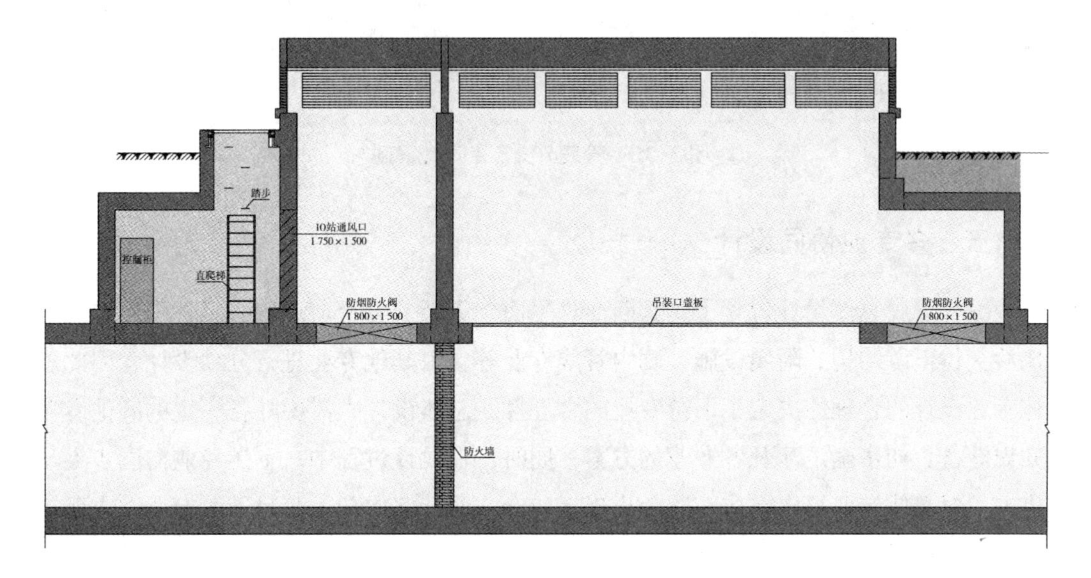

图2-18　孔口合建剖面设计案例

（七）管线分支节点

综合管廊沿线的道路交叉口、地块等均有市政管线接驳需求，因此需要根据需求预留管线分支口。分支口过路形式有3种，第一种是支管廊的形式，第二种是直埋形式，第三种是末端喇叭口形式。

在管线分支位置，管廊主体需要局部加高，或加宽，或加支廊，便于管线从主廊内引出。如图2-19所示。

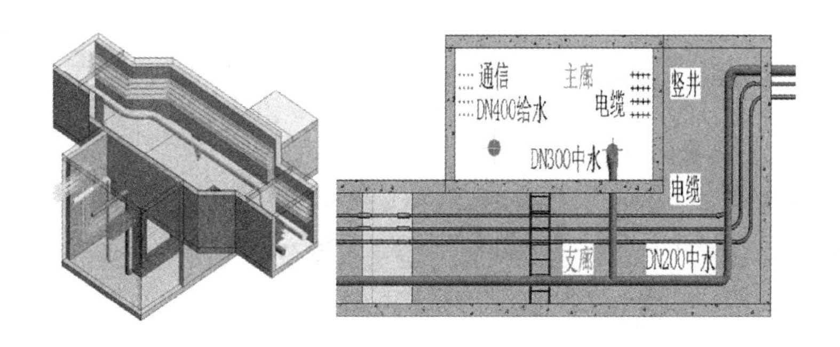

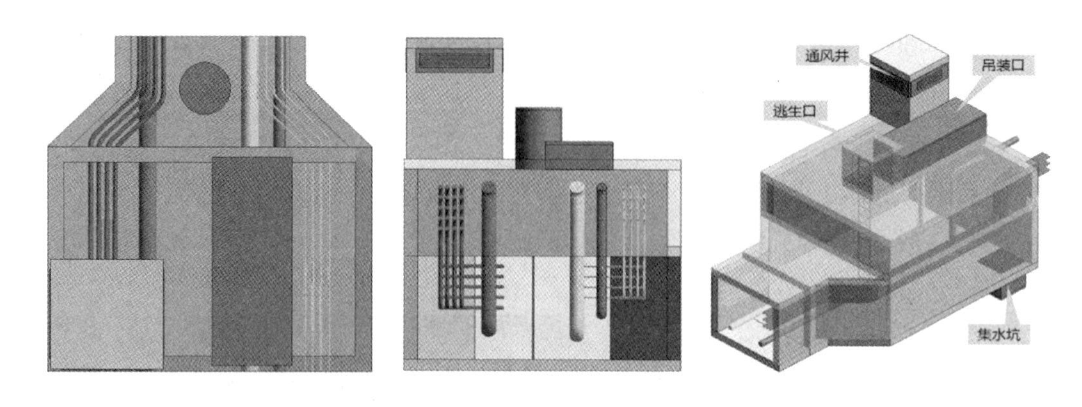

图2-19 管线分支节点设计案例

五、多专业协同设计

综合管廊总体设计包含了管廊断面、平面、纵断、各个节点等，上述内容涉及完成后交付下游结构、附属设施、廊内管线专业等，由其他专业进行分项设计，因此总体专业设计的合理性决定了下游专业的合理性。总体设计人需要具备一定的其他专业知识储备，初步确定涉及各专业的方案；同时，在设计过程中，下游专业需同步参与进来，对总体专业提出需求，避免出现上游专业设计完成却不满足下游专业需求而进行调整的情况。

以管廊断面设计为例，在设计过程中需咨询供电、监控与报警系统专业，提前预留自用电缆支架。以通风系统为例，总体专业在设计通风口时，需要确定通风口尺寸、防烟防火阀尺寸、百叶窗面积等，这些需要通风系统专业计算。

第二节 附属设施设计

一、消防系统

（一）火灾危险性分类

根据管廊舱室内容纳的管线种类，划分不同的火灾危险性类别，如表 2-8 所示。当舱室内含有两类及以上管线时，舱室火灾危险性类别应按火灾危险性较大的管线确定。

表2–8　综合管廊舱室火灾危险性分类

<table>
<tr><th colspan="2">舱室内容纳管线种类</th><th>舱室火灾危险性类别</th></tr>
<tr><td colspan="2">天然气管道</td><td>甲</td></tr>
<tr><td colspan="2">阻燃电力电缆</td><td>丙</td></tr>
<tr><td colspan="2">通信线缆</td><td>丙</td></tr>
<tr><td colspan="2">热力管道</td><td>丙</td></tr>
<tr><td colspan="2">污水管道</td><td>丁</td></tr>
<tr><td rowspan="2">雨水管道、给水管道、再生水管道</td><td>塑料管等难燃管材</td><td>丁</td></tr>
<tr><td>钢管、球墨铸铁等不燃管材</td><td>戊</td></tr>
</table>

（二）管廊主体防火要求

对于综合管廊主体，主结构体应为耐火极限不低于3.0 h的不燃性结构；综合管廊内不同舱室之间应采用耐火极限不低于3.0 h的不燃性结构进行分隔；除嵌缝材料外，综合管廊内装修材料应采用不燃材料。

天然气管道舱及容纳电力电缆的舱室应每隔200 m采用耐火极限不低于3.0 h的不燃性墙体进行防火分隔。防火分隔处的门应采用甲级防火门，管线穿越的防火隔断部位应采用阻火包等防火封堵措施进行严密封堵。

综合管廊交叉口及各舱室交叉部位应采用耐火极限不低于3.0 h的不燃性墙体进行防火分隔。当有人员通行需求时，防火分隔处的门应采用甲级防火门，管线穿越的防火隔断部位应采用阻火包等防火封堵措施进行严密封堵。

（三）灭火器设置要求

综合管廊内应在沿线、人员出入口、逃生口等处设置灭火器材，灭火器材的设置间距不应大于50 m，灭火器的配置应符合《建筑灭火器配置设计规范》（GB 50140）的有关规定。

灭火器配置场所的火灾可划分为A类（固体物质火灾）、B类（液体或可熔化固体火灾）、C类（气体火灾）、D类（金属火灾）、E类（带电燃烧火灾）。

管廊内火灾种类为A、E类时，危险等级按中危险级计算，灭火器箱间距按40 m控制，手提式灭火器保护距离为20 m。每个设置点配置2具手提式干粉（磷酸铵盐）灭火器，灭火器最小配置灭火级别为2A，单位灭火级别最大保护面积（m^2/A）为75。

（1）计算单元的最小需配灭火级别：

$$Q=1.3\times K\times S/U$$

式中，Q——计算单元的最小需配灭火级别；

S——计算单元的保护面积；

U——A类或B类火灾场所单位灭火级别最大保护面积（m^2/A或m^2/B）；

K——修正系数，缆线舱取0.7，热水舱取1.0。

（2）计算单元中每个灭火器设置点的最小需配灭火级别：

$$Q_e=Q/N$$

式中，N——计算单元中的灭火器设置点数（个）。

根据上述公式计算出每个灭火器设置点所需的最小需配灭火级别之后，再对手提式灭火器种类进行选择。

（四）自动灭火系统设置要求

干线综合管廊中容纳电力电缆的舱室，支线综合管廊中容纳6根及以上电力电缆的舱室应设置自动灭火系统；其他容纳电力电缆的舱室宜设置自动灭火系统。

目前常用的自动灭火设施有超细干粉、水喷雾自动灭火系统。结合管廊的特点，从现今及发展的角度来看，在满足规范要求和使用功能的前提下，管廊设备的科学化、独立化、模块化、小型化是必然趋势。现以管廊200 m标准段为参照将两种灭火系统进行比较，如表2-9所示。

表2-9　高压细水雾灭火系统与超细干粉灭火系统对比

	高压细水雾灭火系统	超细干粉灭火系统
灭火系统特性	（1）高压细水雾灭火系统需设置水池、泵房、管网、喷头阀门等，配套设备种类繁多，系统结构复杂，需在管廊内部预留系统管道等设备的管位，占用管廊空间过多，降低了管廊利用率，对进驻管廊的系统也有影响。 （2）根据（GB 50898—2013《细水雾灭火系统技术规范》）第3.4.5条规定，采用全淹没应用方式的开式系统，其防护区数量不应大于3个；管廊规范要求防护区最长为200 m，每千米管廊至少需要2个消防水泵房及消防储水箱，在增加土建成本的同时，设置泵房和水池也大大增加了对土地规划、设计、施工的难度，实际应用意义不大。	（1）超细干粉灭火剂是目前已发明的灭火介质中灭火浓度最低、灭火效率最高、灭火速度最快的一种，具有良好的弥散性、抗复燃性及电绝缘性。 （2）系统由灭火装置、温控启动模块、手启延时模块组成，结构简单，对施工没有特殊要求，施工方便。 （3）系统组件自带电源、自成系统，在无任何电气配合的情况下仍可实现自动启动、手动启动、区域组网联动启动等。

续表

	高压细水雾灭火系统	超细干粉灭火系统
灭火系统特性	（3）根据GB 50898—2013中第3.5.11条规定，系统的供水设施和供水管道的环境温度不得低于4 ℃，且不得高于70 ℃，应根据地方气温情况设计保温系统。 （4）系统对水质要求较高，水池定期换水；系统管网复杂，后期日常维护难度大、费用高。	
初期投资及维护成本	（1）一次投入费用高，后期维护复杂，主要对泵房内的设备和区域控制阀组等进行日常维护，定期更换部分过滤网，维护费用高；同时，系统的易损件较多，增大了维护费用；设计施工难点多，实际应用的意义不大。 （2）设备投资1 200元/m；土建投资2 250元/m；养护费用50元/m每年。	（1）一次投入费用较低，后期维护较简单，需更每10年更换药剂。 （2）设备投资19万元/200 m，无养护费用，无土建投资。
参照标准	GB 50898—2013	《干粉灭火系统设计规范》《干粉灭火装置技术规程》
使用期限	泵组、喷头、阀组和管材为不锈钢材质，系统寿命一般不低于30年	需要每10年更换药剂
成本	高	低
涉及范围	重庆地区有些方案在实施，广州亚运村地下管廊采用细水雾	多用超细干粉（业内上海市政、北京市政、中国市政华北等）

在威海市综合管廊自动灭火系统设计中，采用的是超细干粉自动灭火系统，如图2-20所示。其设计采用悬挂安装垂直喷射和壁挂安装水平喷射相结合的方式，消除防护死角，杜绝消防隐患。

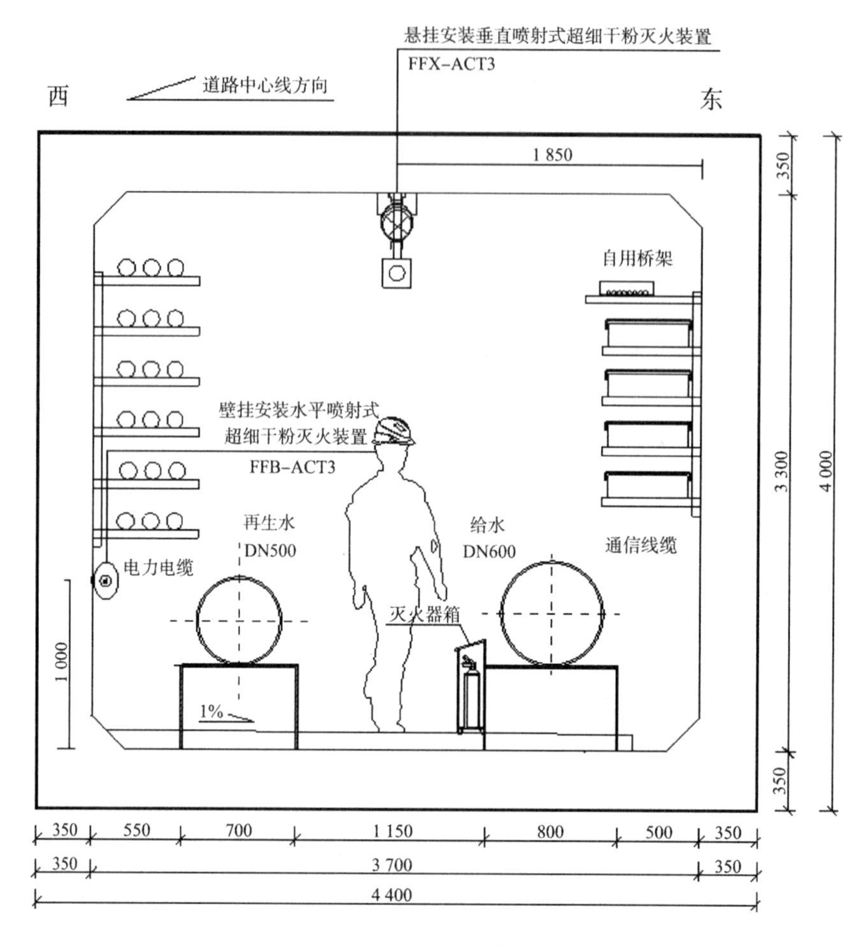

图 2-20　超细干粉灭火器设计案例（单位：mm）

二、通风系统

由于综合管廊位于地下，沟内设置电力管线、通信管线、给水管线、热力管线等，考虑到冬季供暖期时，热力管线产生的热量、电缆散热及管线维修时工作人员的进入等，均需要新鲜的空气，同时进行了通风设计。采用自然与机械通风相结合的方式，综合管廊内正常的最高温度为 40 ℃。

综合管廊每个防火分区设置机械通风口和自然通风口各一座，均在绿化带内。自然通风口设置在防火分区中间位置，机械通风口设置在每个防火分区的两侧，即每个防火分区内有两台通风机，通风口的地上部分设有百叶防护罩，防护罩中间设挡板将 2 个风道隔离，以避免两个防火分区排烟时相互干扰，防护罩可在外观上做好造型，尽量与周边环境相协调。

日常通风时，风机低速运行，满足通风要求，可根据管廊内温度自动启停该区风机。当沟内温度超过40 ℃时，开启风机进行沟内通风，低于27 ℃时，关闭风机，且日常运行时管廊换气次数不小于2～4次/h。管理和维修人员进入管廊工作前，风机高速运行，在确定温度、含氧量、有毒气体等因素均满足工作要求后，方可进入沟内，且在施工时，应采取措施确保消防和通风安全。

当沟内发生火灾时，设计为以下两种工况。

工况一：发生火灾时，若沟内无检修、维护人员，采用隔氧灭火。发现火灾后，控制室关闭该分区和相邻未报警分区的所有进、排风口的防烟防火调节阀、排烟风机，采取隔氧灭火，当火熄灭后，控制室开启排烟阀、排烟风机（高速）进行排烟。至280 ℃时，风机正常工作0.5小时。

工况二：检修、维护人员在沟内工作时发生火灾。消防控制室接到火灾信号后，启动该报警分区的排烟风机高速运行，对火灾区域进行强制排烟。至70 ℃时，关闭补风口处的防烟防火调节阀，至280 ℃时，所有防排烟设备应停止运行。

（一）原则性要求

综合管廊的通风主要是保证综合管廊内部空气的质量，宜采用自然进风和机械排风相结合的方式。但是天然气管道舱和含有污水管道的舱室，由于存在可燃气体泄漏的可能，需及时快速地将泄漏气体排出，因此采用机械进、排风的通风方式。

（二）通风量要求

综合管廊的通风量应根据通风区间、截面尺寸并经计算确定。

（1）正常通风换气次数不应小于2次/h，事故通风换气次数不应小于6次/h。

（2）天然气管道舱正常通风换气次数不应小于6次/h，事故通风换气次数不应小于12次/h。

（3）舱室内天然气浓度大于其爆炸下限浓度值的20%（体积分数）时，应启动事故段分区及其相邻分区的事故通风设备。

（三）通风口要求

综合管廊的通风口处出风风速不宜大于5 m/s。通风口应加设防止小动物进入的金属网格，网孔净尺寸不应大于10 mm×10 mm。

（四）其他要求

通风设备应符合节能环保要求。天然气管道舱风机应采用防爆风机。

当综合管廊内空气温度高于40 ℃或需要进行线路检修时，应开启排风机，并应满足综合管廊内环境控制的要求。

当综合管廊舱室内发生火灾时，发生火灾的防火分区及相邻分区的通风设备应能够自动关闭。

综合管廊内应设置事故后机械排烟设施。

（五）设计案例

以威海市某综合管廊机械通风口设计为例。为避免进风与出风空气短路，在设计中将两个防火分区的进风口集中于一端，排风口集中于另一端。如图 2-21 和图 2-22 所示。

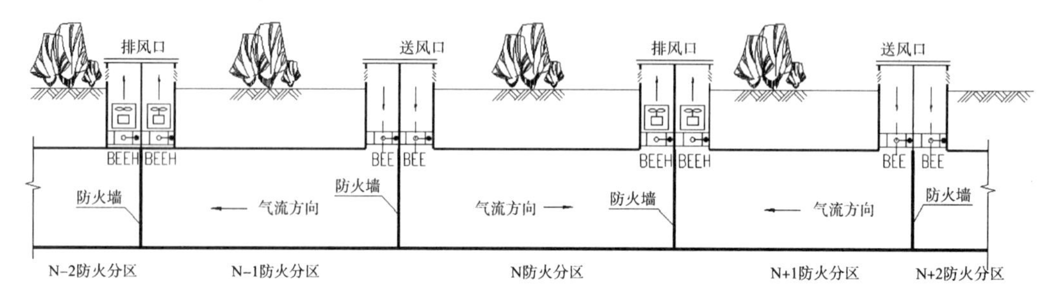

图 2-21　舱室通风原理图

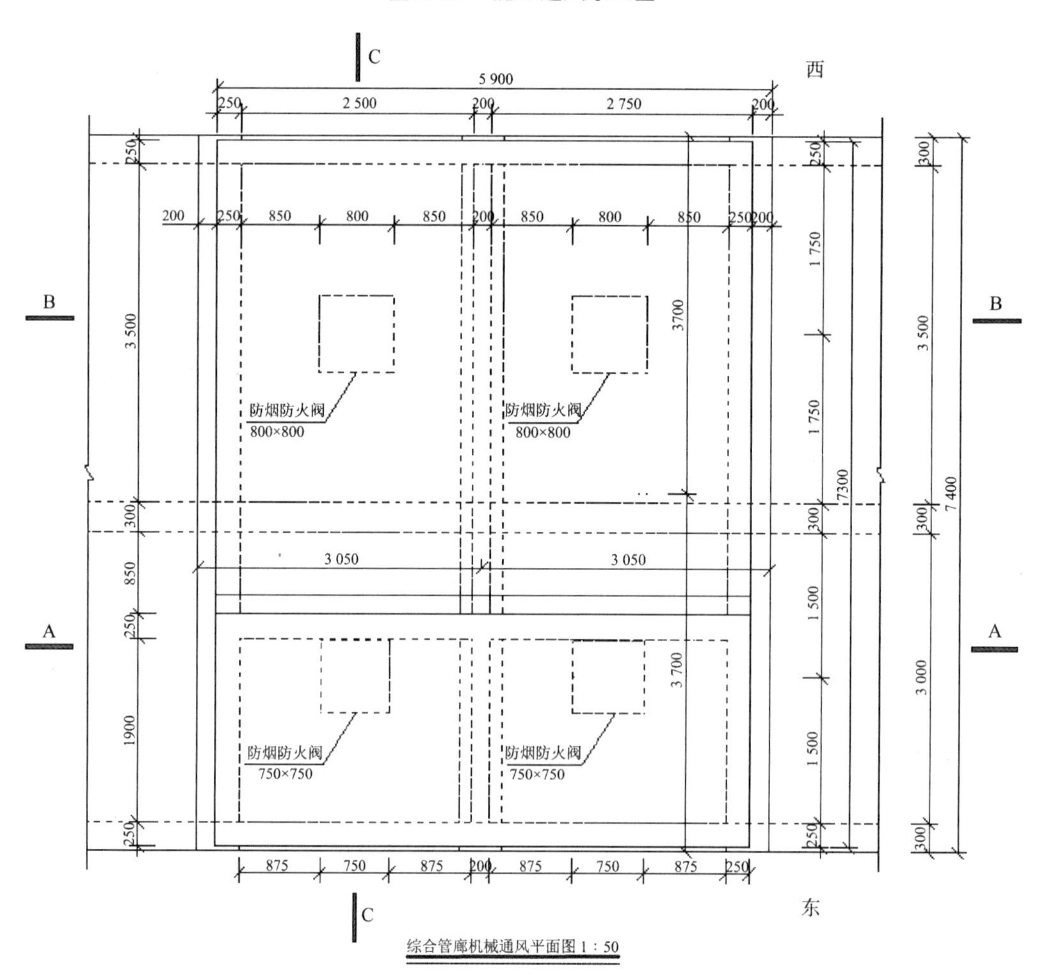

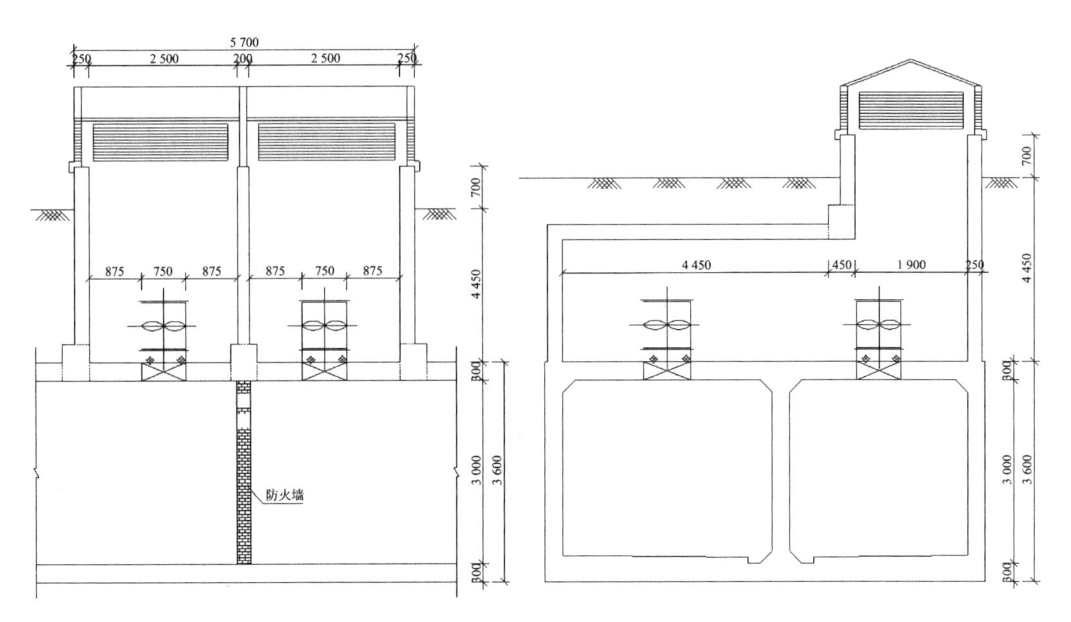

图2-22　通风设计案例（单位：mm）

三、供电系统

（一）规范相关要求

根据《城市综合管廊工程技术规范》（GB 50838—2015）中的7.3章节，供电系统的相关要求：综合管廊供配电系统接线方案、电源供电电压、供电点、供电回路数、容量等应依据综合管廊建设规模、周边电源情况、综合管廊运行管理模式，并经技术经济比较后确定。

综合管廊的消防设备、监控与报警设备、应急照明设备应按《供配电系统设计规范》（GB 50052—2009）规定的二级负荷供电。天然气管道舱的监控与报警设备、管道紧急切断阀、事故风机应按二级负荷供电，且宜采用两回线路供电；当采用两回线路供电有困难时，应另设置备用电源。其余用电设备可按三级负荷供电。

1. 综合管廊附属设备配电系统应符合下列规定

（1）综合管廊内的低压配电应采用交流220 V/380 V系统，系统接地形式应为TN-S制，并宜使三相负荷平衡。

（2）综合管廊应以防火分区作为配电单元，各配电单元电源进线截面应满足该配电单元内设备同时投入使用时的用电需要。

（3）设备受电端的电压偏差：动力设备不宜超过供电标称电压的±5%，照明设备不宜超过+5%、−10%。

（4）应采取无功功率补偿措施。

（5）应在各供电单元总进线处设置电能计量测量装置。

2. 综合管廊内电气设备应符合下列规定

（1）电气设备防护等级应适应地下环境的使用要求，应采取防水防潮措施，防护等级不应低于IP54。

（2）电气设备应安装在便于维护和操作的地方，不应安装在低洼、可能受积水浸入的地方。

（3）电源总配电箱宜安装在管廊进出口处。

（4）天然气管道舱内的电气设备应符合《爆炸危险环境电力装置设计规范》（GB 50058—2023）有关爆炸性气体环境2区的防爆规定。

综合管廊内应设置交流220 V/380 V带剩余电流动作保护装置的检修插座，插座沿线间距不宜大于60 m。检修插座容量不宜小于15 kW，安装高度不宜小于0.5 m。天然气管道舱内的检修插座应满足防爆要求，且应在检修环境安全的状态下送电。

非消防设备的供电电缆、控制电缆应采用阻燃电缆，火灾时需继续工作的消防设备应采用耐火电缆或不燃电缆。天然气管道舱内的电气线路不应有中间接头，线路敷设应符合《爆炸危险环境电力装置设计规范》（GB 50058—2023）的有关规定。

综合管廊每个分区的人员进出口处宜设置本分区通风、照明的控制开关。

3. 综合管廊接地应符合下列规定

（1）综合管廊内的接地系统应形成环形接地网，接地电阻不应大于1 Ω。

（2）综合管廊的接地网宜采用热镀锌扁钢，且截面面积不应小于40 mm × 5 mm。接地网应采用焊接搭接，不得采用螺栓搭接。

（3）综合管廊内的金属构件、电缆金属套、金属管道以及电气设备金属外壳均应与接地网连通。

（4）含天然气管道舱室的接地系统应符合《爆炸危险环境电力装置设计规范》（GB 50058—2023）的有关规定。

（5）综合管廊地上建（构）筑物部分的防雷设备应符合《建筑物防雷设计规范》（GB 50057—2010）的有关规定；地下部分可不设置直击雷防护措施，但应在配电系统中设置防雷电感应过电压的保护装置，并应在综合管廊内设置等电位连结系统。

（二）供电系统设计

1. 综合管廊设备要求

（1）管廊内电气设备采取防水防潮措施，防护等级达到IP54。

（2）每舱均设置检修插座箱，检修插座箱容量为15 kW，一个防火分区内仅考虑一处同时使用，检修插座箱设漏电保护且密封防溅。

（3）非消防设备供电及控制电缆采用阻燃电缆，火灾时需工作的消防设备采用耐火电缆。

2. 综合管廊接地及安全

（1）综合管廊工作接地和保护接地采用联合接地体，接地电阻不大于1 Ω，否则应利用管沟外壁预留接地板（每100 m设置一块）增设人工接地体。

（2）接地体利用综合管廊结构靠外壁的主钢筋作为自然接地体，用于接地的钢筋应满足如下要求：① 用于接地的钢筋应采用焊接连接，保证电气通路。钢筋连接段长度应不小于6倍钢筋直径，双面焊。钢筋交叉连接应采用直径不小于10 mm的圆钢或钢筋搭接，搭接连接段长度应不小于其中较大截面钢筋直径的6倍，双面焊。② 纵向钢筋接地干线设于板壁交叉处，每处选两根直径不小于16 mm的通长主钢筋。横向钢筋环接地均压带纵向每5 m设置一档，在距变形缝0.5 m处需设一档。

（3）综合管廊过结构变形缝时，应将两侧预埋连接板跨接，保证电气通路。

（4）管廊接地干线采用热镀锌扁钢−50X5沿管廊侧壁上方通长敷设，并与侧壁上方预埋的热镀锌接地钢板焊接；设置电缆支架处接地干线可焊接在支架立柱上端。管廊侧壁上、下方预埋的热镀锌接地钢板间采用−50X5热镀锌扁钢焊接，每处预埋的热镀锌接地钢板间通过管廊内主钢筋可靠连接。舱内两侧接地干线每50 m跨接连接一次。

（5）在箱变及各I/O站设置等电位端子箱，通过2根VV−1kV−1×35电缆连接于管廊接地干线。组合式箱变变压器中性点须做接地保护，采用50 mm×5 mm热镀锌扁钢接入总接地系统。

（6）综合管廊所有用电设备的不带电金属外壳、桥架、支架、风机外壳及基础、金属线槽、金属管道、金属构件、电源进线的PE线等均应妥善接地。接地连接均采用放热焊接，焊接处应做防腐处理。接地连接线采用热镀锌扁钢50 mm×5 mm。

（7）凡正常时不带电，而当绝缘破坏有可能呈现电压的一切电气设备金属外壳均应可靠接地。

（三）设计案例

1. 供配电系统

结合项目具体需求，设置组合式箱式变压器。组合式箱式变内设有变压器（兼顾后期规划管廊）。变压器由两路10 kV外接电源供电，两路10 kV外接电源就近引入。任一路10 kV电源、变压器故障或检修停运时，另一路10 kV电源、变压器能保证全部二级负荷的正常运行。变压器采用单母线分段，设置低压联络，在低压联络及两台变压器进线的断路器三者之间设置电气与机械互锁，不允许三台断路器同时闭合。

在管廊上方I/O站内设置普通/应急动力配电箱，为管廊内电气设备提供电源，普通/应急动力配电箱的电源引自组合式箱式变，箱变供电半径原则上不超过800 m，对于特殊远离箱变的区段，可适当增大配电电缆的截面，使末端电压动力设备不超过供电标称电压的±5%，照明设备不超过+5%、−10%。

普通动力配电箱（AP）、应急动力配电箱（APE）按非标固定式设计，连接方式为上进上出线式。落地安装柜焊接方式为固定于槽钢底座上，底座不直度和水平度偏差＜1 mm/m，全长＜3 mm，并涂两层防锈漆。底座调平后点焊于预埋钢板上固定。柜内元器件安装、接线、标志以及柜体安装的偏差应符合《电气装置安装工程盘、柜及二次回路结线施工及验收规范》。

2. 电气系统横断面布置

（1）控制箱/配电箱安装。① 综合管廊内排水泵控制箱外壳防护等级不低于IP54，安装固定在电缆支架上，箱底距管廊地坪1.2 m。② 综合管廊检修电源插座箱安装间距约50 m，安装高度为箱底离管廊地坪1.2 m。③ 综合管廊风机隔离开关盒在通风口上层风机旁墙面上安装，安装高度为底边距地1.2 m。如图2-23所示。

（2）按钮盒安装。按钮盒防护等级应大于IP65，照明、风机按钮箱安装于各配电区间人员出入口处，安装高度为盒底离管廊地坪1.3 m。

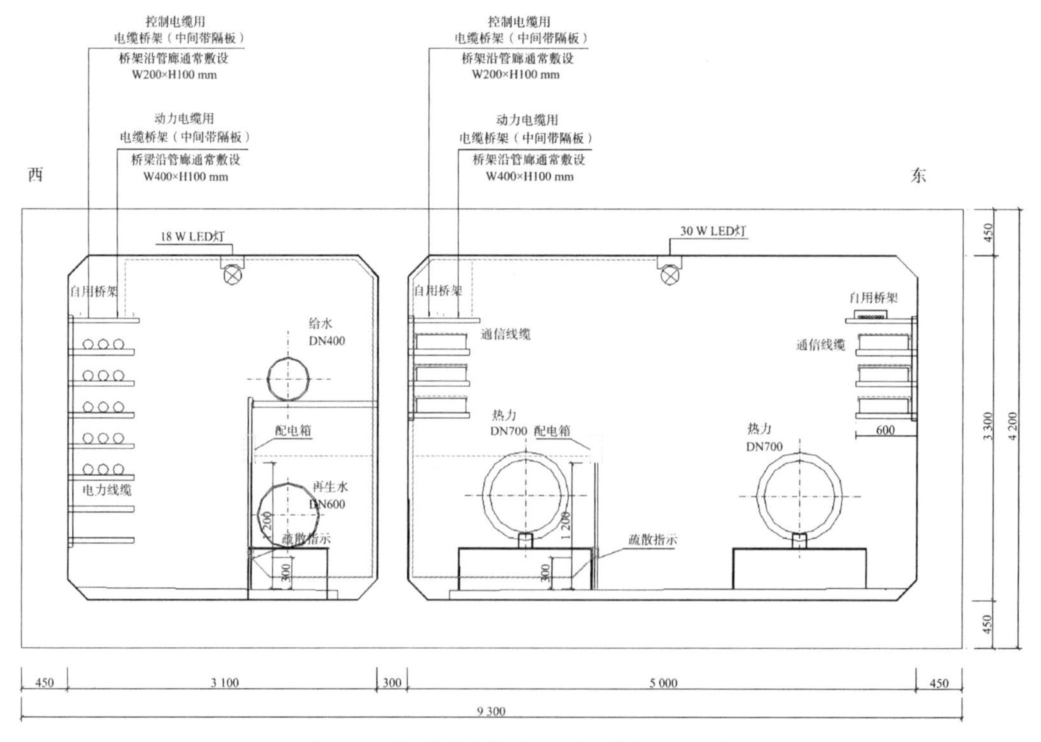

图2-23 横断面电气布置图（单位：mm）

（3）疏散指示及安全出口指示。疏散指示标志安装固定在电缆支架上（与检修箱相互避开），不超过10 m一处，高度为离管廊地坪0.5 m。安全出口指示在管廊内各人员进出口处安装。通风口下层在防火门两侧采用单面显示型，安装高度为防火门上0.1 m处；在人员出入口爬梯旁安全出口处的指示灯采用双面显示型，吸顶板安装，疏散指示指向最近的安全出口方向。疏散指示标志采用A型消防应急灯具，通过无极性二总线（即供电+通信合用二总线）接入本区域应急照明集中电源，穿金属管敷设保护。

（4）电缆桥架应涂耐火漆。桥架间的连接处应有良好的电气跨接（不小于6 mm的软铜导线接地跨接）。电缆桥架所有附件由生产厂家配套带齐，并在施工安装时负责现场指导。电缆桥架应在抗震缝两侧设置伸缩节。

（5）金属导管、刚性塑料导管的直线段部分每隔30 m设置伸缩节。

3. 防雷和接地

采用TN−S接地系统。综合管廊为地下建筑，不需设防直击雷设施。电缆管廊工作接地、保护接地共用接地体，接地电阻不大于1 Ω（电力系统的电缆接地要求应另外满足电力公司规定）。接地体优先利用电缆管廊结构内的主钢筋，有关的要求见接地图纸。电缆管廊内所有外界可导电金属（金属管道、金属电缆支架等）、外露可导电金属（设备外壳等）和PE线等均应以最短的路径与接地干线做等电位联结。

（1）综合管廊工作接地和保护接地采用联合接地体，接地电阻不大于1 Ω，否则应利用管沟外壁预留接地板增设人工接地体。

（2）接地体利用综合管廊结构靠外壁的主钢筋作为自然接地体，用于接地的钢筋应满足如下要求：① 用于接地的钢筋应采用焊接连接，保证电气通路。钢筋连接段长度不小于6倍钢筋直径，双面焊。钢筋交叉连接应采用直径不小于10 mm的圆钢或钢筋搭接，搭接连接段长度应不小于其中较大截面钢筋直径的6倍，双面焊。② 纵向钢筋接地干线设于板壁交叉处，每处选两根直径不小于16 mm（或者3根直径14 mm）的通长主钢筋。横向钢筋环距变形缝0.5 m处与通长主钢筋焊接。

（3）综合管廊过结构变形缝时，应将两侧预埋连接板跨接，保证电气通路。

（4）管廊接地干线采用热镀锌扁钢50 mm × 5 mm沿管廊侧壁上方通长敷设，并与侧壁上方预埋的热镀锌接地钢板（Q235）焊接；设置电缆支架处的接地干线可焊接在支架立柱上端。管廊侧壁上、下方预埋的热镀锌接地钢板采用50 mm × 5 mm热镀锌扁钢焊接，每处预埋的热镀锌接地钢板间通过管廊内主钢筋可靠连接。舱内两侧接地干线每50 m跨接连接一次。

（5）在每处10/0.4 kV分变电所及各I/O站设置等电位端子箱，通过2根50 mm × 5 mm热镀锌扁钢连接于管廊接地干线。

（6）综合管廊所有用电设备的不带电金属外壳、桥架、支架、风机外壳及基础、金属线槽、金属管道、金属构件、电源进线的PE线等均应妥善接地。接地连接均采用焊接，焊接处应做防腐处理。

标准断面接地布置如图2–24所示。

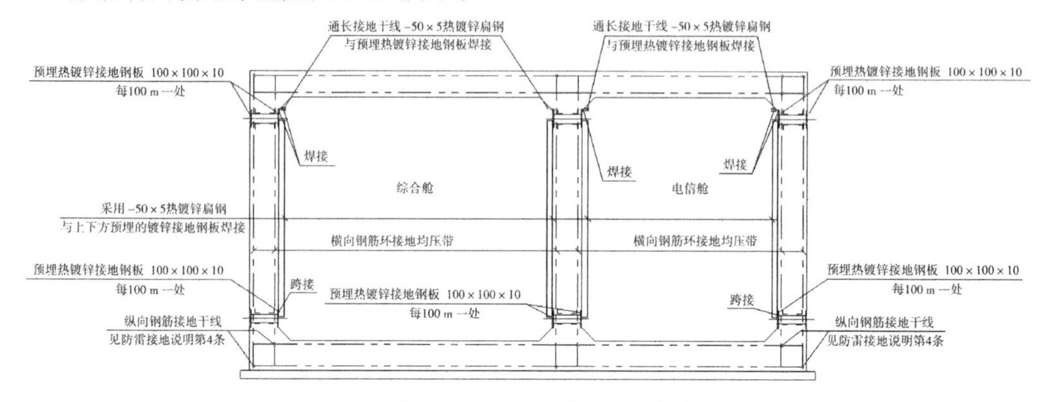

图2–24　标准断面接地布置示意图（单位：mm）

四、照明系统

（一）规范相关要求

根据《城市综合管廊工程技术规范》（GB 50838—2015）中的7.4章节，对照明系统的相关要求如下。

（1）综合管廊内应设正常照明和应急照明，并应符合下列规定。

综合管廊内人行道上一般照明的平均照度不应小于15 lx，最小照度不应小于2 lx；出入口和设备操作处的局部照度可为100 lx。监控室的照明照度一般不宜小于300 lx。

管廊内疏散应急照明照度不应低于5 lx，应急电源持续供电时间不应小于60 min。

监控室备用应急照明照度应达到正常照明照度的要求。

出入口和各防火分区的防火门上方应设置安全出口标志灯，灯光疏散指示标志应设置在距地坪高度1.0 m以下，间距不应大于20 m。

（2）综合管廊照明灯具应符合下列规定。

灯具应为防触电保护等级I类设备，能触及的可导电部分应与固定线路中的保护线可靠连接。

灯具应采取防水防潮措施，防护等级不宜低于IP54，并应具有防外力冲撞的防护措施。

灯具应采用节能型光源，并应能快速启动点亮。

安装高度低于2.2 m的照明灯具应采用24 V及以下安全电压供电。当采用220 V电压供电时，应采取防止触电的安全措施，并应敷设灯具外壳专用接地线。

安装在天然气管道舱内的灯具应符合《爆炸危险环境电力装置设计规范》（GB 50058—2014）的有关规定。

（3）照明回路导线应采用硬铜导线，截面面积不应小于 2.5 mm^2。线路明敷设时宜采用保护管或线槽穿线方式布线。天然气管线舱内的照明线路应采用低压流体输送用镀锌焊接钢管配线，并应进行隔离密封防爆处理。

（二）照明系统设计

（1）普通照明采用直管型LED灯具，应急照明采用自带蓄电池灯具，持续点亮时间不低于60 min，灯具防护等级不低于IP65，电力管廊内照明灯具采用12 V安全电压。

（2）电力管廊、电力管廊标准段内平均照度不低于 15 lx，照明功率密度不大于 2 W/m；I/O 站内平均照度不低于 200 lx，照明功率密度不大于 7 W/m ；通风口、投料口、入孔等操作处平均照度不低于 100 lx，照明功率密度不大于 4 W/m。

（3）电力管廊、电力管廊内照明采用LED灯吸顶安装。一般每隔 2 盏照明灯具加入一盏应急（兼正常照明）照明灯具（带蓄电池），各灯具安装间距约 5 m（避开自动灭火装置等）。疏散指示灯具布置间距不大于 20 m，距地 0.3 m。疏散应急照明平均照度不应低于 5 lx ，持续点亮时间不低于 60 min。

在管廊内各人员进出口处安装安全出口指示灯具。在通风口下层的防火门两侧的安全出口指示灯采用单面显示型，安装在防火门上方 0.1 m 处；在检查井、交叉口、入孔处，安全出口指示灯采用双面显示型，吊装。应急疏散指示灯具设置高度：底边距地 0.3 m，各灯具安装间距不大于 20 m。

（4）一般照明电缆沿自用桥架敷设，电缆出桥架、金属线槽后穿钢管明敷；应急照明配线穿管沿墙壁、顶板穿钢管暗敷，暗敷厚度大于 30 mm；当现场不具备暗敷条件设时，可采用明敷，但穿线钢管应涂防火涂料。

（5）自用电缆桥架采用托盘式，自用电缆桥架外涂防火涂料。

（6）电缆穿预埋管过墙时，需填防火堵料封堵。穿线管等过结构变形缝时应做伸缩跨接处理，并保持良好的电气通路。

（7）电信舱照明采用LED灯具（220 V，18 W）吸顶安装，综合舱照明采用220 V，30 W LED 灯具（220 V，18 W）吸顶安装，各灯具安装间距约 6 m；端头、投料口、逃生口、人员出入口处需加强照明。消防应急照明灯具吸顶安装，各灯具安装间距10 m。疏散指示标志安装间距不超过 10 m，高度离管廊地坪不大于 0.5 m。在配电区间防火门处和逃生口及出入口处安装安全出口指示灯，安装高度为顶板以下 0.1 m，通风口下层在防火门两侧采用单面显示型，安装高度为防火门上 0.1 m；在人员出入口爬梯旁的安全出口指示灯采用双面显示型，吸顶板安装，疏散指示指向最近的安全出口方向。

各设备安装间距可适当减小以互相避让。

（8）照明按钮箱安装于配电区间防火门处、逃生口、出入口及各配电区间人员出入口处，安装高度离隧道地坪1.3 m。

五、监控与报警系统

（一）规范相关要求

根据《城市综合管廊工程技术规范》（GB 50838—2015）中的7.5章节，对监控与报警系统的相关要求如下。

（1）综合管廊监控与报警系统宜分为环境与设备监控系统、安全防范系统、通信系统、预警与报警系统、地理信息系统和统一管理信息平台等。

（2）监控与报警系统的组成及其系统架构、系统配置应根据综合管廊建设规模、容纳管线的种类、综合管廊运营维护管理模式等确定。

（3）监控、报警和联动反馈信号应送至监控中心。

（4）综合管廊应设置环境与设备监控系统，并应符合下列规定：① 应能对综合管廊内环境参数进行监测与报警。环境参数检测内容应符合表2-10的规定，含有两类及以上管线的舱室，应按较高要求的管线设置。气体报警设定值应符合国家现行标准《密闭空间作业职业危害防护规范》（GBZ/T 205—2007）的有关规定。② 应对通风设备、排水泵、电气设备等进行状态监测和控制；设备控制宜采用就地手动、就地自动和远程控制的方式。③ 应设置与管廊内各类管线配套检测设备、控制执行机构联通的信号传输接口；当管线采用自成体系的专业监控系统时，应通过标准通信接口接入综合管廊监控与报警系统统一管理平台。④ 环境与设备监控系统设备宜采用工业级产品。⑤ H_2S、CH_4气体探测器应设置在管廊内人员出入口和通风口处。

表2-10　环境参数检测内容

舱室容纳管线类别	给水、再生水、雨水	污水	天然气	热力	电力、通信
温度	●	●	●	●	●
湿度	●	●	●	●	●
水位	●	●	●	●	●
O_2	●	●	●	●	●
H_2S气体	▲	●	▲	▲	▲
CH_4气体	▲	●	●	▲	▲

注：●表示应监测；▲表示宜监测。

（5）综合管廊应设置安全防范系统，并应符合下列规定：① 综合管廊内设备集中安装地点、人员出入口、变配电间和监控中心等场所应设置摄像机；综合管廊内沿线每个防火分区内应至少设置一台摄像机，不分防火分区的舱室，各摄像机设置间距不应大于 100 m。② 综合管廊人员出入口、通风口应设置入侵报警探测装置和声光报警器。③ 综合管廊人员出入口应设置出入口控制装置。④ 综合管廊应设置电子巡查管理系统，并宜采用离线式。⑤ 综合管廊的安全防范系统应符合《安全防范工程技术规范》（GB 50348—2023）、《入侵报警系统工程设计规范》（GB 50394—2007）、《视频安防监控系统工程设计规范》（GB 50395—2010）和《出入口控制系统工程设计规范》（GB 50396—2012）的有关规定。

（6）综合管廊应设置通信系统，并应符合下列规定：① 应设置固定式通信系统，电话应与监控中心接通，信号应与通信网络连通。综合管廊人员出入口或每一防火分区内应设置通信点；不分防火分区的舱室，通信点设置间距不应大于 100 m。②固定式电话与消防专用电话合用时，应采用独立通信系统。③ 综合管廊宜设置用于对讲通话的无线信号覆盖系统。

（7）干线、支线综合管廊含电力电缆的舱室应设置火灾自动报警系统，并应符合下列规定：① 应在电力电缆表层设置线型感温火灾探测器，并应在舱室顶部设置线型光纤感温火灾探测器或感烟火灾探测器。② 应设置防火门监控系统。③ 设置火灾探测器的场所应设置手动火灾报警按钮和火灾警报器，手动火灾报警按钮处宜设置电话插孔。④ 确认火灾后，防火门监控器应联动关闭常开防火门，消防联动控制器应能联动关闭着火分区及相邻分区通风设备、启动自动灭火系统。⑤ 应符合《火灾自动报警系统设计规范》（GB 50116—2010）的有关规定。

（8）天然气管道舱应设置可燃气体探测报警系统，并应符合下列规定：① 天然气报警浓度设定值（上限值）不应大于其爆炸下限值的 20%（体积分数）。② 天然气探测器应接入可燃气体报警控制器。③ 当天然气管道舱的天然气浓度超过报警浓度设定值（上限值）时，应由可燃气体报警控制器或消防联动控制器联动启动天然气舱事故段分区及其相邻分区的事故通风设备。④ 紧急切断浓度设定值（上限值）不应大于其爆炸下限值的 25%（体积分数）。⑤ 应符合《石油化工可燃气体和有毒气体检测报警设计规范》（GB 50493—2012）、《城镇燃气设计规范》（GB 50028—2008）和《火灾自动报警系统设计规范》（GB 50116—2010）的有关规定。

（9）综合管廊宜设置地理信息系统，并应符合下列规定：① 应具有综合管廊和内部各专业管线基础数据管理、图档管理、管线拓扑维护、数据离线维护、维修与改造管理、基础数据共享等功能。② 应能为综合管廊报警与监控系统统一管理信息平台提供人机交互界面。

（10）综合管廊应设置统一管理平台，并应符合下列规定：① 应对监控与报警系统进行系统集成，并应具有数据通信、信息采集和综合处理功能。② 应与各专业管线配套监控系统联通。③ 应与各专业管线单位相关监控平台联通。④ 宜与城市基础设施地理信息系统联通或预留通信接口。⑤ 应具有可靠性、容错性、易维护性和可扩展性。

（11）天然气管道舱内设置的监控与报警系统设备、安装与接线技术要求应符合《爆炸危险环境电力装置设计规范》（GB 50058—2014）的有关规定。

（12）监控与报警系统中的非消防设备的仪表控制电缆、通信线缆应采用阻燃线缆。消防设备的联动控制线缆应采用耐火线缆。

（13）火灾自动报警系统布线应符合《火灾自动报警系统设计规范》（GB 50116—2013）的有关规定。

（14）监控与报警系统主干信息传输网络介质宜采用光缆。

（15）综合管廊内监控与报警设备防护等级不宜低于IP65。

（16）监控与报警设备应由在线式不间断电源供电。

（17）监控与报警系统的防雷、接地应符合《火灾自动报警系统设计规范》（GB 50116—2013）、《电子信息系统机房设计规范》（GB 50174—2013）和《建筑物电子信息系统防雷技术规范》（GB 50343—2012）的有关规定。

（二）监控及报警系统设计

由于综合管廊在施工、检修和维护时有人员进出，特别是在内布置有易燃气体管道的综合管廊，为确保人身安全和管线运行安全，综合管廊内应设置火灾报警系统。火灾报警系统具有高可靠性及稳定性，技术先进、组网灵活、经济合理、容易维护保养，并应具有扩展功能，抗电磁干扰能力强。火灾自动报警系统作为独立的系统，以通信接口形式与中央计算机建立数据通信，并在显示终端上显示火灾报警及消防联动状态。

消防系统构架：分防火分区设置区域报警控制器，控制区域内有感烟探测器、感温探测器、报警按钮等报警设备。区域报警控制器之间及与消防控制室之间采用光纤连接。如图2-25所示。

地下综合管廊内敷设多种市政管线，附属设备多，为方便日常管理、保障管线安全，根据管廊结构形式、管廊内管线及附属设备布置实际情况，按照可靠、先进、实用、经济的原则，配置信息检测与控制系统，包括设备与环境监控系统、视频监控系统、入侵报警系统、巡更系统、通信系统与火灾自动报警系统。所有监控与报警系统都在该区域规划管廊监控中心管理平台中集成。

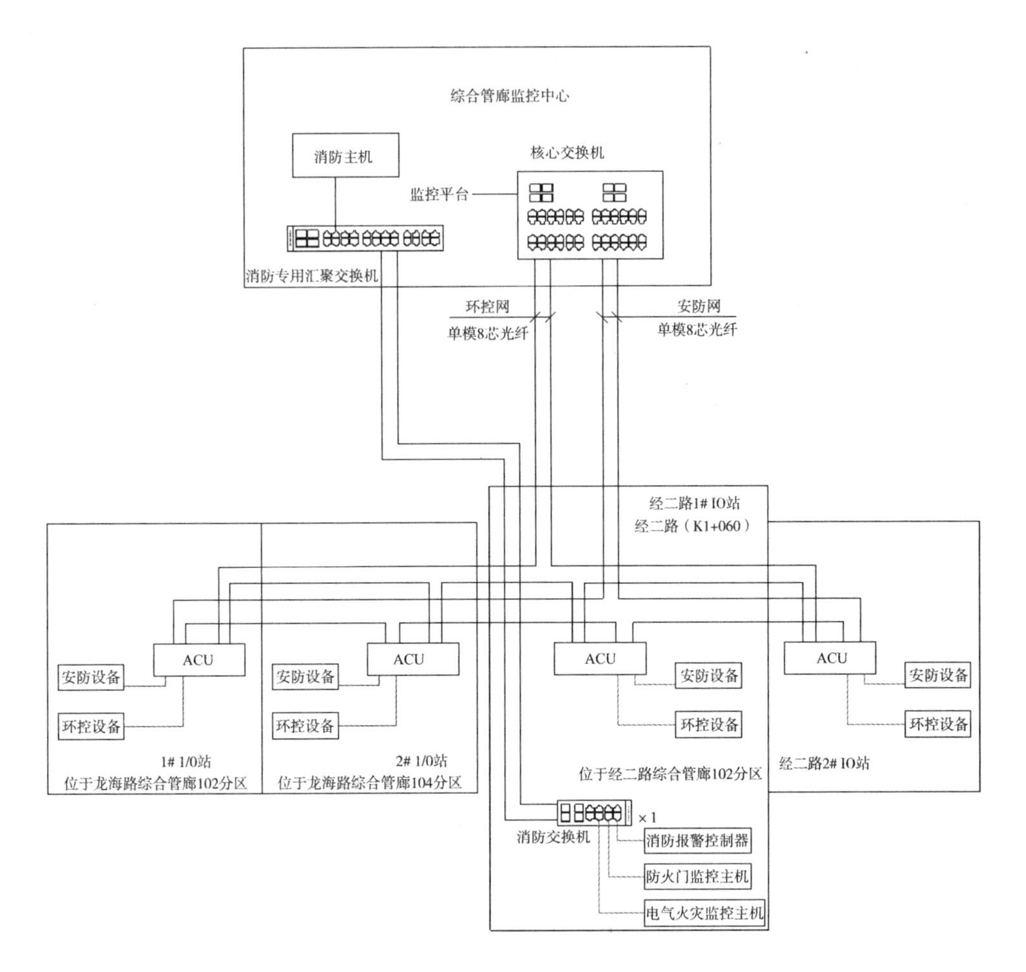

图2-25　综合管廊网络架构图

1. 设备与环境监测系统

（1）本系统主要实现管廊内氧含量、温湿度及集水坑液位的监测，同时对管廊内的风机、照明、污水泵、供配电系统进行监测及控制。系统图如图2-26所示。

（2）要求传感器具有多种接线方式，如4～20 mA或RS485，防护等级为IP65或以上。

（3）要求系统开放接口，开放标准协议给综合管理平台，集成到综合管理平台统一监控。

（4）对送排风机监控点位：风机运行状态、风机故障报警、风机手自动、风机启停控制、风阀控制及反馈。选用电动防火阀，发生火灾时电源切断，复位弹簧立即关闭阀门，阀门通电后即可开启复位。

（5）对照明回路监控点位：照明回路运行状态、照明回路故障报警、照明回路手自动、照明回路启停控制。当线路检修时，可远程人工控制启停，同时根据报警信息联动照明的开关。

（6）对污水泵监控点位：污水泵运行状态、污水泵故障报警、污水泵手自动、污水泵启停控制、集水坑液位。根据液位自动启泵、停泵，当液位高于高液位时，启动污水泵；当液位低于低液位时，停止水泵。

（7）供配电系统自成系统，开放协议给环控系统，通过接口形式，将回路的开关状态及报警信息等纳入环控系统监测。

（8）主要完成对管廊内温湿度、氧气的监测，保证管廊内人员进出的安全以及电力线缆等传输的高效性。

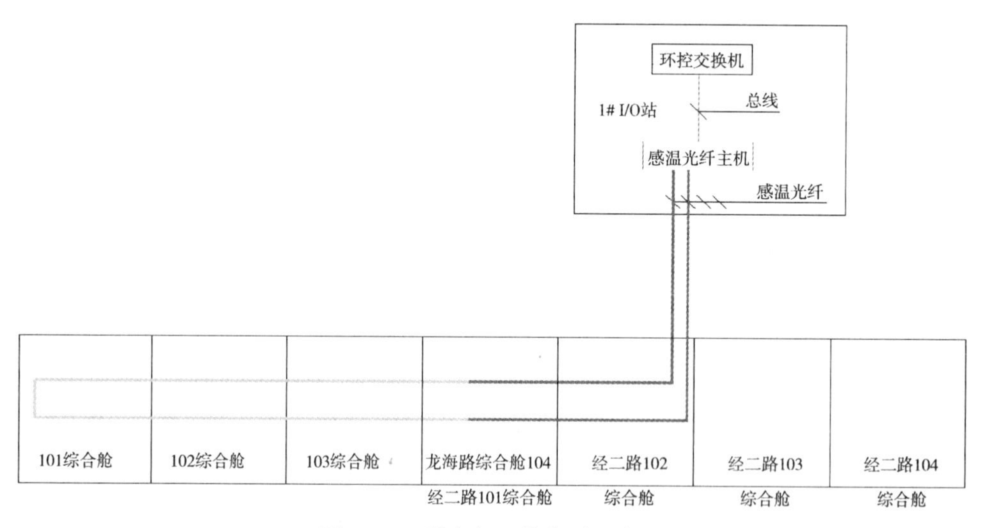

图 2-26　设备与环境监测系统图

2. 视频监控系统

（1）管廊视频监控系统为纯数字监控系统，通过专用工业级交换机网络进行数据传输。数据存储于监控中心，通过网络在控制中心集中显示。

（2）在长度大于 100 m 的防火分区两端各设置 1 台宽动态红外枪式摄像机，两端的摄像机形成对射。带楼梯的人员出入口内及 I/O 站内各设置一台摄像机。摄像机通常情况下为吊顶安装，因空间原因无法实现时，采用侧墙安装，底边距地不应低于 2.2 m。

（3）前端数字摄像机信号通过光电转换器转为光信号后，由成品光纤跳线直接引入相应的I/O站，再通过光电转换为电信号接入站内的交换机。

（4）前端数字摄像机信号通过 I/O 站内的工业级交换机网络汇集至监控中心，在监控中心分别配置各自的数字存储器对相应辖区的图像进行存储。数字存储器通过千兆网口直接接入监控中心内交换机。监控中心通过计算机对辖区内的图像进行管理。在监控中心设置集中管理平台、拼接显示系统服务器、液晶拼接屏对视频信号进行监控显示。

（5）在监控中心设置硬盘存储器，存储时间按照1 080P画质24 h录像设计。

3. 入侵报警系统

（1）在通风口、逃生口、带楼梯的人员出入口处，设置微波、红外双鉴防入侵探测器。当外部无关人员侵入地下管廊时，双鉴探测器发出讯号传至监控中心。监控中心可即时了解到哪一防区有人入侵，以便采取相应措施。

（2）在管廊内部的吊装口旁，安装红外栅栏探测器。当外部无关人员侵入地下管廊时，双鉴探测器发出讯号传至监控中心。监控中心可即时了解到哪一防区有人入侵，以便采取相应措施。

（3）入侵报警系统应设置布防和撤防装置，并能通过综合管廊监控中心进行远程操作。

4. 巡更系统

（1）管廊设置离线式电子巡更系统，如图2–27所示。在管廊内的每个舱室、每个I/O站内设置巡更点，巡查人员通过巡检器对管廊各舱室定点巡查，巡查完毕后通过监控中心集中控制平台内巡更系统管理软件进行记录、整理及打印。

（2）巡更点设置在管廊舱室中部，距地1.2 m，应有明显标识。

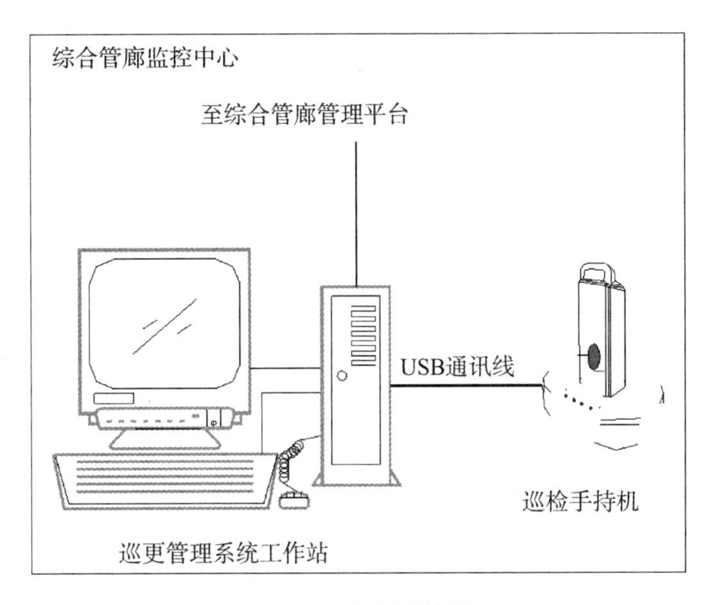

图2–27　巡更系统图

5. **通信系统**

电话系统采用光纤电话，要求话机防护等级不低于IP65，话机应安装在靠近人员逃生口处，挂墙安装，底边距地1.2 m，应有明显标识。如图2-28所示。

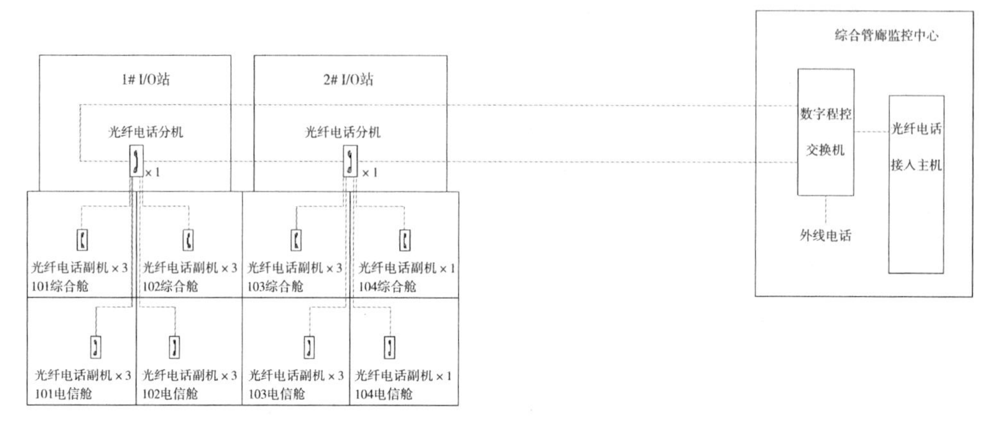

图2-28　通信系统图

6. **火灾自动报警系统**

（1）该项目消防系统采用控制中心报警系统。其主要由火灾自动报警系统、分布式感温光纤系统、防火门控制系统、电气火灾监控系统组成。

（2）总线上设置隔离模块，隔离模块所带载的探测器点位数不超32点。

（3）在管廊线缆舱每个防火分区内不超过60 m的位置设置手动报警按钮（含消防对讲电话插孔），在每个防火分区中间顶部位置与人员出入口处安装声光报警器。

（4）分布式感温光纤系统主要由测温主机及测温光纤组成。其自带触摸显示屏，编程及操作显示系统通过网络接口外接。测温主机采用吸顶式安装，沿管廊电缆及热力舱顶向下200 mm处通长敷设，测温精度应不大于0.1 ℃，定位精度不大于1 m，测温光纤应为有芯光纤，其中一芯备用。光纤应具有良好的抗拉伸、抗压力的能力。

（5）在每层高压电力电缆上按S型设置线型感温探测器，探测器为线缆式，采用氟聚合物护套，报警温度为85 ℃，最大使用环境温度为60 ℃，具有阻燃特性。感温电缆敷设倍率按1.5，即相距1 m的电缆支架敷设1.5 m的感温电缆。一套探测器对应一只探测模块，模块安装在管廊内，该模块最长探测距离为1 220 m，采用4 ~ 20 mA输出，能准确地显示报警点的位置，精度为0.1 m，防护等级不低于IP66，产品应通过消防认证。

（6）在水、电舱采用吸顶式安装感烟火灾探测器，各探测器安装间距10 m，防护等级不低于IP66。

（7）火灾报警区域控制器通过光纤与监控中心火灾报警主机组成环网，并将火灾报警信号送至控制中心火灾报警控制主机，火灾报警控制主机通过接入监控系统核心以太网交换机与监控系统进行通信。火灾报警控制器随配蓄电池供电时间不小于3 h。

（8）火灾自动报警系统的供电线路和传输线路的接线处应做防水处理。

7. 消防联动控制

（1）自动灭火系统控制。① 应由同一防火分区任一只感烟火灾探测器与感温光纤的报警信号，或者感温光纤与感温线缆的报警信号，作为自动灭火系统的联动触发信号，由超细干粉灭火控制器控制自动灭火系统的启动。② 消防控制室应能手动启动自动灭火系统，启动由火灾系统总线进行远程控制。

（2）其他系统的联动控制。

应由同一防火分区任两只火灾探测器或任一只火灾探测器和手动报警按钮的火灾报警信号，作为联动触发信号，由消防联动控制器联动执行以下联动控制：① 关闭着火分区及同舱室相邻防火分区通风机及防火阀。② 启动管理内并行舱室内设置的所有火灾声光报警器。③ 门禁系统应解除相应出入口的锁定状态。

（3）同一防火分区任一只火灾探测器或手动报警按钮的报警信号，作为向安防系统视频监控摄像机发出的联动触发信号。

（4）消防时应切断火灾及其相邻两个区域的非消防电源负荷。

8. 防火门控制系统

防火门监控系统主要由防火门监控器与电源分控器、防火门通信模块、电动闭门器或电磁释放器组成。防火门监控器对常开防火门控制、对常闭防火门监管，并将相关信息反馈至管廊综合管理中心。防火门监控器应采用壁挂式安装，最大监控防火门的数量达2 048个，历史记录可达2 000条，与火灾报警控制器可通过RS485、CAN、网口或者开关量信号进行通信及相关的联动。

电源分控器应采用壁挂式安装，配接防火门的数量达64个，负责防火门监控器与防火门通信模块间的联系，并为防火门通信模块提供电源。

防火门通信模块负责监控防火门门磁开关和电动闭门器，该模块将防火门的开启与关闭的信号传递到防火门监控器上实施报警并且显示该防火门的地址信号。

六、排水系统

综合管廊作为城市地下综合设施动脉工程，对于城市建设具有长远的战略意义。以往渗漏水问题一直是困扰地下建设工程的质量通病，解决好渗漏水问题是综合管廊建设必须考虑的技术问题之一。

综合管廊根据气候条件、水文地质状况、结构特点、施工方法和使用条件等因素进行防水设计，防水等级标准为二级，同时并应满足结构的安全、耐久性和使用要求。综合管廊的沉降缝、施工缝和预制构件接缝等部位需加强防水和防火措施。地下工程宜采用自防水混凝土，设计抗渗等级为P6或P8。

综合管廊容纳电力、通信、给水、再生水、燃气和雨污水等市政管线。综合管廊内需要排除的水主要包括以下几个方面。

（1）给水管道连接处的漏水。

（2）综合管廊结构缝处渗漏水。

（3）综合管廊内冲洗水。

（4）综合管廊开口处漏水。

（5）雨污水渗漏水。

对上述需排出的水进行分析可看出，仅给水管道发生事故时需排放的水量较大，其余工况需排水水量均不大。虽然在工程设计中已考虑了给水管道事故时的管道阀门关闭措施，但还有相当部分水量需排放。若按供水管道事故时需排水水量设置排水泵，排水泵规格将会很大，而平时是不用的。在给水管道事故时，除在工程设计上考虑了减小事故水量的措施外，还要考虑给水管道事故时的外部协助排水。另外，给水管道管材采用钢管，发生事故的可能性较小。因此，综合管廊排水水量不考虑给水管道事故时的工况。由于综合管廊内管道维修的放空、内部管线泄漏等情况，将造成一定的廊内积水，因此，管廊内需设置必要的排水设施，以排除管廊内的积水。

一般采用在综合管廊每一个舱室内设置排水边沟，综合管廊横向坡一般采用1%，纵坡不小于0.2%。地面水通过排水沟排入每个分区内设置的集水坑，再由集水坑内的潜水泵就近排入道路上的雨水井中。每个集水坑设水泵两台，集水坑一用一备。集水坑水泵采用PLC远程控制，采用高液位启动、低液位关闭的方式运行，并设置警报水位。当处于报警液位时，两台水泵同时启动。

综合管廊内的排水系统主要满足排出综合管廊的结构渗漏水、管道检修放空水的要求，未考虑管道爆管或消防情况下的排水要求。

（一）排水系统设置原则

为了将水流尽快汇集至集水坑，综合管廊内采用有组织的排水系统。一般在综合管廊的单侧或双侧设置排水明沟，综合考虑道路的纵坡设计和综合管廊埋深，排水明沟的纵向坡度不小于0.2%。地面水通过排水沟排入每个分区内设置的集水坑，再由集水坑内的潜污泵就近排入道路上的污水井中，并设置止回阀。

排水系统一般以一个防火区间为单元，每个单元内部根据管廊纵断将集水坑设置在低点。

集水坑内设置自动启停排水泵，排水时的废水温度不应高于40 ℃。

（二）设计案例

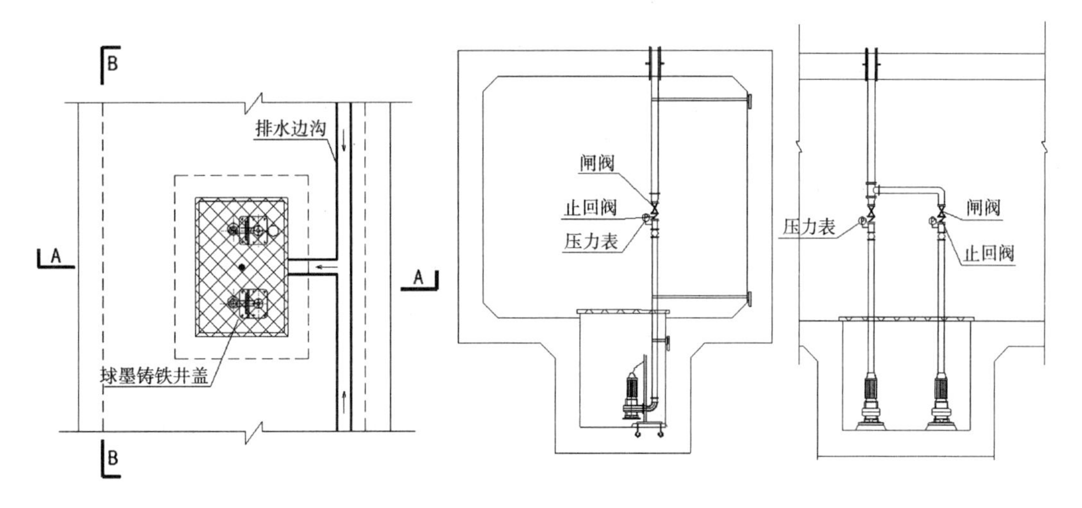

图2-29　排水系统图

如图2-29所示，集水坑尺寸为1 200 mm × 1 800 mm × 1 500 mm（H），内部放置2台潜污泵，采用双泵固定自耦式安装，具体做法参照《小型潜水排污泵选用及安装》。水泵采用PLC远程控制，采用高液位启动、低液位关闭的方式运行，并设置警报水位。

七、标识系统

（一）标识系统分类

标识系统分为“指示标识”“警示标识”“禁止标识”“管道标识”四类。

（1）指示标识包括管廊介绍标识、管廊分支标识、楼梯标识、安全出口标识、人员出入口、吊装口标识、通风口标识、出线井标识、逃生口标识、集水坑标识、防火门标识及里程标识。如图2-30所示。

图2-30　指示标识

（2）警示标识包括当心坠落标识、当心落物标识、当心碰头标识、当心触电标识、当心陡坡标识、小心火灾标识及灭火器材标识。如图2–31所示。

图2–31　警示标识

（3）禁止标识包括禁烟标识、禁火及高压电禁止触摸标识等严禁指示。如图2–32所示。

图2–32　禁止标识

（4）管道标识包括各类管线的名称、管线容量、权属单位等标识。如图2–33所示。

图2–33　管道标识

综合管廊内部容纳的管线较多，管道一般按照颜色区分或每隔一定距离在管道上标识。管道颜色可以参照《RAL工业国际标准色卡对照表》进行设置。

另外，综合管廊入廊的设备旁边须设置设备铭牌，并须标明设备的名称、基本数据、使用方式及紧急联系电话。

（二）标识系统设置

集水坑：在集水坑前后 5 m 范围内单面设置集水坑标识，在集水坑正上方双面设置“当心坠落”标识。

出线井：在出线井前后 5 m 范围内单面设置出线井标识与“当心碰头”标识。

防火门：在防火门门梁正、反两面，单面设置防火门标识；每隔 100 m 双面设置“禁止烟火”标识。

吊装口：在吊装口前后 5 m 范围内单面设置吊装口标识与“当心落物”标识。

逃生口：在逃生口前后 5 m 范围内单面设置逃生口标识。

通风口：在通风口前后 5 m 范围内单面设置通风口标识。

灭火器材：在灭火器材旁墙面合适位置单面设置灭火器材标识；在舱室内设有灭火设施的醒目位置设置高压电禁止触摸标识。

出入口：悬挂于管廊人员出入口楼梯休息平台旁墙面合适位置。

综合管廊介绍标识：悬挂管廊人员出入口楼梯休息平台旁墙面合适位置。

管廊分支标识：在出线井处的支廊位置进行设置。

里程标识：每隔 100 m 双面设置里程标识。

安全出口标识：每隔 50 m 单面设置安全出口标识。

楼梯标识：在电力隧道爬梯旁墙面设置楼梯标识。

“当心触电”标识：在用电设施处醒目位置设置当心触电标识。

“当心陡坡”标识：在坡度大于5%的电力隧道的墙面合适位置设置当心陡坡标识。

专业管线：通过滑动螺栓、抱箍或喉箍等连接配件将管道标识固定于管道上，每隔 100 m 单面设置。

第三节　管线设计

一、给水、再生水管道

（一）规范相关要求

根据《城市综合管廊工程技术规范》（GB 50838—2015）中的 6.2 章节，对给水、再生水管道的相关要求如下。

（1）给水、再生水管道设计应符合《室外给水设计标准》（GB 50013—2018）和《城镇污水再生利用工程设计规范》（GB 50335—2016）的有关规定。

（2）给水、再生水管道可选用钢管、球墨铸铁管、塑料管等。接口宜采用刚性连接，钢管可采用沟槽式连接。

（3）管道支撑的形式、间距、固定方式应通过计算确定，并应符合《给水排水工程管道结构设计规范》（GB 50332—2002）的有关规定。

（二）给水、再生水管道设计

1. 管材及配件

结合威海市试点项目建设，目前管廊敷设段给水管道多采用钢管、球墨铸铁管，连接方式为焊接、法兰连接。

根据施工单位反馈，在管道安装过程中，因 6 m 一节需要焊接，综合管廊吊装口主廊一般设置为 7 m 长，支廊吊装口一般设置为 3.5 m 长，故受管廊吊装口尺寸限制，管道管节长度：主廊内最大可投 6 m 长管道，支廊内最大可投 2.5 m 长管道。

2. 支墩设计

给水管道采用支墩与综合管廊内底衔接，给水管敷设在支墩上。

标准段给水管支墩间隔为 6.0 m，高 0.5 m；出线井及喇叭口中支墩设置需根据具体情况进行设置，需出具节点大样图。

管道安装时须结合管廊内预留的支墩，同时施工中须保证管道接口及管件、阀门前后均设置支墩。管道穿越防火墙、变形缝处，需调整相应支墩位置，使支墩避让防火墙及变形缝，但偏移不应超过 15%。

二、排水管渠设计

（一）规范相关要求

根据《城市综合管廊工程技术规范》（GB 50838—2015）中的 6.3 章节，对排水管渠的相关要求如下。

（1）雨水管渠、污水管道设计应符合《室外排水设计标准》（GB 50014—2021）的有关规定。

（2）雨水管渠、污水管道应按规划最高日、最高时设计流量确定其断面尺寸，并应按近期流量校核流速。

（3）排水管渠进入综合管廊前，应设置检修闸门或闸槽。

（4）雨水、污水管道可选用钢管、球墨铸铁管、塑料管等。压力管道宜采用刚性接口，钢管可采用沟槽式连接。

（5）雨水、污水管道支撑的形式、间距、固定方式应通过计算确定，并应符合现行国家标准《给水排水工程管道结构设计规范》（GB 50332—2002）的有关规定。

（6）雨水、污水管道系统应严格密闭。管道应进行功能性试验。

（7）雨水、污水管道的通气装置应直接引至综合管廊外部安全空间，并应与周边环境相协调。

（8）雨水、污水管道的检查及清通设施应满足管道安装、检修、运行和维护的要求。重力流管道还应考虑外部排水系统水位变化、冲击负荷等情况对综合管廊内管道运行安全的影响。

（9）利用综合管廊结构本体排除雨水时，雨水舱结构空间应完全独立和严密，并应采取防止雨水倒灌或渗漏至其他舱室的措施。

（二）排水管道设计

早期国内建设的综合管廊，除深圳、重庆、厦门的综合管廊工程之外，雨水、污水管道一般不纳入综合管廊。究其原因主要是雨水、污水多数情况下为重力流排放，管道的纵向坡度一般不小于0.2%，随着长度的延伸，埋置的深度越来越深，显著增加了工程的投资。

2016年，根据国家关于综合管廊建设的指导意见："城市规划区范围内的各类管线原则上应敷设于地下空间。已建设地下综合管廊的区域，该区域内的所有管线必须入廊。"很明显，从政策层面要求雨水、污水管道应纳入综合管廊内敷设。同时，综合管廊技术规范中也明确规定了雨污水管线纳入综合管廊的技术要求。在这种情况下，应当结合排水管网建设，从排水系统规划入手，合理规划排水片区和排水管路由，在不大幅度增加综合管廊埋设深度和不需要增设中间提升泵站的前提下，实现排水管道在综合管廊内部敷设。

基于雨水管线使用的间歇性特点，分析得出雨水管线入廊的经济性较差，入廊需求不是特别紧迫，故各地雨水管线入廊的情况少之又少。在青岛高新区综合管廊国家试点项目中，将雨水管线以暗渠的形式放置在综合管廊侧，因投资等原因并未设置监控、监测等系统，与传统的雨水箱涵无异。在威海市综合管廊规划中虽有雨水管线入廊的路段，但在实际实施过程中基本上取消了雨水入廊。因此本书以污水管线为例，介绍一些排水管线的设计要求。

1. 竖向

纳入管廊的污水管线竖向高程须与管廊的竖向高程相适应。污水管线和综合管廊的覆土厚度均不能太大或太小。为避免综合管廊与其他市政管线的竖向碰撞，综合管廊的覆土厚度不宜太小，但也不能太大，否则须采取复杂的支护措施，并导致工程费用的大幅增加。当污水管线覆土厚度较小时，须采取跌水措施；覆土厚度较大时，须采取加压措施。一般综合管廊的覆土厚度按 2.0 ~ 3.5 m 控制，综合管廊舱室的净高一般控制在 2.5 ~ 3.5 m，故当污水管道的覆土厚度为 3 ~ 6 m 时，在竖向上与管廊舱室的高程相适应，可纳入综合管廊。

2. 管径

污水管道管径一般为 DN400 ~ DN3000，可分为支管、干管、主干管。污水系统上游、管径较小的支管，存在较多横穿道路接驳管，管线入廊效益小，不建议纳入管廊。污水系统下游、管径较大的主干管，埋深大，对管廊空间需求大，造价高，不建议纳入管廊。因此，推荐将管径适中的干管入廊。

根据综合管廊的空间及管道安装净距的要求，对于重力流管线，DN400 ~ DN500 的管道管径偏小，多为街区内的管道，入廊的经济效益差，进出线频繁，一般不纳入综合管廊。DN1200 以上的管道，会造成管廊高度的大幅增加，亦不考虑纳入综合管廊。考虑到管道要有一定的敷设坡度，重力流管线建议管径为 DN600 ~ DN1200；对于压力流管线，则无需考虑管道的敷设坡度。

3. 管道流态

污水管道的流态一般分为重力流和压力流。

重力流管道入廊能耗低，便于支管接驳，可充分利用管廊竖向空间等；但亦存在检查井众多，出线频繁，坡度要求高，管径相对较大，管廊的埋深及断面尺寸加大等缺点。在地形具有单向坡度的城区，若管廊覆土厚度与管道覆土厚度相当，可充分利用地形特点，采用重力流管道入廊。支线及碎片化宜采用重力流管道入廊。

压力流管道入廊，不受地形坡度影响，管径相对较小，可不设检查井，对管廊竖向及断面尺寸影响小；但需设置加压泵站，能耗高。压力流入廊适用于各种覆土厚度及管廊空间条件。

在地形平坦或地形坡度变化大的城区，主管及系统性入廊宜采用重力流与压力流相结合的入廊方式，充分利用管廊空间，通过合理设置系统提升泵站，降低管道的埋深，发挥两种入廊方式的优点，增强入廊的可行性，节约投资和方便运行管理。

4. 管材

污水管道材质的选择主要考虑运输安装、水力条件、使用寿命、造价、防腐抗渗性能等因素。污水入廊后，管廊有限的封闭空间，成为影响污水管材选取的重要因素。传统大型吊装、安装机械无法在管廊内的封闭空间使用。一般情况下，管廊内管道的运输安装多采用人工方式，并辅助以滚木、板车、吊环等工具。因此，管材的质量和运输安装的简便性是入廊污水管材选择的关键因素。

常用的污水管道材质主要有钢筋混凝土管、高性能塑料管、钢管、铸铁管等。钢筋混凝土管道虽然在直埋管线中常用，但其质量大、接口多，管道基础要求高，在封闭狭小空间内运输、安装极为困难，故通常不予选用。

高性能塑料管多为高分子材料或复合材料，具有水力条件好、质量轻、安装运行简便、防腐性能好、管配件齐全等优点，是污水入廊的备选管材之一。但塑料管也存在易受外力破坏、抗水力冲击性能差、质量参差不齐等问题。钢管和铸铁管安装实施方便，承受外力性能好，亦是污水入廊的备选管材之一。钢管便于维修，铸铁管不便于维修，通常采用整管替换，二者相较，塑料管均存在质量大、运输难度高等问题。

在实际工程中，应根据管材生产商情况、安装空间、水力冲击负荷等因素，通过经济技术比选，从高性能塑料管、钢管和铸铁管中选择合理的管材。

《城市综合管廊工程技术规范》（GB 50838—2015）要求污水应以管道形式纳入综合管廊，对管廊空间、管线安装、管廊配套设施建设均提出较高的要求，大大增加了管廊建设成本和维护管理难度。采用渠箱本体收集、转输污水在城市建设中已有广泛应用，在加强防渗和防腐措施后，能否采用管廊污水舱的形式收集、转输污水，有待进一步探讨。

5. 附属构筑物和设施

1）检查井

入廊管线检查井的主要功能包括检修、清疏管道、通风、连接管线和管道进出线等。检查井的形式主要包括侧边检查井和顶部检查井。侧边检查井设置于管廊的一侧，适用于含污水管道舱室在综合管廊断面一侧的情况，具备便于出线接驳、不占用廊舱本体空间的优点；但也存在维护、清疏不便，以及增加管廊土建规模和投资等问题。顶部检查井设置于综合管廊的顶部，适用于各种管廊断面情况，具备维护、清洗便利，以及管廊的土建和投资规模较小等优势，但需占用部分管廊的内部空间。

侧边检查井和顶部检查井在实际工程中均有应用，从维护和清疏的角度出发，推荐采用顶部检查井。建议根据《室外排水设计标准》（GB 50014—2021）要求的间距设置检查井。在实际工程应用中，为减少综合管廊口部的数量，也有将检查井的间距扩大至 100～200 m 的情况，但为了满足污水管线的通风要求，须采取加强通风的措施。

因管廊的结构和检查井的构造形式，污水入廊管线和入流管之间存在一定的跌水情况，建议根据管道和检查井的材质情况，在检查井底部采取加固措施，避免长期的水力冲击造成检查井底部的破坏。

2）接户井

管廊接户井因污水管线入廊而设置，起到衔接直埋管线（建筑出户管）和入廊污水管线的作用，通常具备沉砂、拦截大的漂浮物、控制水流进出的功能。沉砂功能通过在接户井内设置沉砂槽实现，槽深一般为 0.5 m。通过设置平面格栅拦截大的漂浮物，栅间距控制为 80～100 mm。控制水流的进出功能，通过设置闸槽实现。闸槽和格栅槽可联合设置，正常运行时将平面格栅置于其中，检修时将格栅提出，放入闸板，封堵水流。

3）检查口和清扫口

对于超过《室外排水设计标准》（GB 50014—2021）要求间距设置的检查井，为便于后期的维护和运行，可以在两个检查井之间设置检查口和清扫口，用于检查和清疏。

三、天然气管道

（一）规范相关要求

根据《城市综合管廊工程技术规范》（GB 50838—2015）中的6.4章节，天然气管道相关要求有如下几方面内容。

（1）天然气管道设计应符合《城镇燃气设计规范（2020版）》（GB 50028—2006）的有关规定。

（2）天然气管道应采用无缝钢管。

（3）天然气管道的连接应采用焊接，焊缝检测要求应符合表2-11中的规定。

表2-11　焊缝检测要求

压力级别/MPa	环焊缝无损检测比例	
$0.8<P\leq1.6$	100%射线检验	100%超声波检验
$0.4<P\leq0.8$	100%射线检验	100%超声波检验
$0.01<P\leq0.4$	100%射线检验或100%超声波检验	—
$P\leq0.01$	100%射线检验或100%超声波检验	—

注：① 射线检验符合现行行业标准《承压设备无损检测　第2部分：射线检测》（NB/T 47013.2—2015）规定的Ⅱ级（AB级）为合格。② 超声波检验符合现行行业标准《承压设备无损检测　第3部分：超声检测》（NB/T 47013.3—2015）规定的Ⅰ级为合格。

（4）天然气管道支撑的形式、间距、固定方式应通过计算确定，并应符合现行国家标准《城镇燃气设计规范》（GB 50028—2006）的有关规定。

（5）天然气管道的阀门、阀件系统设计压力应按提高一个压力等级设计。

（6）天然气调压装置不应设置在综合管廊内。

（7）天然气管道分段阀宜设置在综合管廊外部。当分段阀设置在综合管廊内部时，应具有远程关闭功能。

（8）天然气管道进出综合管廊时应设置具有远程关闭功能的紧急切断阀。

（9）天然气管道进出综合管廊附近的埋地管线、放散管、天然气设备等均应满足防雷、防静电接地的要求。

（二）天然气的危险性和爆炸条件

天然气入廊需考虑其危险性，因为天然气具有易燃、易爆、有毒的特性。

（1）易燃。天然气和一定的空气混合后，遇到明火或者温度达到 645 ℃ 即刻就会燃烧，同时消耗大量的空气。

（2）易爆。在密闭空间中天然气的浓度达到 5% ~ 15%，遇到明火或者温度达到 645 ℃ 就会爆炸。

（3）有毒。天然气中含有微量的硫化氢和其他一些杂质气体，对人体健康有一定的危害。

天然气爆炸危害性较大，同时满足以下条件便会引起爆炸。

（1）天然气在空气中的含量达到 5% ~ 15%（爆炸极限）。

（2）处于密闭空间内。

（3）有足够的能量产生爆炸（如明火、高温等）。

（三）天然气入廊分析

在国外的综合管廊中，有燃气管道敷设于综合管廊的工程实例，经过几十年的运行，目前并没有出现严重的安全事故。

但在国内，人们仍然对燃气管线进入综合管廊有安全方面的担忧。如果仅仅从安全因素来考虑，通过采取科学的技术措施解决燃气管道的安全问题，燃气管道是可以直接进入综合管廊的，但相应会增加工程的投资，并且对运行管理和日常维护也提出了更高的要求。

1. 天然气入廊优点

（1）燃气管道受到空间保护，不会被压坏。

（2）燃气管道不会受到地质条件的限制。

（3）燃气管道不会受到土壤的腐蚀，使用寿命延长。

（4）燃气管道、阀门等易于安装检修。

（5）燃气管道不会由于道路施工不当而造成管道破坏。

（6）减少了道路开挖修复工作量，同时减少了对周围环境的影响。

（7）管道周边工程条件改善，减少了燃气管道泄漏的可能性。

2. 天然气入廊缺点

（1）管道一旦发生泄漏，易对人身安全带来影响。

（2）燃气管道发生泄漏后，在密闭空间内当达到一定浓度后，如遇明火，易造成爆炸等事故。

（3）为了使燃气管道能正常安全运行，需配置一定的仪表设备对燃气管道进行监测，因此，对运行管理的要求较高。

（4）在技术上，在综合管廊内敷设燃气管道，需要单独设仓，并配备消防设施、抢险设施和抢险通道，使综合管廊的断面尺寸增大，其断面和节点结构将更加复杂，增加管理、维护的难度，并大幅增加工程投资。

（5）竣工验收难。燃气属于易燃易爆品，竣工后消防验收相当麻烦，并且目前还没有关于管廊内燃气的验收规范可以支撑。

（四）天然气入廊土建设计要求

（1）天然气管道在独立舱室内敷设。

（2）天然气管道舱室地面采用撞击时不产生火花的材料。

（3）敷设天然气管道的舱室，逃生口间距不大于200 m。

（4）天然气管道舱室的排风口与其他舱室排风口、进风口、人员出入口以及周边建（构）筑物口部距离不小于10 m。天然气管道舱室的各类孔口不得与其他舱室连通，并应设置明显的安全警示标识。

（五）天然气管道入廊安全措施

1. 消防系统

（1）天然气管道舱室火灾危险性类别：甲类。

（2）天然气管道舱每隔200 m采用耐火极限不低于3.0 h的不燃性墙体进行防火分隔。防火分隔处的门采用甲级防火门，管线穿越防火隔断部位采用阻火包等防火封堵措施进行严密封堵。

2. 通风系统

（1）综合管廊宜采用自然进风和机械排风相结合的通风方式。天然气管道舱采用机械进、排风的通风方式。

（2）综合管廊的通风量根据通风区间、截面尺寸并经计算确定，且符合下列规定：正常通风换气次数不小于2次/h，事故通风换气次数不小于6次/h。天然气管道舱正常通风换气次数不小于6次/h，事故通风换气次数不小于12次/h。舱室内天然气浓度大于其爆炸下限浓度值20%（体积分数）时，启动事故段分区及其相邻分区的事故通风设备。

（3）天然气管道舱风机采用防爆风机。

3. 供电系统

（1）综合管廊的消防设备、监控与报警设备、应急照明设备按《供配电系统设计规范》（GB 50052—2009）规定的二级负荷供电。天然气管道舱的监控与报警设备、管道紧急切断阀、事故风机按二级负荷供电，且采用两回线路供电；当采用两回线路供电有困难时，另设置备用电源。其余用电设备按三级负荷供电。

（2）天然气管道舱内的电气设备应符合《爆炸危险环境电力装置设计规范》（GB 50058—2014）有关爆炸性气体环境2区的防爆规定。

（3）综合管廊内设置交流220 V/380 V带剩余电流动作保护装置的检修插座，插座沿线间距不宜大于60 m。检修插座容量不宜小于15 kW，安装高度不宜小于0.5 m。天然气管道舱内的检修插座应满足防爆要求，且应在检修环境安全的状态下送电。

（4）非消防设备的供电电缆、控制电缆应采用阻燃电缆，火灾时需继续工作的消防设备应采用耐火电缆或不燃电缆。天然气管道舱内的电气线路不应有中间接头，线路敷设、接地系统应符合《爆炸危险环境电力装置设计规范》（GB 50058—2014）的有关规定。

4. 照明系统

照明回路导线采用硬铜导线，截面面积不应小于2.5 mm^2。线路明敷设时采用保护管或线槽穿线方式布线。天然气管线舱内的照明线路采用低压流体输送用镀锌焊接钢管配线，并应进行隔离密封防爆处理。

5. 监控与报警系统

（1）综合管廊设置环境与设备监控系统，能对综合管廊内环境参数进行监测与报警。环境参数检测内容应符合表2-12的规定。

表2-12　环境监测要求

容纳管线类别	给水、再生水、雨水管道	污水管道	天然气管道	热力管道	电力电缆、通信线缆
温度	●	●	●	●	●

续表

容纳管线类别	给水、再生水、雨水管道	污水管道	天然气管道	热力管道	电力电缆、通信线缆
湿度	●	●	●	●	●
水位	●	●	●	●	●
O_2	●	●	●	●	●
H_2S气体	▲	●	▲	▲	▲
CH_4气体	▲	●	●	▲	▲

注：●表示应监测；▲表示宜监测。

（2）天然气管道舱设置可燃气体探测报警系统，并符合下列规定：天然气报警浓度设定值（上限值）不大于其爆炸下限值的20%（体积分数）。天然气探测器接入可燃气体报警控制器。当天然气管道舱天然气浓度超过报警浓度设定值（上限值）时，由可燃气体报警控制器或消防联动控制器联动启动天然气舱事故段分区及其相邻分区的事故通风设备。紧急切断浓度设定值（上限值）不应大于其爆炸下限值的25%（体积分数）。

6. 排水系统

天然气管道舱应设置独立集水坑。

7. 管线验收

天然气管道施工及验收应符合《城镇燃气输配工程施工及验收规范》（CJJ 33—2005）的有关规定，焊缝的射线探伤验收应符合现行行业标准《承压设备无损检测 第2部分：射线检测》（NB/T 47013.2—2015）的有关规定。

8. 管理措施

（1）施工中杜绝明火。

（2）加强巡检，定期对管道进行相关检测。

（3）必须设置专职抢修队伍，配齐抢修人员、防护用品、车辆、器材、通信设备等。

（4）预先制定各类突发事故抢修方案，事故发生后，必须迅速组织抢修。

四、热力管道

（一）规范相关要求

根据《城市综合管廊工程技术规范》（GB 50838—2015）中的6.5章节，对热力管道的相关要求如下。

（1）热力管道应采用无缝钢管、保温层及外护管紧密结合成一体的预制管，并应符合国家现行标准《高密度聚乙烯外护管硬质聚氨酯泡沫塑料预制直埋保温管及管件》（GB/T 29047—2021）和《玻璃纤维增强塑料外护层聚氨酯泡沫塑料预制直埋保温管》（CJ/T 129—2000）的有关规定。

（2）管道及附件必须进行保温。

（3）管道及附件保温结构的表面温度不得超过 50 ℃。保温设计应符合现行国家标准《设备及管道绝热技术通则》（GB/T 4272—2008）、《设备及管道绝热设计导则》（GB/T 8175—8175）和《工业设备及管道绝热工程设计规范》（GB 50264—2013）的有关规定。

（4）当同舱敷设的其他管线有正常运行所需环境温度限制要求时，应按舱内温度限定条件校核保温层厚度。

（5）当热力管道采用蒸汽介质时，排气管应引至综合管廊外部安全空间，并应与周边环境相协调。

（6）热力管道设计应符合现行行业标准《城镇供热管网设计标准》（CJJ/T 34—2022）和《城镇供热管网结构设计规范》（CJ J 105—2005）的有关规定。

（7）热力管道及配件保温材料应采用难燃材料或不燃材料。

（二）设计案例

以设计供回水温度 55 ℃/40 ℃、设计公称压力 1.0 MPa、弯管补偿冷安装工程为例，简单介绍综合管廊内热力管道设计相关要求。

1. **管材**

本设计的管道及管件采用聚氨酯硬质泡沫塑料预制保温管及管件，外护管为高密度聚乙烯塑料外壳。保温管及管件应为工作钢管（钢制管件）、保温层、外护管为一体的工厂预制产品，其制造及检验应符合《高密度聚乙烯外护管硬质聚氨酯泡沫塑料预制直埋保温管及管件》（GB/T 29047—2012）的规定，并应符合要求。敷设在综合管廊内的预制保温管及其附属构配件应为不燃材料或难燃材料。

1）工作钢管

公称直径DN≥200 mm，采用螺旋缝焊接钢管，钢号为Q235B，且应符合《石油天然气工业 管线输送系统用钢管》（GB/T 9711—2017）的规定；DN＜200 mm，采用无缝钢管，钢号为20，且应符合《输送流体用无缝钢管》（GB/T 8163—2018）的规定。

2）钢制管件

钢制管件的材质、尺寸公差及性能等应符合《钢制对焊管件 技术规范》（GB/T

13401—2017）、《钢制对焊管件 类型与参数》（GB/T 12459—2017）和《油气输送用钢制感应加热弯管》（SY/T 5257—2012）的规定。

弯头、三通、变径管等管件要求在保温管厂内做好保温，并符合下列要求：工程中非特殊要求的弯头全部采用热煨（推）弯头或热压弯头，不允许使用斜接焊接弯头，公称压力为 2.5 MPa，弯头壁厚比直管厚 2 mm。三通、变径管公称压力为 2.5 MPa。变径管的制作应采用钢板焊制同心异径管，异径管圆锥角不应大于 20°，壁厚比直管厚 2 mm，管道变径点距分支点 1.5 m。DN＜200 的弯头和三通材质为 20# 钢，DN≥200 mm 弯头和三通材质为 Q235B；变径材质同直管。

3）高密度聚乙烯外护管

高密度聚乙烯树脂应采用 PE80 级或更高级别的原料制造，不允许使用回用料。

外护管应为黑色，其表面不应有沟槽、气泡、裂纹、凹陷、杂质、色差等缺陷。

外护管密度应大于 940 kg/m^3。

外护管任意位置的拉伸屈服强度≥19 MPa，断裂伸长率≥350%，任意管段的纵向回缩率≤3%。

外护管耐环境应力开裂的失效时间不应小于 300 h。

外护管的长期机械性能应达到在试验温度 80 ℃、拉应力 4 MPa 条件下，破坏时间不小于 2 000 h。

4）硬质聚氨酯泡沫塑料保温层

保温层应无污斑、无收缩分层开裂现象。其泡孔应均匀细密，平均尺寸不应大于 0.5 mm。

保温层任意位置的泡沫塑料密度不应小于 60 kg/m^3。

保温层压缩强度不应小于 0.3 MPa，吸水率不应大于 10%，闭孔率不应小于 88%。

保温层在 50 ℃状态下，导热系数不应大于 0.033 W/（m·K）。

2. 纵断面设计

（1）除标注外，管道坡度不小于 2‰，坡度方向根据地形情况确定。管道存气高点应设放气井（放气装置），低点应设泄水井（泄水装置）。

（2）设计图中未注明采用成品管道管件的折角、变坡点处，采用弹性敷设方式，即将多根直管连接后利用管道弹性变形改变管道走向或坡度，每个焊口均应垂直于钢管轴线，不允许斜切端口。

3. 分支引出

直埋管道分支点干管的轴向热位移量不宜大于 50 mm。

公称直径DN≤500 mm的支管可从干管直接引出，在支管上应设固定墩或轴向补偿器或弯管补偿器，并应符合以下规定。

（1）分支点至支管上固定墩的距离不宜大于9 m。

（2）分支点至支管上轴向补偿器或弯管的距离不宜大于20 m。

（3）分支点至支管上固定墩或弯管补偿器的距离不应小于支管的弯头变形段长度。

（4）分支点至支管上轴向补偿器的距离不应小于12 m。

轴向补偿器和管道轴线应一致，与分支点、转角、变坡点的距离不应小于管道弯头变形段长度的1.5倍，且不应小于12 m。

4. 管道支座

1）支座分类

热水管道支座分为轴向滑动支座、双向滑动支座、导向支座。

轴向滑动支座：具有管道水平轴向滑动功能，同时可满足位移不大于40 mm的管道水平径向滑动。

双向滑动支座：允许管道水平轴向和管道水平径向滑动。

导向支座：限制管道水平径向滑动，仅允许管道水平轴向滑动。

2）支座安装

宜采用专业厂家预制生产的管道支座，避免采用施工现场加工、制作的管道支座。

在其安装过程中，应保护上下滑动面，不得使上滑动面（不锈钢板）和下滑动面（填充聚四氟乙烯复合夹层滑片）受到划伤、砸伤、烧伤或其他损伤。

将支座置于支墩或钢结构支架上，首先去除涂黄漆的连接附件，然后调整支座的前后、左右位置，预留偏装距离，使安装后的支座功能符合设计要求

支座与管道之间应支撑良好，采用垫铁调整支座高度时，应将支座下基板垫紧、找平，保证支座弧形垫板与管道贴合严密。

垫铁与支座下基板之间、垫铁与支墩预埋钢板之间、支座弧形垫板与管道之间应焊接牢靠。在焊接过程中应注意控制焊接变形，防止焊接变形过大而影响滑动。支座弧形垫板与管道间应采用间断焊，不得使用满焊。

安装完毕后，对支座下基板与支墩钢板之间的连接焊缝进行防腐处理。

5. 井室及阀门设置

（1）在热力管道干线、支干线、支线起点设置关断阀门，在干线设置分段阀门。关断阀和分段阀均采用双向密封阀门。

（2）在管道高点设置放气阀，低点设置泄水阀。

（3）阀门均设置于井室内。

（4）对热力管网主干线所用的阀门及支干线首端处的关断门、调节门均应逐个进行强度和严密性试验，单独存放，定位使用，并填写阀门实验记录。

五、电力电缆

根据《城市综合管廊工程技术规范》（GB 50838—2013）中的6.6章节，对电力电缆的相关要求如下。

（1）电力电缆应采用阻燃电缆或不燃电缆。

（2）应对综合管廊内的电力电缆设置电气火灾监控系统。在电缆接头处应设置自动灭火装置。

（3）电力电缆敷设安装应按支架形式设计，并应符合《电力工程电缆设计规范》（GB 50217—2018）和《交流电气装置的接地设计规范》（GB/T 50065—2011）的有关规定。

六、通信线缆

根据《城市综合管廊工程技术规范》（GB 50838—2015）中的6.7章节，对通信线缆的相关要求如下。

（1）通信线缆应采用阻燃线缆。

（2）通信线缆敷设安装应按桥架形式设计，并应符合国家现行标准《综合布线系统工程设计规范》（GB 50311—2016）和《光缆进线室设计规定》（YD/T 5151—2007）的有关规定。

第四节　结构设计

一、材料

综合管廊工程中所使用的材料应根据结构类型、受力条件、使用要求和所处环境等选用，并应考虑其耐久性、可靠性和经济性。其主要材料宜采用高性能混凝土、高强钢筋。当地基承载力良好、地下水位在综合管廊底板以下时，可采用砌体材料。

钢筋混凝土结构的混凝土强度等级不应低于C30。预应力混凝土结构的混凝土强度等级不应低于C40。

地下工程部分宜采用自防水混凝土，设计抗渗等级应符合表2-13的规定。

表2-13　防水混凝土设计抗渗等级

管廊埋置深度H/m	设计抗渗等级
H＜10	P6
10≤H＜20	P8
20≤H＜30	P10
H≥30	P12

用于防水混凝土的水泥应符合下列规定：水泥品种宜选用硅酸盐水泥、普通硅酸盐水泥；在受侵蚀性介质作用下，应按侵蚀性介质的性质选用相应的水泥品种。

用于防水混凝土的砂、石应符合《普通混凝土用砂、石质量及检验方法标准》（JGJ 52—2006）的有关规定。

防水混凝土中各类材料的氯离子含量和含碱量（Na_2O当量）应符合下列规定：①氯离子含量不应超过凝胶材料总量的0.1%。②采用无活性骨料时，含碱量不应超过3 kg/m^3；采用有活性骨料时，应严格控制混凝土含碱量并掺加矿物掺合料。

混凝土可根据工程需要掺入减水剂、膨胀剂、防水剂、密实剂、引气剂、复合型外加剂及水泥基渗透结晶型材料等，其品种和用量应经试验确定，所用外加剂的技术性能应符合国家现行标准的有关质量要求。

混凝土可根据工程抗裂需要掺入合成纤维或钢纤维，纤维的品种及掺量应符合国家现行标准的有关规定，无相关规定时应通过试验确定。

钢筋应符合《钢筋混凝土用钢　第1部分：热轧光圆钢筋》（GB 1499.1—2017）、《钢筋混凝土用钢　第2部分：热轧带肋钢筋》（GB 1499.2—2018）和《钢筋混凝土用余热处理钢筋》（GB/T 13014—2013）的有关规定。

预应力筋宜采用预应力钢绞线和预应力螺纹钢筋，并应符合《预应力混凝土用钢绞线》（GB/T 5224—2014）和《预应力混凝土用螺纹钢筋》（GB/T 20065—2016）的有关规定。

用于连接预制节段的螺栓应符合《钢结构设计规范》（GB 50017—2003）的有关规定。

纤维增强塑料筋应符合《结构工程用纤维增强复合材料筋》（GB/T 26743—2011）的有关规定。

预埋钢板宜采用Q235钢、Q345钢，其质量应符合《碳素结构钢》（GB/T 700—

2006）的有关规定。

砌体结构所用材料的最低强度等级应符合表2–14的规定。

表2–14　砌体结构所用材料的最低强度等级

基土的潮湿程度	最低强度等级		
	混凝土砌块	石材	水泥砂浆
稍潮湿的	MU7.5	MU40	M10
很潮湿的	MU7.5	MU40	M10.5

弹性橡胶密封垫的主要物理性能应符合表2–15的规定。

表2–15　弹性橡胶密封垫的主要物理性能

<table>
<tr><th rowspan="2">序号</th><th colspan="3" rowspan="2">项目</th><th colspan="2">指标</th></tr>
<tr><th>氯丁橡胶</th><th>三元乙丙橡胶</th></tr>
<tr><td>1</td><td colspan="3">硬度（邵氏）（度）</td><td>（45±5）~（65±5）</td><td>（55±5）~（70±5）</td></tr>
<tr><td>2</td><td colspan="3">伸长率/%</td><td>≥350</td><td>≥330</td></tr>
<tr><td>3</td><td colspan="3">拉伸强度/MPa</td><td>≥10.5</td><td>≥9.5</td></tr>
<tr><td rowspan="2">4</td><td rowspan="2">热空气老化</td><td rowspan="2">（70 ℃ × 96 h）</td><td>硬度变化值（邵氏）</td><td>≥+8</td><td>≥+6</td></tr>
<tr><td>扯伸强度变化率/%</td><td>≥−20</td><td>≥−15</td></tr>
<tr><td></td><td></td><td></td><td>扯断伸长率变化率/%</td><td>≥−30</td><td>≥−30</td></tr>
<tr><td>5</td><td colspan="3">压缩永久变形（70 ℃ × 24h）/%</td><td>≤35</td><td>≤28</td></tr>
<tr><td>6</td><td colspan="3">防霉等级</td><td colspan="2">达到或优于2级</td></tr>
</table>

注：以上指标均为成品切片测试的数据，若只能以胶料制成试样测试，则其伸长率、拉伸强度的性能数据应达到本规定的120%。

遇水膨胀橡胶密封垫的主要物理性能应符合表2–16的规定。

表2–16 遇水膨胀橡胶密封垫的主要物理性能

序号	项目		指标			
			PZ–150	PZ–250	PZ–450	PZ–600
1	硬度（邵氏A）（度）		42±7	42±7	45±7	48±7
2	拉伸强度/MPa		≥3.5	≥3.5	≥3.5	≥3
3	扯断伸长率/%		≥450	≥450	≥350	≥350
4	体积膨胀倍率/%		≥150	≥250	≥400	≥600
5	反复浸水试验	拉伸强度/MPa	≥3	≥3	≥2	≥2
		扯断伸长率/%	≥350	≥350	≥250	≥250
		体积膨胀倍率/%	≥150	≥250	≥500	≥500
6	低温弯折–20 ℃ × 2 h		无裂纹	无裂纹	无裂纹	无裂纹
7	防霉等级		达到或优于2级			

注：① 成品切片测试应达到标准的80%；② 接头部位的拉伸强度不低于上表标准性能的50%。

二、结构上的作用

综合管廊结构上的作用，按性质可分为永久作用和可变作用。

结构设计时，对不同的作用应采用不同的代表值。永久作用应采用标准值作为代表值；可变作用应根据设计要求采用标准值、组合值或准永久值作为代表值。作用的标准值应为设计采用的基本代表值。

当结构承受两种或两种以上可变作用时，在承载力极限状态设计或正常使用极限状态按短期效应标准值设计时，可变作用应取标准值和组合值作为代表值。

当正常使用极限状态按长期效应准永久组合设计时，可变作用应采用准永久值作为代表值。

结构主体及收容管线自重可按结构构件及管线设计尺寸计算确定。常用材料及其制作件的自重可按《建筑结构荷载规范》（GB 50009—2012）的规定采用。

预应力综合管廊结构上的预应力标准值，应为预应力钢筋的张拉控制应力值扣除各项预应力损失后的有效预应力值。张拉控制应力值应按《混凝土结构设计规范》（GB 50010—2010）的有关规定确定。

建设场地地基土有显著变化段的综合管廊结构，应计算地基不均匀沉降的影响，其标准值应按《建筑地基基础设计规范》（GB 50007—2011）的有关规定计算确定。

制作、运输、堆放和安装等短暂设计状况下的预制构件验算，应符合现行国家标准《混凝土结构工程施工规范》（GB 50666—2011）的有关规定。

三、现浇混凝土综合管廊结构

现浇混凝土综合管廊结构的截面内力计算模型宜采用闭合框架模型。作用于结构底板的基底反力分布应根据地基条件确定，并应符合下列规定：① 地层较为坚硬或经加固处理的地基，基底反力可视为直线分布。② 未经处理的软弱地基，基底反力应按弹性地基上的平面变形截条计算确定。

现浇混凝土综合管廊结构设计应符合《混凝土结构设计规范》（GB 50010—2010）、《纤维增强复合材料建设工程应用技术规范》（GB 50608—2020）的有关规定。

四、预制拼装综合管廊结构

综合管廊预制拼装技术是国际综合管廊发展趋势之一，能够大幅降低施工成本，提高施工质量，节约施工工期。综合管廊标准化、模块化是推广预制拼装技术的重要前提之一，预制拼装施工成本的幅度取决于建设管廊的规模长度，而综合管廓标准化可以使得预制拼装模板等设备的使用范围不再局限于单一工程，从而降低摊销成本，有效促进预制拼装技术的推广应用。此外，编制基于综合管廊标准化的通用图，能够大幅降低设计单位的工作量，节约设计周期，提高设计图纸质量。

预制拼装综合管廊结构宜采用预应力筋连接接头、螺栓连接接头或承插式接头。当场地条件较差或易发生不均匀沉降时，宜采用承插式接头。当有可靠依据时，也可采用其他能够保证预制拼装综合管廊结构安全性、适用性和耐久性的接头构造。

仅带纵向拼缝接头的预制拼装综合管廊结构的截面内力计算模型宜采用与现浇混凝土综合管廊结构相同的闭合框架模型。

在预制拼装综合管廊结构中，现浇混凝土截面的受弯承载力、受剪承载力和最大裂缝宽度宜符合《混凝土结构设计规范》（GB 50010—2010）的有关规定。

预制拼装综合管廊拼缝防水应采用预制成型弹性密封垫为主要防水措施，弹性密封垫的界面应力不应低于 1.5 MPa。

拼缝弹性密封垫应沿环、纵面兜绕成框型。其沟槽形式、截面尺寸应与弹性密封垫的形式和尺寸相匹配。

拼缝处应选用弹性橡胶与遇水膨胀橡胶制成的复合密封垫。弹性橡胶密封垫宜采用三元乙丙（EPDM）橡胶或氯丁（CR）橡胶。

复合密封垫宜采用中间开孔、下部开槽等特殊截面的构造形式，并应制成闭合框型。

采用高强钢筋或钢绞线作为预应力筋的预制综合管廊结构的抗弯承载能力应按现行国家标准《混凝土结构设计规范》（GB 50010—2010）有关规定进行计算。

采用纤维增强塑料筋作为预应力筋的综合管廊结构抗弯承载力能力计算应按现行国家标准《纤维增强复合材料建设工程应用技术规范》（GB 50608—2020）有关规定进行。

预制拼装综合管廊拼缝的受剪承载力应符合现行行业标准《装配式混凝土结构技术规程》（JGJ 1—2014）的有关规定。

五、构造要求

综合管廊结构应在纵向设置变形缝，变形缝的设置应符合下列规定：① 现浇混凝土综合管廊结构变形缝的最大间距应为 30 m。② 结构纵向刚度突变处以及上覆荷载变化处或下卧土层突变处，应设置变形缝。③ 变形缝的缝宽不宜小于 30 mm。④ 变形缝应设置橡胶止水带、填缝材料和嵌缝材料等止水构造。

混凝土综合管廊结构主要承重侧壁的厚度不宜小于 250 mm，非承重侧壁和隔墙等构件的厚度不宜小于 200 mm。

混凝土综合管廊结构中钢筋的混凝土保护层厚度在结构迎水面不应小于 50 mm，结构其他部位应根据环境条件和耐久性要求并按《混凝土结构设计规范》（GB 50010—2010）的有关规定确定。

综合管廊各部位金属预埋件的锚筋面积和构造要求应按《混凝土结构设计规范》（GB 50010—2010）的有关规定确定。预埋件的外露部分，应采取防腐保护措施。

六、设计案例

（一）结构设计原则

（1）结构设计应满足工艺设计的要求，遵循结构安全可靠，施工方便，造价合理的原则。

（2）结构设计应根据拟建场地的工程地质、水文资料及施工环境，优化结构设计，选择合理的施工方案。

（3）结构设计应遵循现行国家和地方设计规范、标准，使结构在施工阶段和使用阶段均能满足承载力、稳定性和抗浮等要求以及变形、抗裂度等正常使用要求，并满足耐久性要求。

（二）主要设计标准及参数

设计使用年限：百年。

结构安全等级：一级。

环境类别：Ⅲ类。

综合管廊位于道路交叉口和绿化带下，汽车荷载采用城—A级。

抗震设计类别：乙类。

地基基础设计等级：乙级。

结构防水等级：二级，节点顶板、分变电所防水等级按照一级考虑，增设4 mm耐阻根刺防水卷材。

控制裂缝宽度：0.2 mm

抗浮设防等级：甲级，施工期抗浮稳定安全系数取1.05，使用期抗浮安全系数取1.1。

（三）主要工程材料

（1）钢筋。

采用HRB400级钢筋，抗拉抗压强度设计值为330 MPa，弹性模量为2.0×10^5 MPa。钢筋的强度标准值应具有不小于95%的保证率。

（2）混凝土。如表2-17所示。

表2-17 混凝土参数表

构件部位	混凝土强度等级	混凝土抗渗等级
主体结构	C45防水混凝土	P8
垫层	C20	—

（3）砌体。综合管廊内砌体结构均采用MU10耐火水泥砂浆普通实心耐火砖（230 mm×114 mm×65 mm），外立面采用防火涂料抹灰。

（4）玻璃钢格栅盖板。工程所采用的玻璃钢格栅盖板厚度为5 cm，其材料物理力学指标应满足拉伸强度不小于200 MPa，拉伸弹性模量不小于7 000 MPa，弯曲强度不小于450 MPa，浸水后弯曲强度不小于400 MPa，承载能力不小于10 KN/m^2，巴氏硬度不小于38，热变形温度不小于160 ℃，阻燃性（氧指数法）不小于26 mm。玻璃钢格栅一般情况下无须设置支座和支撑梁，主要用于覆盖中层板开洞位置（如集水坑，带夹层的吊装口、逃生口等）。

（5）设备支架材料。设备支架和预埋件均采用304不锈钢，预埋件采用预埋槽道，支架采用成品支吊架系统。

（6）变形缝止水带。变形缝采用钢边橡胶止水带。

（7）电力和通信管道穿墙位置采用抗爆性能模块化密封方案（可抗冲击力0.19 MPa，持续时间122 ms），模块为可拨层变径。

（四）主体结构设计

1. 结构设计要点

综合管廊断面设计必须满足运营、施工、防水、排水等要求，保证具有足够的强度和耐久性，满足综合管廊使用期间安全可靠的要求。

综合管廊结构应对施工和使用阶段不同工况进行结构强度、变形计算，同时还须满足防水、防腐蚀、安全、耐久等的要求。

结构构件最大裂缝宽度控制不大于0.2 mm。

2. 荷载及组合

1）永久荷载（恒荷载）

结构自重荷载——综合管廊结构自重。

覆土荷载——综合管廊顶覆土荷重。

侧向荷载——作用于综合管廊在侧面的水压力、土压力。

2）可变荷载（活荷载）

地面荷载——一般按10 kN/m^2计，对于道路上的车辆荷载由计算确定。

施工荷载——施工荷载包括设备运输及吊装荷载、施工机具荷载、地面堆载、材料堆载等。

3. 管廊标准段结构设计

管廊区间段采用钢筋混凝土箱涵结构，覆土厚度约3.5 m，每20～25 m设一道变形缝。

4. 结构抗浮设计

按使用期间可能出现的最高地下水位浮力设计；综合管廊抗浮设防等级为甲级，施工期抗浮稳定安全系数取1.05，使用期抗浮安全系数取1.1。

（五）防水设计

在进行综合管廊结构防水设计时，严格按照《地下工程防水技术规范》（GB 50108—2008）标准设计，防水设防等级为二级。

在防水设防等级为二级的情况下，综合管廊主体不允许漏水，结构表面可有少量湿渍，总湿渍面积不应大于总防水面积的1/1 000；任意100 m^2防水面上的湿渍不超过

1处，单个湿渍的最大面积不应大于0.1 m^2。

综合管廊主体防渗的原则是“以防为主，防、排、截、堵相结合，刚柔相济，因地制宜，综合治理。”其主要通过采用防水混凝土、合理的混凝土级配、优质的外加剂、合理的结构分缝、科学的细部设计来解决综合管廊钢筋混凝土主体的防渗。

综合管廊外防水在管廊结构外表面铺一层20 mm厚M7.5防水水泥砂浆找平层，粘贴2.0 mm厚自粘式防水卷材，顶板采用70 mmC20细石混凝土保护层，侧壁采用50 mm挤塑板进行保护。

按承载能力极限状态及正常使用极限状态进行双控方案设计，裂缝宽度不得大于0.2 mm，并且不得贯通，以保证结构在正常使用状态下的防水性能。

综合管廊为现浇钢筋混凝土结构，根据规范及大量的工程实践经验，一般情况下分缝间距为20～25 m。这样的分缝间距可以有效地消除钢筋混凝土因温度收缩、不均匀沉降而产生的应力，从而实现综合管廊的抗裂防渗设计。

在防水混凝土中添加FS_{102}密实剂，增强管廊混凝土自防水性能。防水混凝土应连续浇筑，施工缝只允许设水平施工缝，常设在壁板的上下转角处。施工缝在浇注混凝土前，应将其表面的浮浆和杂物清除，先在其表面浇一层10～15 mm厚混凝土原浆，再铺40 mm厚的M7.5防水水泥砂浆，并及时浇筑混凝土。施工缝中设330 mm×4 mm镀锌钢板，钢板对拉螺栓需按规范加焊止水环。

因有各种规格的电缆需要从综合管廊内进出，根据以往地下工程建设的经验，该部位的电缆进出孔是渗漏最严重的部位，本次工程预留口采用标准预制件预埋来解决渗漏的技术难题。

（六）结构防腐蚀设计

耐久性要求：水泥采用普通硅酸盐水泥，水胶比不应大于0.40，混凝土中最大氯离子含量小于0.08%，最大碱含量小于3.0 kg/m^3。

（七）综合管廊的施工形式比选

总体来讲，综合管廓的施工技术难度不高，但由于单个项目的体量越来越大，又有其独特的特点。经过近几年的不断发展，出现了越来越多的创新技术和设备，总体状况：现浇为主，滑模为辅，预制方兴，设备重用。其具体体现在以下几个方面。

（1）散支散拼的支架现浇技术仍占主导地位。在综合管廊本体结构施工方面，仍是常规的模板散支散拼的混凝土全现浇施工技术占据主导地位。一方面，这种技术已经非常成熟，技术难度也比较低；另一方面，施工技术人员由于工期太紧，无暇研究新的技术。但是，这种全现浇技术存在很多问题，如混凝土外观质量较难控制；模板、脚手架和人工等资源投入太多；同时，侧墙和顶板一起浇筑后由于顶板拆模时间的问题无法进行快速作业。

（2）定型大模板+组合支架整体滑移技术得到快速发展。由于全现浇存在质量难控制、资源投入大、施工周期长的缺点，一线作业人员已经开始研究如何快速低成本、保质保量地完成结构施工，相继研究出多种形式的滑模施工技术，如单舱可移动模板、多舱移动模板台架、多舱模板台车、液压滑模等，并在多个项目的工程实践中取得了良好的效果。

（3）不同条件下的预制装配技术大行其道。综合管廊的预制装配技术得到了快速发展，在国内工程实践中出现了多种综合管廊预制装配技术。这些技术各有其适用范围和技术特点，各项目应根据自己的实际工程特点和要求合理选用。

在威海市综合管廊设计中，对整体现浇和预制拼装两种施工方式进行比选，以确定最终结构形式。

（1）施工质量。预制拼装管廊的管节在工厂内进行生产，使用先进的生产设备，精密的产品模具，机械化水平高，并可建立完善的质量控制体系和质量管理体系，对生产原材料进行严格的检测和监督。另外，预制综合管廊可避免钢筋焊接质量差、混凝土分层、离析、局部不密实等缺点。现浇综合管廊施工时受现场限制因素较多，施工环节的可控性较差。因此，在施工质量方面，预制拼装的施工方法质量优于现浇。

（2）施工技术要求。预制拼装的施工方式要求施工现场人员具有较高的施工技术水平，从而保证较高的施工精度。现浇的施工方式对施工人员的技术要求相对较低。因此，在施工技术要求方面，预制拼装的施工方法技术要求高于现浇。

（3）施工周期。采用预制拼装施工方式，沟槽开挖垫层施工可与管节的工厂预制同步进行，然后进行现场安装，施工速度较快。现浇施工方式需依次进行沟槽开挖、垫层施工、模板施工、钢筋绑扎、混凝土浇筑、沟槽回填等各个工序，施工周期较长。因此，在施工周期方面，预制拼装的施工方法快于现浇。

（4）环境影响。预制拼装综合管廊实行工厂预制现场拼装的施工方式，避免了施工现场模板施工、混凝土运输、浇筑与振捣等程序，对施工现场的环境影响较小。

（5）结构性能。整体现浇形式，其场区为软弱地基，适应变形能力较差。预制拼装综合管廊由2 m长的管节组成，管节之间为柔性连接，因此抗震性能较好。

（6）投资造价。预制拼装多引进日韩等国外技术，国内相关技术水平较低，且施工过程中需有专业的人员指导和把关，因此造价较高。其中，工程规模和标准段长度在工程中所占比例的大小对于造价影响较大。目前，国内正在大力推行预制方式，相关执业人员数量和施工质量正在逐步提高，预制成本也得以控制。

第五节　BIM 技术应用

城市地下综合管廊是指城市范围内供水、排水、燃气、热力、电力、通信、广播电视、工业等管线及其附属设施，是保障城市运行的重要基础设施。地下综合管廊作为城市的重要基础设施，对城市规划管理和城市地下空间治理具有重要的战略意义。地下综合管廊是城市赖以生存和发展的基础，将两种或两种以上的管网设施集中布置于同一地下空间中，进行统一规划和管理，构成以共同沟为平台的城市管网综合管控系统。

当前地下综合管廊存在数据共享、管线监管、管线资源配置等诸多方面的问题，管廊内部不仅整合了维持城市功能的电力、电信、给水、热力、燃气、污水的管道线缆，而且地下综合管廊自身功能使用的动力、照明、排水等设备繁多，无论是哪路管线出现故障，还是自身附属设施出现故障，都将造成沿线城市功能的瘫痪，因此，建设信息化、数字化城市的地下综合管廊综合管理平台意义重大。

《国务院办公厅关于加强城市地下管线建设管理的指导意见》中指出，要把加强城市地下管线建设管理作为履行政府职能的重要内容，统筹地下管线规划建设、管理维护、应急防灾等全过程，综合运用各项政策措施，提高创新能力，全面加强城市地下管线建设管理。同时，要求各城市及相关主管部门要借鉴已有的成功经验，结合地区特点，鼓励管道权属单位开发、应用地下管线监控预警技术，实现智能监测预警、有害气体自动处理、自动报警、防爆、井盖防盗等功能，提高地下管线安全管理效能，减少各类事故的发生。

BIM 技术是将管廊在规划、设计和施工阶段的数据、资料关联至管廊模型，并在后期运维管理中实时添加和更新管廊模型相关数据，实现项目从规划、设计、施工、运维到拆除的全生命周期管理。地理信息系统（GIS）功能是实现对地下管廊人员、设备和巡检车辆的位置坐标数据的采集、存储、管理、分析和表达，将信息通过多功能基站及时、准确地传输到监控中心，并将地下管廊的走向以及出入口位置在地图上精确地标注出来，实现对通风线路、避灾路线、监测设备、巡检人机坐标等位置信息的浏览。因此，在国内全面推动地下管廊建设的形势下，有必要基于 GIS-BIM 技术，同时结合云计算、大数据、在线仿真、人工智能控制等技术，建立可视化统一管理信息平台，并整合管廊通风、消防、排水、电气等系统，构建以大数据互联互通为基础的高度灵活、信息化、集约化、数字化的城市地下管廊监控平台，最终实现智慧管廊的目标。

住房和城乡建设部《2011—2015年建筑业信息化发展纲要》中强调，加快建筑信息模型（BIM）等新技术在建设工程领域的应用；住房和城乡建设部2014年下发《制订推动 BIM技术应有的指导意见和勘察设计专有技术指导意见》，提出加快制定BIM技术应用标准；2016年住房和城乡建设部在《2016—2020年建筑业信息化发展纲要》再次强调搭乘信息化时代东风，实现建筑业转型。21世纪属于信息化时代，BIM技术的推广符合当前国家发展需要，在建筑业内发展前景是巨大的。BIM是以三维数字技术为基础，对工程项目信息化进行模型化，提供数字化、可视化的工程方法，贯穿工程建设从方案到设计、建造、运营、维修、拆除的全寿命周期，服务于工程项目的所有各方。GIS是一种空间地理系统，用来收集空间地理信息并进行分析、整合，其基本技术是可视化技术、数据技术以及空间分析技术。GIS在计算机硬软件系统的支持下，对整个或部分地球表层空间中的有关地理分布数据进行采集、储存、管理、运算、分析、显示和描述的技术系统。

采用“BIM+GIS”三维数字化技术，将现状地下管线、建筑物及周边环境的三维数字化建模，形成动态大数据平台。在此基础上，将综合管廊、管线及道路等建设信息输入，以指导综合管廊的设计、施工和后期的运营管理，有效提高地下综合管廊工程的建设和管理水平。

由于我国智慧管廊仍处于在各城市试点建设的阶段，管廊监控信息化水平也欠发达，在开展信息化工作过程中面临诸多问题。

（1）地下管线管理信息化程度低，数据共享难度高。在智慧城市建设过程中，电力、水务、通信等相关单位已相继对其管辖的管线开展了数字化工作，但并未全面覆盖地下管线中的管线种类，且数据更新的周期较长，无法保障数据的精度。由于各类管线分别属于不同的部门管理，而各部门之间并未实现信息开放和共享，在数据管理过程中管线单位各自为政的现象十分普遍。数据共享程度低、信息管理不够全面、重复管理、相互矛盾等不利于开展管廊信息化工作。

（2）管线问题频发，监管部门应急水平有待提高。随着城市规模不断扩大以及网络型公用事业的发展，城市对市政管线的需求量越来越大。同时，由地下管线引发的安全问题也越来越多，城市内涝、水管爆裂、施工路段塌陷、燃气爆炸等突发事故频繁发生，对城市居民的生命财产安全构成了严重威胁。管线问题的日益严峻，对管线监管部门分析和解决管网问题的能力、对突发事故的管理和应急水平提出了更高的要求。

（3）综合管廊资源配置有待优化，面临综合管理需求。由于缺乏法律法规管理依据，管线由其所属单位或运营单位开发的信息化系统进行管理，各系统独立运行维护，缺少交互接口，未能实现联动分析，相关政府部门无法进行综合监管、分析。由于缺乏对管网的全局统筹管控，在进行地下管线资源配置时，难以得到最优的配置方案。管廊管线的综合管理是地下管线资源优化配置的根本保障，也是地下管廊信息化服务平台需要实现的重点目标。

一、线路选型

城市地下综合管廊一般修建于工程设施布置较为复杂的主干道或者是城区内交通压力较大且不可替代的主要街道，又或者是一些设施较为老旧且情况比较复杂的老旧城区。而综合管廊断面狭窄，内部结构复杂，建设线路延伸较长，所经地形复杂多变，综合管廊的线型走向要依据地形以及地表的建筑物、构筑物的分布情况进行合理规划。将“BIM+GIS”技术引入综合管廊的设计中，可以有效避免不合理的线路规划，对不同的管廊建设方案进行比较，选择最优方案进行建设。

在推动铁路信息化建设的研究中，“BIM+GIS”“战线”较长，在地形复杂多变的工程项目中可以发挥极大的优势，而地下综合管廊刚好符合这一特性，将BIM技术与GIS技术结合应用于综合管廊的施工过程可以达到事半功倍的效果。

结合BIM技术，可以将收集到的二维地图、卫星地图和三维地质参数通过GIS建模构建出三维场景，根据三维场景对拟建综合管廊的线型走向进行规划设计，有效避开复杂环境中的重要建筑物，对于综合管廊施工可能影响到的交通压力大的重要枢纽在保证合理成本的情况下进行有效避让，选出地下综合管廊的线型，在满足管廊功能需求的同时做到成本合理，施工方便。

二、协同设计

协同设计是指为了完成某一个设计目标，达到设计功能需求，由两个或两个以上设计主体（不同专业/相同专业），通过一定的信息交换和项目协同的机制，分别以不同的设计任务共同完成一个设计目标，满足设计需求。

在城市地下综合管廊设计过程中，工程所经地形复杂多变，需要入廊的专业管线较多。其中，有很多专业管线如电力、热力等都是由各自有资质的专业公司进行勘测设计，但管廊内部空间有限，管廊内部管线密度高，各专业管线公司不仅要规划好本专业管线的位置，同时还应该考虑本专业和其他专业管线的相对位置，确保工程管线不相互影响。而综合管廊位于道路之下，同时埋设的又是危险系数较高的各类管线，为了保证综合管廊可以安全有序地运行，需要在管廊内及地面处设置一些附属设施系统，如消防、通风、供电、照明、监控报警和通信等，同时还需要在每个舱室设置特定的功能入口，如专门的人员出入口、逃生口、进风口、排风口、管线出入口、检修口、投料口等。

在工程设计的效率和质量方面，也会直接影响整体设计的效率和水平。采用BIM技术进行协同设计，将综合管廊项目中各专业设计的管线同时纳入管廊结构模型中，设计工作可以同时展开，专业信息可以实时关联，保证了信息的随时交流，提高了工程设计的效率和质量。将BIM技术应用在城市地下综合管廊工程的设计中，不仅可以提高其效率和质量，还可以根据设计将综合管廊的实体模型直观地展现，结合各专业管线模型以及附属设施模型，可以更清楚地发现设计中存在的问题，从而对设计进行有效的更改，同时也节约了人力及物力成本。

三、VR虚拟漫游

在综合管廊未施工之前，依照管廊的设计图纸进行各专业BIM模型绘制，将各专业BIM模型，如管廊支护体系、管廊结构、管廊各专业管线、监控与报警设备、消防设施、附属标识系统合成一个整体模型，利用VR技术，项目人员可以切身体会在管廊中的使用功能是否完善，工作是否方便，对设计中存在的不足进行及时修改。

基于以上分析，将BIM技术应用于地下综合管廊选型、协同设计和VR虚拟漫游，可以更好地满足管廊的功能需求，为施工降低风险和难度，有效降低建设工程的成本。

四、平台应用

结合BIM、GIS大数据、人工智能、物联网等新一代信息技术综合打造的智慧管廊运维管理平台，将是一个完全实现高度自动化运行的系统，从操作人员进廊前的保安工作到入廊后的人员追踪，都可用闭路电视或传感器了解他们的行动且能自动分析报警。例如，运用装有探测头和GPS定位系统的自动飞行器，使管理人员足不出户就能完成日常巡查，而且此飞行器上的探测头还可以进行智能拍摄，检测到管廊周围有异常能自动报警，使管理人员能够在最短的时间了解管廊安全状况并能立即做出适当的反应；运用人工智能闭路电视分析仪，一旦出现不正常情况，可以立即分析并报警，监控室内工作人员可以立即做出反应，这样既可以保证廊内工作人员的安全，也可以保证管廊内不会发生任何违规的行为。

（一）三维场景搭建

由于各种类型的地下管线在城市地下空间的共存，使得地下管线的布设犹如搅乱的线团，往往难以从二维信息想象立体空间中管线之间的位置关系，这种不清晰会给地下管线的建设带来阻碍甚至失误。以此构建三维地下管线场景来清晰地反映在交错复杂的地下各管线之间及管线与周边物体之间的空间位置关系，存在必要性。总体来说，城市地下管线的三维可视化，除了管线数据的探测、管线数据库的建立之外，主要是三维模型的建立，其中建模的关键在于特征点空间坐标的建模。

（二）监控中心

在管线的运营管理过程中，为保证人员、环境、设备的安全性和经济性，将数据集成在运维平台，搭建管线运行监控中心。通过监控中心人员，随时、准确、全面地掌握管廊各环节的运行状态，预测和分析管线及设备的运行趋势，对各环节运行中发生的问题做出及时准确的处理。通过多维度、全方位的监控管理，提高安全运营能力，更重要的是对管廊突发事故起到监控及预防的作用，而这些都有赖于监控中心对各类监控信息的直观显示。

监控中心的主要任务是确保管廊内管线及操控设备能正常运转，并在发生事故时能够迅速作出反应并进行处理，是整个监控与报警系统的神经中枢。监控中心通过自动化监视与侦测设备，将管廊内任一角落的状况资料迅速传递至监控室中，使管理人员可以随时掌握所有情况。

监控中心为用户提供了一个人性化和智能化的操作平台，使整个高科技、超复杂的系统在使用时轻松自如。它覆盖人员、设备、环境、动力、安全、运营等诸多环节，应用于安全监控类的人员定位、监测监控、通信、有毒气体抽排、风机监测、防火监测、安全生产监测与综合预警，以及供电集中监控、排水通风监控、管廊输送监控等重要环节，以满足全过程实时监控的需要，避免了在重要调度指挥中因系统操作过于复杂而造成难于控制的尴尬局面。

同时，监控中心可以满足综合调度、应急指挥、参观交流等多项功能的要求，大屏幕显示的各种图像画面具有灵活组合的特点，可以满足各种不同的监控、监测需求。

五、案例应用

（一）总体设计

通过 Revit 对该项目进行仿真建模分析，实现工程的多维度全方位立体可视，检验管廊布置的合理性，优化设计指标。利用 3DMAX、倾斜摄影、BIM 等建模技术，完成项目周边范围内地上建筑、市政道路、地下管网、地形地貌的三维模型建立。以三维模型为基础，搭建数字孪生城市地下管廊管理平台，平台包含完善的场景支撑体系、数据支撑体系和业务应用体系，在实现对大体量三维模型场景的轻量化处理、快速加载和旋转、平移、缩放等多方式浏览展现的同时，建立基于统一空间信息转换标准的GIS地理基础信息库、管网信息库、角色人员组织架构库、行业经济信息库、三维模型管理库等平台基础数据中心。最终，通过对接设备、消防、监控等不同系统，实现地下管廊在三维场景下的应用场景管控。

（二）管线专业

通过BIM技术，对管线、设备进行3D综合排布，使管线、设备整体布局有序、合理、美观，如图2-34所示，最大限度地提高和满足管廊内部空间，达到降本增效的目的。

图2-34　管廊内部管线安装三维示意图

（三）结构设计

以Revit模型为基础，直观地反应设计的合理性，并及时进行方案的调整，同时结合结构分析软件Midas，验证内力计算，同步调整设计方案。如图2-35所示。

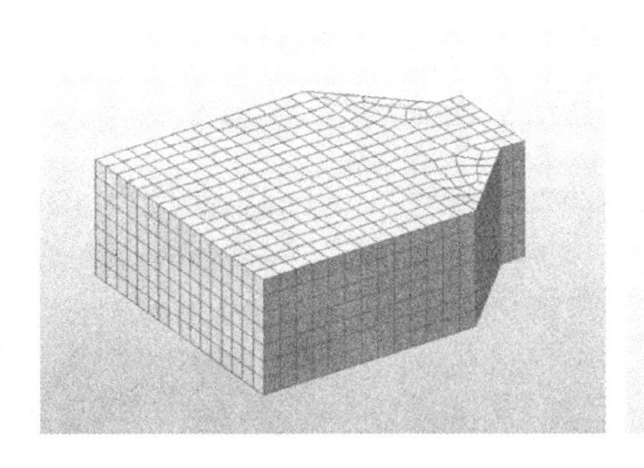
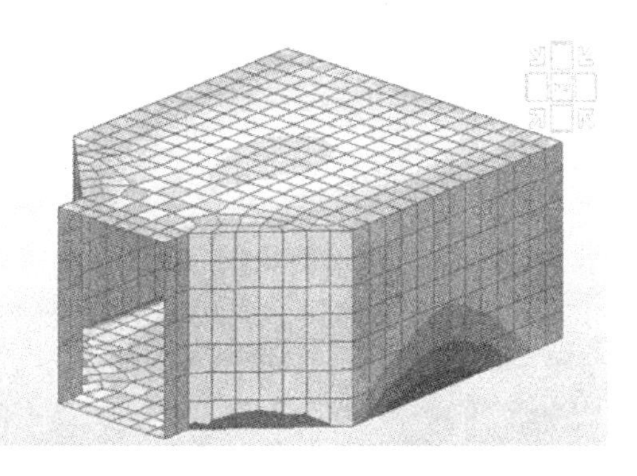

图2-35　Midas计算模型

（四）碰撞检测

碰撞检测是通过全面的“三维校审”，发现大量隐藏在设计、施工中的问题，在真实建造施工之前理论上能100%消除各类碰撞。如图2-36所示。

碰撞检测分为硬碰撞和软碰撞两种。硬碰撞是指实体与实体之间交叉碰撞；软碰撞实际并没有碰撞，但间距和空间无法满足相关施工要求。

在设计阶段，主要通过碰撞检测消除设计中的软碰撞，其中包括管线位置上的冲突、钢筋位置冲突等，并生成检测报告，统筹设计中的碰撞问题。

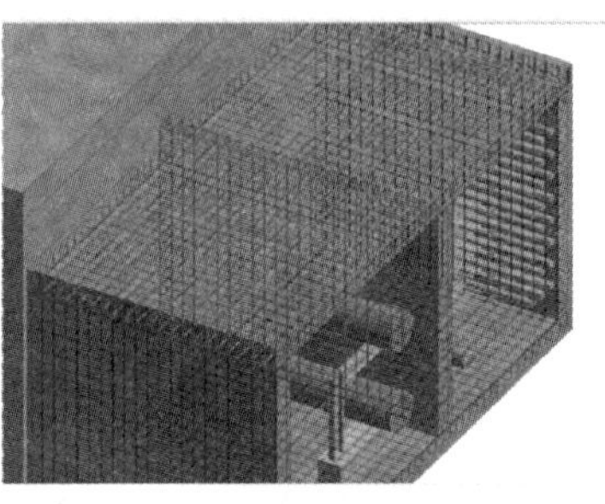

图2-36　碰撞检查

第六节　设计总结

威海市东部滨海新城地下综合管廊工程作为一个整体，是威海市综合管廊国家试点项目。本次项目共11个综合管廊小项，总长度33.23 km，总投资30.41亿元，建设期为2016～2018年，2018年开始运营。

该项目有给水、再生水、电力、热力、通信、燃气等六大类管线入廊。管廊断面从实际发展需求出发，以双舱断面为主，以单舱、三舱及缆线管廊为辅。该区域内所有燃气舱断面尺寸为B×H=2.0 m×2.4 m，采用预制装配式设计施工。

该项目覆盖了东部滨海新城全部区域，项目沿线地形地势变化大，部分范围存在丘陵山体，挖方量较大；部分范围需穿越逍遥河、石家河等河流沟渠，更有部分范围穿越黑松林风貌区等。以上种种不利条件，都要求在管廊设计阶段须要全面践行“精细化和全元素化”设计理念，协调好道路与管廊、管廊与河流沟渠、管廊与现状管线以及管廊与入廊管线等之间的关系。

该项目的建成在保障了管线供给安全的同时，打造了生态宜居城市样板，积累了“智慧城市3.0”建设经验，破解了海滨管廊建设难题，创新了管廊PPP投融资模式。

（一）紧跟规划脚步，合理进行综合管廊设计，积极践行市政基础设施的“多规合一”。

该项目紧跟《威海市地下综合管廊工程规划》的步伐，严格按照规划落地：在威海市东部滨海新城构建起了以金鸡路、松涧路为干线管廊，逍遥大道、纬四路、寨东路、湖东路、海安路、成大路等支线管廊的“三横三纵环网”的布局模式；“横向贯通、纵向延伸、环状闭合、网状分配的系统”共同搭建了一套容量充沛、分配合理、供给便捷的综合管廊系统。同时，在设计过程中也积极践行“多规合一”理念，考虑了地下空间开发、轨道交通建设等重要参数。如与各专项规划协调一致，设计过程中积极征询专业管线单位意见，与专项规划编制单位多次对接，深入研究区域管线系统布局，做到科学合理；提前预留轨道交通空间，为后期轨道交通建设创造条件。

（二）结合实际，借鉴经验，技术创新，打造一流综合管廊设计方案

（1）作为全国最大的顶管断面设计，通过巧妙构思，将工作接收井作为综合井，实现综合管廊建设与黑松林风貌区保护的双赢，用实际行动落实“绿水青山就是金山银山”的可持续发展建设理念。

松涧路综合管廊在穿越石家河时，河道宽约 200 m，周边为黑松林风貌保护带，宽约 600 m。若采用开挖施工方式，会对黑松林景观造成不可恢复的破坏，通过多方案论证，最终确定顶管施工方式。松涧路顶管工程采用了外径尺寸为 4.72 m 的混凝土顶管专用管，这属于目前全国最大的断面顶管尺寸。顶管工程中的工作井、接收井平均深度为 15 m，将顶管完成后的工作井、接收井功能进行扩展，作为管廊功能性孔口，兼顾通风、吊装、逃生及人员出入口功能。

（2）突破常规综合管廊入廊管线种类限制，总结燃气入廊设计经验，燃气舱设计施工进入工业化、标准化状态。

东部滨海新城综合管廊试点项目总长度 33.23 km，有给水、再生水、电力、热力、通信（含广电）、燃气等六大类管线入廊，其中，给水、电力、通信分别 33.23 km、再生水 27.43 km、热力 24.23 km、燃气 14 km。燃气入廊比例达到 40%，基本将所有燃气主管线能入廊则入廊。

在设计过程中，积极探索燃气管线入廊设计方案，严格遵守综合管廊技术规范，同时，结合燃气专业规范、征求燃气单位意见，最终在东部滨海新城确定了燃气舱室的统一规格，净尺寸为 $B \times H = 2.0\ \text{m} \times 2.4\ \text{m}$，并统一在预制厂进行预制。东部滨海新城的所有燃气舱室均采用预制装配式设计施工，将燃气舱设计施工推进到工业化、标准化状态。

（3）结合项目实际情况，打破常规上下两层出线方式，创造性地采用同层平交方式出线。

在以往的综合管廊出线井设计中，一般会采用上下双层或者顶板加高的方式进行出线。但在 S201 综合管廊设计过程中，受现状情况限制，无法采用常规方式。经过多次对接，深入研究，创造性地提出了同层平交的出线方式，即将顶板局部加高、底板同步降低，最终以单层的形式解决了 S201 管廊出线与地块衔接的问题。

（4）多种防水方式相结合，轻松应对不同天气、环境、施工工况下防水问题。

威海管廊采用非固化防水材料、自黏防水卷材、SBS 防水卷材相结合的防水方式。底板采用快速反应黏强力交叉膜双面自黏卷材，在底层干燥情况下直接刷冷底子油铺贴，潮湿情况下采用水泥浆湿铺，能满足不同天气情况下的施工要求，大大缩短工期；顶板采用 3 mm 厚 SBS 改性沥青防水卷材加 4 mm 厚改性沥青化学阻根穿刺防水卷材，有效避免了施工过程中顶板部位滑移现象。改性沥青化学阻根防水卷材的特殊性能，解决了植被根系破坏防水层的难题。

（5）解决滨海区域盐碱腐蚀难题。威海市作为海滨城市，滨海地区地下水位高，存在海水入侵现象，地下综合管廊的盐碱腐蚀较为严重，改性沥青化学阻根穿刺防水卷材具有很好的耐老化、耐酸、耐碱、耐化学腐蚀性能，非固化防水涂料自愈能力强、碰触即粘、难以剥离，解决了防水层的蹿水难题，使防水可靠性得到大幅度提高；另外，还能解决现有防水卷材和防水涂料复合使用时的相容性问题。这些都提高了管廊防水、防腐蚀性能，增加了防水卷材的使用年限，解决了管廊渗漏水问题。

（6）优化节点设计，通过孔口整合，减少管廊孔口数量，提升周边环境景观品质。

根据管廊设计规范，综合管廊需要结合防火分区设置通风口、吊装口、逃生口和人员出入口等，每个防火分区不超过 200 m，每个防火分区设1处吊装口，至少 1 处逃生口，每两个防火分区设 1 处 I/O 站等。众多的孔口设置对道路绿化景观影响较大，且金鸡路为威海市东部滨海新城南北向发展轴，绿化景观重要。因此，在管廊设计阶段，应优化节点设计，通过利用吊装口与自然通风口组合设置来减少孔口的数量，最大限度地降低综合管廊孔口对道路景观环境的影响。同时，将吊装口与通风口合建并采用地上形式，结合景观订制上部结构，实现管廊孔口与地块建筑、道路绿化景观协调共赢的效果。

第三章

施工篇

第一节　基础处理

一、规范相关要求

根据《城市综合管廊工程技术规范》（GB 50838—2015）中的9.2章节，基础工程相关要求有如下内容。

（1）综合管廊工程基坑（槽）开挖前，应根据围护结构的类型、工程水文地质条件、施工工艺和地面荷载等因素制定施工方案。

（2）土石方爆破必须按照国家有关部门规定，由专业单位进行施工。

（3）基坑回填应在综合管廊结构及防水工程验收合格后进行。回填材料应符合设计要求及国家现行标准的有关规定。

（4）综合管廊两侧回填应对称、分层、均匀。管廊顶板上部1 000 mm范围内回填材料应采用人工分层夯实，大型碾压机不得直接在管廊顶板上部施工。

（5）综合管廊回填土压实度应符合设计要求。当无其他设计要求时，应符合表3-1中的规定。

表3-1　综合管廊回填土压实度

检查项目		压实度/%	检查频率		检查方法
			范围	组数	
1	绿化带下	≥90	管廊两侧回填土按50 m/层	1（三点）	环刀法
2	人行道、机动车道下	≥95		1（三点）	环刀法

（6）综合管廊基础施工及质量验收除符合本节规定外，尚应符合《建筑地基基础工程施工质量验收标准》（GB 50202—2018）中的有关规定。

二、基础处理技术

（一）软土地基工程特性

在我国，软土分布较广泛，主要分布于东南沿海地区和内陆江河湖泊周边，如上海、珠海、海口、天津等地区。软土地质，对基坑施工具有一定的难度。软土的特征主要为压缩性高、强度低、透水性低。其工程特性有如下几个方面。

1. 含水量高，孔隙比大

软土含水量比较高，通常含水率为35%～80%，有的地区甚至达200%；其孔隙比较大，变化范围为1～2，最大时达6。

2. 抗剪强度低

软土的抗剪切强度很低，将极大危害工程施工。

3. 压缩性高

软土具有较高的压缩性，通常压缩系数a_{1-2}=0.5～1.5 MPa^{-1}，最大可达4.5 MPa^{-1}；压缩指数（CC）通常为0.35～0.75之间，含水量越大其压缩性也越大。

4. 渗透性小

软土的透水性非常低，渗透系数一般为$1\times10^{-8}\sim1\times10^{-6}$ mm/s，在荷载等其他重物的作用下，固结速率很慢，通常需要几十年。

5. 具有明显的结构性

软土的结构一般表现为絮状性，海相黏土的这种表现更明显。一旦受到扰动，其强度将明显降低，变形急剧增大，将会严重破坏地基处理的效果。

6. 具有明显的流变性

由于软土的特性，在荷载作用下，软土会产生固结沉降。在主固结沉降完毕之后还可能会继续发生不小的次固结沉降。此外，软土会产生缓慢的剪切变形，并可能会导致抗剪强度逐渐降低。

（二）软土地基常用处理方法

建筑物是以地基为支撑，当地基软弱不足以承载建筑物时，为了使地基承载力能够达到要求，此时需要对软弱地基进行加固设计，应根据设计要求对软弱地基进行预加固处理。常用的地基处理方法有以下几种。

1. 换填法

换填法是地基浅处理的一种方式，它是把地基影响范围内的软土层挖除，然后填入强度较大、稳定性较好的土层，经过层层压实达到所需要的强度及土层压实度。换填法主要是提高地层的强度，减少地层的变形及加速土层固结等。由于现场实际条件的限制，换填法一般只适用于浅地层加固处理，最大有效处理深度一般不超过 3 m。它适用于淤泥、淤泥质土、湿陷性黄土、素填土、杂填土、暗沟、泥塘等浅处理。

在公路施工中，一般采用的是开挖换填天然沙砾，即在一定范围内，把影响路基稳定性的淤泥软土用挖掘机挖除，用天然沙砾进行换置，开挖换填深度在 2 m 以内，采用分层填筑、分层压实、分层检测压实度的方法施工，从而改变地基的承载力特性，提高抗变形和稳定能力。在换填过程中，对于换填的天然沙砾中石头的粒径、含量和级配也应充分考虑，最好做试验检测，避免因无法压实而引起沉降。

浅层处理和深层处理很难明确划分界限，一般可认为地基浅层处理的范围大致在地面以下 5 m 深度以内。是否采用浅层人工地基不仅取决于建筑物荷载量值的大小，而且在很大程度上与地基土的物理力学性质有关。与地基深层处理相比，地基浅层处理一般使用比较简便的工艺技术和施工设备，耗费较少量的材料。

2. 复合地基法

复合地基是一种人工复合地基，由于天然地基承载力不够，不能满足强度、刚度要求，为此在天然地基中加入两种不同刚度（或弹性模量）的材料（桩体和桩间土），共同承受上部荷载并协调变形。根据桩体材料的不同和作用机理不同，复合地基可分为三大类，如图 3-1 所示。

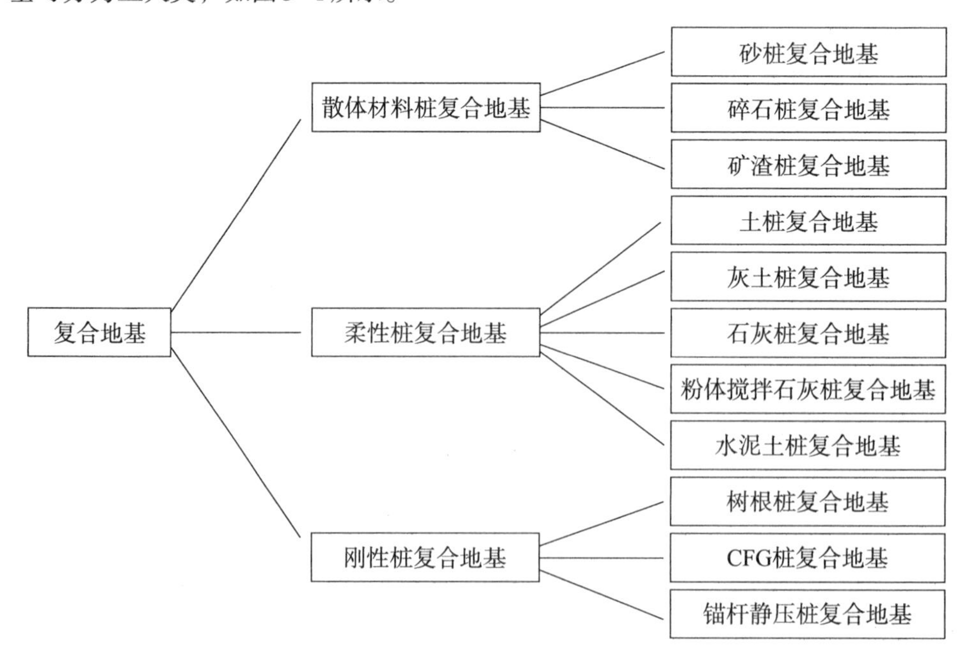

图 3-1

复合地基具有加速固结、挤密、加筋等作用。复合地基施工方便，造价不高且处理效果较好，因此在实际施工中应用较为广泛。

3. 排水固结法

排水固结法是在开始建造建筑物之前，提前对地基进行加载，使土体中的孔隙水逐渐排出，土体固结沉降加速，进而提高土体的强度。

排水固结法是对天然地基或先在地基中设置砂井（袋装砂井或塑料排水带）等竖向排水体，然后根据建筑物本身重量进行加载；或在建筑物建造前在场地上先行加载预压，使土体中的孔隙水排出，土体逐渐固结，地基发生沉降，同时强度逐步提高的方法。

排水固结的原理是地基在荷载作用下，通过布置竖向排水井（砂井或塑料排水带等），使土中的孔隙水慢慢排出，孔隙比减小，地基发生固结变形，地基土的强度逐渐增长。

排水固结法主要用于解决地基的沉降和稳定问题。为了加速固结，最有效的办法就是在天然土层中增加排水途径，缩短排水距离，设置竖向排水井（砂井或塑料排水带），以加速地基的固结，缩短预压工程的预压期，使其在短时期内达到较好的固结效果，使沉降提前完成；同时，加速地基土抗剪强度的提高，使地基承载力提高的速率始终大于施工荷载增长的速率，以保证地基的稳定性。

排水固结法适用于处理饱和土层和软弱土层，但对渗透性极低的泥炭土要慎重对待。按照采用的各种排水技术措施的不同，排水固结法可分为以下几种方法。

1）堆载预压法

在建筑场地临时堆填土石等，对地基进行加载预压，使地基沉降能够提前完成，并通过地基土固结提高地基承载力，然后卸去预压荷载建造建筑物，以消除建筑物基础的部分均匀沉降，这种方法就成为堆载预压法。

一般情况是预压荷载与建筑物荷载相等，但有时为了减少再次固结产生的障碍，预压荷载也可大于建筑物荷载，一般预压荷载的大小约为建筑物荷载的1.3倍，特殊情况则可根据工程具体要求确定。

为了加速堆载预压地基固结速度，堆载预压法常与砂井法同时使用，称为砂井堆载预压法。砂井法适用于渗透性较小的软弱黏性土，对于渗透性良好的砂土和粉土，无须用砂井排水固结处理地基；含水平夹砂或粉砂层的饱和软土，水平向透水性良好，不用砂井处理地基也可获得良好的固结效果。

2）真空预压法

真空预压指的是砂井真空预压。即在黏土层上铺设砂垫层，然后用薄膜密封砂垫层，用真空泵对砂垫及砂井进行抽气，产生负压，使地下水沿竖向排水路径排出地表，加速地基排水固结。真空预压是在总压力不变的条件下，使孔隙水压力减小、有效应力增加，而使土体压缩和强度提高。

3）降水预压法

降水预压是指用水泵抽出地基地下水以降低地下水位，减少孔隙水压力，使有效应力增大，促进地基加固。降水预压法特别适用于饱和粉土及饱和细砂地基。

4）电渗排水法

电渗排水是指通过电渗作用逐渐排出土中水。在土中插入金属电极并通以直流电，由于直流电场的作用，土中的水从阳极流向阴极，然后将水从阴极排除，而不让水在阳极附近补充，借助电渗作用可逐渐排出土中水。在工程上常利用此法降低黏性土中的含水量或降低地下水位来提高地基承载力或边坡的稳定性。

4. 强夯法

强夯法即强力夯实法，又称动力固结法，是利用大型履带式强夯机将 8～30 t 的重锤从 6～30 m 高度自由落下，对土进行强力夯实，迅速提高地基的承载力及压缩模量，形成比较均匀的、密实的地基，在一定深度内改变地基土的孔隙分布。

经过多年的实践及强夯设备的更新，强夯法施工目前已广泛运用于高速公路、铁路，机场、核电站、大工业区、港口填海等基础加固工程，并对相对较复杂的地质如高填方基础、高含水量基础、港口填海基础、海水吹填基础等都有成功的施工案例。强夯法适用于处理碎石土、砂土、低饱和度的粉土与黏性土、湿陷性黄土、素填土和杂填土等。强夯施工前，应在施工现场有代表性的场地上选取一个或几个试验区，进行试夯或试验性施工。试验区数量应根据建筑场地复杂程度、建设规模及建筑类型确定。

5. 深层搅拌法

我国地域广大，有各种成因的软土层，其分布范围广、土层厚度大。这类软土的特点是含水量高、孔隙比大、抗剪强度低、压缩性高、渗透性小、沉降稳定时间长。近年来，根据工业布局或城市发展规划，经常需要在软土地基上进行建筑施工。由于软土地基的建筑性能不良，因此需要对其进行人工加固。软土就地加固是基于最大限度利用原土，经过适当改性后作为地基，以承受相应的外力。其常用的加固方法有脱水、压密、加筋、固化等几类。

深层搅拌法是一种处理不良土质地基常用的有效方法，它是利用深层搅拌机在地基深处就地切削土体，以水泥、石灰等作为固化剂主剂，通过注入管将固化剂注入土体中，强制拌和固化剂和被切削的土体，从而形成稳定的加固体，以提高土体的强度和增大土体的弹性模量。

通过特制的深层搅拌机械，在地基中就地将软黏土和固化剂强制拌和，使软黏土硬结成具有整体性、水稳性和足够强度的地基土。根据上部结构的要求，可对软土地基进行柱状、壁状和块状等不同形式的加固。

深层搅拌机一般由双层管组成，外管下端带叶片，靠管上端的电动机带动旋转，内管供输送水泥或生石灰。中国制造的SJB-1型深层搅拌机采用三管并列，两侧管各带二叶片式搅拌头，中央管除支承两侧管外还兼作输浆管用，一次加固深度可达10 m。深层搅拌法在施工时，除深层搅拌机外，尚需起吊设备、固化剂制备泵送系统、控制操纵台等。

深层搅拌法有如下特点：① 施工无震动，无噪声，污染小，可在城区及建筑物密集区施工，受环境影响小。② 结构形式灵活多样，可根据工程需要，选择块状、柱状、壁状、格栅状等形状。③ 土体经处理后，重度基本保持不变，软弱下卧层不会产生较大附加沉降。④ 可根据土质和工程设计要求，选择合理的固化剂与配方，应用较灵活方便。⑤ 基本上不存在挤土效应，对周围地基影响小。

6. 高压喷射注浆法

高压喷射注浆法是把注浆管钻入预定深度后，通过地面的高压设备装置，利用注浆管上的喷嘴喷出20～40 MPa的高压射流冲击切削地基土体，同时，注入浆液并与土体进行混合，待凝结后，在土中形成具有一定强度的固结体，以达到加固土体、改良土体的目的。

7. 注浆法

注浆法是指利用气压、液压或电动化学原理，将具有流动性和胶结性能的浆液注入各种介质的裂隙、孔隙，形成强度高、结构致密、化学稳定性好和防渗性能好的固结体，以改善注浆对象的物理力学性能。

除了以上介绍的几种地基处理方法外，还有其他不同的方法，如加筋法、灰土挤密法等，以上方法可单独使用也可以几种方法配合施工，根据工程地质和施工条件灵活选择。

第二节　基坑支护

一、土钉墙支护结构

土钉墙是一种原位土体加筋技术，是将基坑边坡通过由钢筋制成的土钉进行加固，边坡表面铺设一道钢筋网，再喷射一层砼面层。其构造为设置在坡体中的加筋杆件（即土钉或锚杆）与其周围土体牢固黏结形成的复合体，以及面层所构成的类似重力挡土墙的支护结构。土钉墙亦称为喷锚支护，始于20世纪70年代，其设计理念源于隧道围岩支护技术“新奥法”。土钉墙是将土钉打入天然土体，由于土体与土钉之间的黏结力作用，使得土体和土钉一起形成整体结构，然后在土体表面上喷射一定厚度的混凝土，形成一个类似重力挡墙的结构区域，抵抗墙后土体压力，从而保持开挖面的稳定。这种结构的使用具有一定的局限性，一般用在地下水位较低的地区，安全等级为二级、三级的基坑。常见的土钉墙结构形式主要有单一土钉墙、水泥土桩复合土钉墙、微型桩复合土钉墙、预应力锚杆土钉墙。

在土体中直接打入钢管、角钢等型钢，以及钢筋、毛竹、圆木等，不再注浆。由于打入式土钉直径小，与土体间的黏结摩阻强度低，承载力低，钉长又受限制，所以布置较密，可用人力或振动冲击钻、液压锤等机具打入。直接打入土钉的优点是不需预先钻孔，对原位土的扰动较小，施工速度快；但在坚硬黏性土中很难打入，不适用于服务年限大于2年的永久支护工程，杆体采用金属材料时造价稍高，国内应用很少。

土钉墙有如下特点：合理利用土体的自稳能力，将土体作为支护结构不可分割的部分，结构合理；结构轻型，柔性大，有良好的抗震性和延性，破坏前有变形发展过程；密封性好，完全将土坡表面覆盖，没有裸露土方，阻止或限制了地下水从边坡表面渗出，防止了水土流失及雨水、地下水对边坡的冲刷侵蚀；土钉数量众多，即便个别土钉有质量问题或失效对整体影响不大，有研究表明，当某条土钉失效时，其周边土钉中，上排及同排的土钉分担了较大的荷载；施工所需场地小，移动灵活，支护结构基本不单独占用空间，能贴近已有建筑物开挖，这是桩、墙等支护难以做到的，故在施工场地狭小、建筑距离近、大型护坡施工设备没有足够工作面等情况下，显示出其独特的优越性；施工速度快，土钉墙随土方开挖施工，分层分段进行，与土方开挖基本能同步，不需养护或单独占用施工工期，故多数情况下施工速度较其他支护结构快；施工设备及工艺简单，不需要复杂的技术和大型机具，施工对周围环境干扰小；由于孔径小，与排桩支护等施工方法相比，穿透卵石、漂石及填石层的能力更强一些；施工方便灵活，在开挖面形状不规则、坡面倾斜等情况下施工不受影响；边开挖边支护便于信息化施工，能够根据现场监测数据及开挖暴露的地质条件及时调整土钉参数，一旦发现异常或实际地质条件与原勘察报告不符时能及时调整相应设计参数，避免出现大的事故，从而提高了工程的安全可靠性；材料用量及工程量较少，工程造价较低，据国内外资料分析，土钉墙工程造价比其他类型支挡结构一般低1/5～1/3。

二、排桩支护结构

排桩支护结构指通过打桩机将桩体成排打入地下而形成的挡土或挡土止水结构。排桩支护结构应用范围较广，主要有以下几种类型。

（一）型钢桩

型钢桩一般用于开挖深度不超过6 m的基坑，桩间距一般为1～1.2 m。当受到地下水作用影响时，需进行降水。型钢桩围护结构打桩时噪声大，因此一般在郊区距离居民点远的地点使用。型钢桩施工简便，造价低，对环境污染小，必要时型钢桩可拔出来反复利用。但是型钢桩施工时噪声大，在地下水位以下时止水效果差。

型钢桩在多种地层中的贯入能力较强，此外，其对地层产生的扰动较为轻微，是部分挤土桩的一种。若打入桩在中心处的间距较小，可使用H型钢桩替换其他的挤土桩，从而预防因为打桩作业而引起地面不良现象，如侧向挤动、隆起等。

在工业厂区内进行厂房建造和改造过程中，经常靠近旧有厂房和铁道旁，为保证邻近建筑物附属设施等的安全，需要在土方开挖时对坑壁进行支护来加以保护，而型钢桩由于具有施工方便、强度高、进度快、就地取材等特点，得到广泛利用。

（二）预制混凝土板桩

常用的预制混凝土板桩截面形式有矩形、“T”形、“工”字形及“口”字形。矩形截面板桩制作方便，桩间采用槽榫接合，是实际施工中采用最多的形式。预制混凝土板桩施工困难，挤土现象严重，一般使用后不能拔出。

由于国内长期以来仅限于锤击沉桩，且锤击设备能力有限，桩的尺寸、长度受到一定限制，基坑适用深度有限，钢筋混凝土板桩应用和发展一度低迷。随着沉桩设备的发展，且沉桩方法除锤击外又增加了液压沉桩、高压水沉桩，支撑方式从简单的悬臂式、锚碇式发展到斜地锚和多层内支撑等各种形式，给钢筋混凝土板桩带来了广泛的应用前景。

（三）钢板桩支护

钢板桩一般适用于开挖 7 ~ 8 m 的基坑，其施工灵活、制作方便、板桩强度高、板桩可拔出重复使用等，桩与桩之间连接紧密，具有较好的止水效果，是一种常用的挡土结构。钢板桩的截面形式有多种，常见的有“U”形和“Z”形，在我国应用最多的是拉森钢板桩。钢板桩施工会产生噪声，在软弱土层中采用时，由于板桩刚度小，变形大，通常需要与多道支撑结合使用。钢板桩在新的时候止水效果较好，随着重复使用，止水效果会变差，其止水效果与钢板桩的新旧、整体性及施工质量等相关。

深基坑支护的钢板桩是由带锁口或钳口的热轧型钢定制而成的，把这种钢板桩有序连接起来就形成了钢板桩墙。

（四）钢管桩支护

钢管桩具有更大的刚度，受力更大，在软弱土层中可以有更大的开挖深度。钢管桩施打困难，噪声大，止水效果差，在含水地区需与止水帷幕配合使用。

（五）钻孔灌注桩支护

钻孔灌注桩一般采用机械成孔，人工挖孔时深度一般不超过 25 m。采用泥浆护壁成孔时，噪声低，对周边地层、环境影响小，适于城区施工，但其止水性不好，在含水地区需配合止水帷幕使用。钻孔灌注桩刚度大，应用场地较宽泛，普遍适用于深大基坑；但是其造价高，泥浆护壁成孔施工时产生的泥浆对环境有污染，止水效果差，需降水或者配合止水帷幕，如旋喷桩、搅拌桩等。近年来，素混凝土桩和钢筋混凝土桩间隔布置的钻孔咬合桩具有止水作用，应用较多，可直接作为止水帷幕。

在开挖基坑周围，用钻机挡土灌注桩支护钻孔，下钢筋笼，现场灌注混凝土桩，桩间距为 1 ~ 1.5 m，成排设置，上部设联系梁，在基坑中间用机械或人工挖土，下挖 1 m 左右装上横撑，在桩背面装上拉杆与已设锚桩拉紧，然后继续挖土至要求深度。

三、SMW 工法桩

SMW 工法是以多轴型钻掘搅拌机在现场向一定深度进行钻掘，同时在钻头处喷出水泥系强化剂与地基土反复混合搅拌，在各施工单元之间则采取重叠搭接施工，然后在水泥土混合体未结硬前插入 H 型钢或钢板作为其应力补强材，至水泥结硬，便形成一道具有一定强度和刚度的、连续完整的、无接缝的地下墙体。

SMW 工法桩是近年来兴起来的一种基坑支护方式，在我国上海等软土地区已有工程实践。SMW 工法桩是利用搅拌设备就地切削土体，然后注入水泥类混合浆液并搅拌形成比较均匀的水泥土搅拌墙，再在墙中插入型钢，形成的一种强度大、刚度大的劲性复合围护结构。其型钢间距需经过计算和平面布置确定，实际施工中常用的型钢内插形式有密插型、插二跳一型和插一跳一型三种。

SMW 工法桩有以下特点：刚度大，可用在深大基坑；内插的型钢可拔出重复使用，经济性好，拟拔出的型钢重复使用时，需要对其进行除锈、涂减阻剂，减小插入土体中的阻力；其用于软土地区时一般变形较大。

SMW 工法桩最常用的是三轴型钻掘搅拌机，其中钻杆有用于黏性土、砂砾土和基岩之分。此外，还研制了其他一些机型，用于城市高架桥下施工等，如空间受限制的场合、海底筑墙或软弱地基加固。

SMW 工法桩作为一项推广应用的新技术，在满足工程技术要求的前提下，选用 SMW 工法作为围护结构，具有地下连续墙和钻孔灌注桩加隔水帷幕作为围护结构不可比拟的优势。因此，作为投资方、设计方，在经过技术、经济方面的论证比较后，一般会优先选用 SMW 工法桩作为围护结构。因此，作为施工企业就必须加强 SMW 工法桩的施工管理和技术创新工作，树立在 SMW 工法桩施工方面的品牌效应，提高企业在竞标方面的竞争力。

随着国家经济的高速发展，资源和能源问题正成为制约经济增长的主要问题，因此国务院及时提出了建设节约型社会和发展循环经济的政策。针对土建施工行业，为实现上述目标，主要的方法：争取在施工中使用能周转的施工材料和采用保证施工材料能重复使用的施工工艺，实现循环使用，提高资源利用率，尽量减少采用一次性材料消耗的施工工艺。SMW 工法桩的 H 型钢可以重复利用，一般可使用四次以上；而在地下连续墙和钻孔灌注桩作为围护的施工工艺中使用的大量钢筋却不能回收重复利用，造成了钢铁资源的极大消耗。我国已经成为世界上钢铁产量和消耗第一大国，而且我国的钢铁对外依赖度很高，主要体现在铁矿石资源上的紧缺，大部分需要进口。因此，须尽量采用像 SMW 工法桩这样能降低钢铁等资源消耗的施工工艺。

随着地铁车站、地下市政道路、地下变电站及地下商场等地下空间的开发利用，作为施工期间的围护结构大部分永久性地埋在了地下。类似原来这样的围护结构影响后续地下空间资源开发的情况还有很多。而如果采用 SMW 工法桩作为围护结构，就不会产生此问题。在我国 SMW 工法桩中 H 型钢大部分都被拔除回收。虽然在日本 SMW 工法作为围护结构时，H 型钢大部分不被拔除，造成地下空间资源污染的问题，但是中国的土木工程师应该在研究和消化吸收日本成功的 SMW 工法工艺上，创新出更好的施工方法和施工工艺，以有助于环境保护。

四、地下连续墙

地下连续墙开挖技术起源于欧洲。它是根据打井和石油钻井使用泥浆和水下浇注混凝土的方法发展起来的。1950年，在意大利米兰首先采用了护壁泥浆地下连续墙施工，20世纪50～60年代该项技术在西方发达国家及苏联得到推广，成为地下工程和深基础施工中有效的技术。

地下连续墙是在地面上采用一种挖槽机械，沿着深开挖工程的周边轴线，在泥浆护壁条件下，开挖出一条狭长的深槽，清槽后，在槽内吊放钢筋笼，然后用导管法灌筑水下混凝土筑成一个单元槽段，如此逐段进行，在地下筑成一道连续的钢筋混凝土墙壁，作为截水、防渗、承重、挡水结构。地下连续墙的特点是：施工振动小，墙体刚度大，整体性好，施工速度快，可省土石方，可用于密集建筑群中建造深基坑支护及进行逆作法施工，可用于各种地质条件下如砂性土层、粒径50 mm以下的沙砾层中施工等，适用于建造建筑物的地下室、地下商场、停车场、地下油库、挡土墙、高层建筑的深基础、逆作法施工围护结构。

经过几十年的发展，地下连续墙技术已经相当成熟，日本在此技术上最为发达，目前地下连续墙的最大开挖深度为140 m，最薄的地下连续墙厚度为20 cm。

1958年，我国水电部门首先在青岛丹子口水库用此技术修建了水坝防渗墙。到目前为止，全国绝大多数省份都先后应用了此项技术，估计已建成的地下连续墙面积为$120\times10^4\sim140\times10^4\,m^2$。

地下连续墙已经并且正在代替很多传统的施工方法，应用于基础工程的很多方面。在它的初期阶段，基本上都是用作防渗墙或临时挡土墙。通过开发使用许多新技术、新设备和新材料，现在已经越来越多地用作结构物的一部分或用作主体结构，最近十年更是被用于大型的深基坑工程中。

五、重力式水泥土墙

重力式水泥土墙一般用于较浅基坑支护，一般基坑开挖深度不超过7 m，常用于沿海和南方地区。由于重力式水泥土墙刚度低，墙体抗变位性差，因此其一般适用于基坑安全等级较低的基坑开挖。当水泥土墙支护结构位移超过设计估计值时，应予以高度重视，同时做好位移观测，掌握发展趋势。如果位移持续发展，超过设计值较多时，则应采用水泥土墙背后卸载、加快垫层施工及加大垫层厚度和加设支撑等方法及时进行处理。

六、逆作拱墙

逆作拱墙结构是将基坑开挖成圆形、椭圆形等弧形平面，并沿基坑侧壁分层逆作钢筋混凝土拱墙，利用拱的作用将垂直于墙体的土压力转化为拱墙内的切向力，以充分利用墙体混凝土的受压强度。墙体内力主要为压应力，因此墙体可做得较薄，多数情况下不用锚杆或内支撑就可以满足强度和稳定性的要求。

其基坑侧壁安全等级宜为三级；淤泥和淤泥质土场地不宜采用；拱墙轴线的矢跨比不宜小于1/8；基坑深不宜大于12 m；地下水位高于基坑地面时，应采取降水或截水措施。

七、钢板桩悬臂

钢板桩悬臂是防护桩的一种，其形状长而扁，可用于低边坡、基坑等的防护，一般采用强夯的办法打入。它作为排桩墙支护结构常用的一种类型桩，具有施工简单、现场作业周期短等特点，曾在基坑中广泛应用，但由于钢筋混凝土板桩的施打一般采用锤击方法，振动与噪声大，同时沉桩过程中挤土也较为严重，在城市工程中受到一定限制。其制作一般在工厂预制，再运至工地，成本较灌注桩等略高。但由于其截面形状及配筋对板桩受力较为合理并且可根据需要设计，目前已可制作厚度较大的板桩，并有液压静力沉桩设备，故在基坑工程中仍是支护板墙的一种使用形式。钢板桩能够延长渗径，减少渗透坡降，在水利水电施工中，其一般设在需防渗建筑物上游侧。

（一）施工造价低

该工法与土钉墙相比具有开挖面积小、征地面积小、土方开挖量小的优点，与工法桩相比具有设备简单、材料可重复利用、施工成本低的优点。

（二）施工速度快

该支护形式无内支撑，大大加快了基坑开挖速度。工法桩和普通钢板桩每4～5 m就有一道内支撑，内支撑施工完毕后，给挖掘机进行土方开挖造成极大的困难，限制了出土速度。以30 m为一个标准段计算，有内支撑的支护形式开挖土方共需3 d，使用该工法仅需1 d，施工工期缩短了约60%。

（三）绿色环保

该工法不产生建筑垃圾，材料全部重复利用，隔水性能好，符合“建筑业十项新技术”绿色施工技术中的基坑施工封闭降水技术的要求。

八、组合式围护

组合式围护结构是以上几种方式的相结合。通过组合，可以使支护结构受力更加合理，并可显著提高经济效益。

九、基坑支护的工作内容

一项工程的基坑支护包括支护设计、支护结构施工、降水及土方开挖、基坑监测等工作内容。

基坑支护设计须具有资质的设计单位完成，一项完整的基坑支护设计包括竖向围护结构、基坑周边的隔水层（隔水帷幕）、水平支撑（或拉锚）、降水井（或排水沟）、局部深坑支护设计、基坑支护与开挖施工及监测要求等。基坑支护设计之前应收集下列资料：① 岩土工程的勘察报告。② 用地红线图、建筑总平面图、地下结构平面图和剖面图。③ 邻近建（构）筑物和地下设施的类型、分布情况、结构概况。④ 场地周围地下管线的分布、埋深、类型等。

支护结构施工包括由专业施工队伍完成的竖向围护结构、隔水层（止水帷幕）、水平支撑（或拉锚），以及局部地基加固等。SMW 工法桩、排桩类竖向围护结构及隔水帷幕，均须在土方开挖前完成，并达到设计要求的强度；土钉、锚杆与土方开挖穿插进行，先沿基坑周边开挖满足土钉、锚杆施工的工作面（工作面宽度按相应位置土钉、锚杆长度加合理工作宽度确定），深度为坡面土钉或锚杆中心线以下 200 mm，待土钉或锚杆完成并养护达到设计要求的强度，再开挖基坑周边下一层土方。

常用的基坑降水形式主要有轻型井点降水和管井降水两类，管廊基坑开挖深度常超过 5 m，均应进行基坑监测。基坑监测由具有资质的独立于施工方和建设方的第三方单位完成，监测对象包括 7 个方面：支护结构、地下水状况、基坑底部及周边土体、周边建筑、周边管线及设施、周边重要的道路、其他应监测的对象。根据《建筑基坑工程监测技术标准》（GB 50497—2019），仪器监测的项目如表 3-2 所示。

表3-2 基坑工程监测表

基坑类别	监测项目																			
	围护墙（边坡）顶部水平位移	围护墙（边坡）顶部竖向位移	深层水平位移	立柱竖向位移	围护墙内力	支撑内力	立柱内力	锚杆内力	土钉内力	坑底隆起（回弹）	围护墙侧向土压力	孔隙水压力	地下水位	土体分层竖向位移	周边地表竖向位移	周边建筑	倾斜	水平位移	周边建筑、地表裂缝	周边管线变形
一级	应测	应测	应测	应测	宜测	应测	可测	应测	宜测	宜测	宜测	宜测	应测	宜测	应测	应测	应测	应测	应测	应测
二级	应测	应测	应测	宜测	可测	可测	可测	宜测	可测	可测	可测	可测	应测	可测	应测	应测	宜测	宜测	应测	应测
三级	应测	应测	宜测	宜测	可测	可测	可测	可测	可测	可测	可测	可测	应测	可测	宜测	应测	可测	可测	应测	应测

十、支护结构施工

（一）土钉墙施工

土钉有钢筋土钉和钢管土钉，有击入式土钉和钻孔植入土钉。击入式土钉有冲击打入、静力压入和自钻植入，成孔方式有人工洛阳铲成孔和机械成孔，机械成孔又分为干成孔和淡成孔两大类。因此，其施工工艺随土钉和施工机械的不同而不同。下面以干成孔钢筋土钉地支护为例做简要说明。

1. 施工工艺流程

土钉：开挖工作面→修整边坡→测放土钉位置→钻机就位→钻孔至设计深度、清孔→安装土钉→压力灌浆→移至下一孔位。在完成一段土钉之后，即可进行面层喷射混凝土施工。

面层喷射混凝土：面层平整→绑扎钢筋网片、干配混凝土料→安装泄水管→喷射混凝土→养护。

2. 施工要点

1）挖土及修坡

土钉应按照设计规定分层、分段开挖，做到随时开挖、随时支护，随时喷射混凝土，在完成上层作业面的土钉与混凝土之前，不得进行下一层土的开挖。

2）钻孔

（1）采用干作业法钻孔时，要注意钻进速度，避免卡钻。要把土充分倒出后再拔钻杆，这样可减少孔内虚土，方便钻杆拔出。

（2）在钻进过程中随时注意速度、压力及保持钻杆平直，待钻至规定深度后根据情况用气或水反复冲洗钻孔中的泥沙，直至清洗干净，然后拔出钻杆。

（3）钻孔深度要比设计深度多100 ~ 200 mm，以防深度不够。

3）土钉的安设

土钉应由专人制作，接长采用电弧焊，按间距1 000 ~ 2 000 mm设对中架，钻孔后应立即插入土钉以防塌孔。

4）注浆

（1）注浆通常采用简便的重力式注浆，使用钢管或PVC管插入孔内注浆。条件许可时也可采用压力注浆，此时应设置止浆塞，注满后保持压力1 ~ 2 min，注浆压力为0.4 ~ 0.6 MPa。

（2）灌注材料采用水泥浆，水灰比宜为0.45 ~ 0.55，宜采用325普通硅酸盐水泥，为加快凝固，可掺速凝剂，但使用时要搅拌均匀，搅拌时间不小于2 min。整个灌注过程宜在4 min内完成，每次搅拌的浆液要在2 h内用完。

（3）每次注浆完毕，应用清水冲洗管路，以便下次注浆时能够顺利进行。

5）喷射混凝土

（1）按照设计要求修整边坡，坡面的平整度允许偏差为±20 mm，喷射前松动部分应予以清除。土钉墙顶的地面应做混凝土护面，宽度1 m左右，在坡面和坡脚应采取适当的排水措施。

（2）在喷射混凝土前，面层内的钢筋网片应牢固地固定在边坡壁上，并应符合下列要求：① 钢筋使用前必须调直、除锈。② 钢筋与坡面的间隙不应小于20 mm，符合保护层要求，可用短钢筋插入土中固定。③ 钢筋网片采用绑扎方式，网格允许偏差10 mm，钢筋搭接长度不小于一个网格的边长，并且不小于30倍的钢筋直径。

（3）喷射混凝土的厚度为80～100 mm，强度等级不小于C20，优先选用早强型硅酸盐水泥和普通硅酸盐水泥，采用湿法喷射时水灰比宜为0.42～0.5，现场过磅计量。喷射作业应分段、分片进行，同一段应自下而上，喷头与受喷面距离宜控制在0.8～1.5 m，射流方向垂直指向喷射面，为保证喷射混凝土厚度达到规定值，可在边壁上垂直插入短钢筋作为标志。喷射混凝土终凝2 h后，应进行养护，24 h后应喷水养护。

当喷射混凝土厚度超过10 m时分层喷。先在坡面喷射不超过40 mm厚的凝土，然后安装钢筋网片，第一层混凝土终凝后再喷下一层混凝土。

（二）型钢水泥土搅拌墙施工

型钢水泥土搅拌墙（SMW法）由三轴水泥土搅拌桩、插入其中的型钢、冠梁组成，在水泥土未结硬之前插入H型钢搭接搅拌桩的施工的相邻桩的施工间歇时间不宜超过12 h，不应超过24 h。

1. 施工工艺流程

测量放样→开挖沟槽→设置导向定位型钢→三轴搅拌桩机就位，校正复核桩机水平度和垂直度→拌制水泥浆液，开启空压机，送浆至桩机钻头→采用两搅两喷工艺，切割土体下沉至设计桩底再返回桩顶→H型钢垂直起吊、定位，校核垂直度→插入、H型下施三轴搅拌机退场，清理涌土→冠梁施工→（挖土安装内支撑，管廊主体结构施工，回填土）→拔除H型钢。

2. 施工要点

1）开沟槽

（1）根据测定的水泥土搅拌桩中心线，使用挖掘机沿中心线纵向开掘导向沟槽，以满足桩机就位及存放上返泥浆的要求。沟槽宽度以搅拌桩宽度加350～400 mm为宜，深度以1 200 ~ 1 500 mm为宜。

（2）场地遇有地下障碍物时，应将障碍物破除干净并回填压实，重新开挖沟槽。如遇较深的暗浜区，应对浜土的有机物含量进行调查，若影响成桩质量则应清除换土。

2）安装定位型钢

在平行导向沟的槽边设置定位H型钢，定位H型钢必须放置固定好，必要时相互点焊连接固定，保持上表面大致水平，在定位H型钢上标出搅拌桩和型钢插入位置。定位型钢规格一般按表3-3选用。

表3-3　定位型钢规格表

搅拌桩直径/mm	上定位型钢		下定位型钢	
	规格	长度/m	规格	长度/m
650	H300 × 300	8 ~ 12	H200 × 200	2.5
850	H350 × 350	8 ~ 12	H200 × 200	2.5
1 000	H400 × 400	8 ~ 12	H200 × 200	2.5

3）桩机就位

桩机就位、移动前应全方面观察，发现有障碍物应及时清除，移动结束后检查定位情况并及时纠正，就位平面误差为±20 mm。桩机应平稳，开钻前用水平尺将平台调平，并训直机架，确保机架垂直度不大于1/250。

4）喷浆、搅拌成桩

（1）水泥宜采用强级不低于42.5级的普通硅酸盐水泥，材料用量和水灰比应结合土质条件和机械性能等指标通过现场试验确定，并宜符合表3-4的规定。在填土、淤泥质土等特别软弱的土中以及在较硬的砂性土、砂砾土中钻进速度较慢时，水泥用量宜适当提高。

表3-4　搅拌桩材料用量及水灰比表

土质条件	单位被搅拌土体中的材料用量		水灰比
	水泥/（kg/m^3）	膨润土/（kg/m^3）	
黏性土	≥360	0 ~ 5	1.5 ~ 2.0
砂性土	≥325	5 ~ 10	1.5 ~ 2.0
砂砾土	≥290	5 ~ 15	1.5 ~ 2.0

（2）在施工中根据地层条件、搅拌桩深度，确定并严格控制钻机下沉速度和提升速度，确保搅拌时间。钻头下沉速度宜为0.5～1.0 m/min，提升速度宜为1.0～2.0 m/min，均应匀速下钻、匀速提升，下沉和提升过程中均应喷浆搅拌。对含沙量大的土层，宜在搅拌桩底部2～3 m范围内上下重复喷浆搅拌一次。当邻近保护对象时，搅拌下沉速度宜控制在0.5～0.8 m/min，提升速度宜控制在1 m/min内；喷浆压力不宜大于0.8 MPa。

5）插入、固定H型钢

（1）型钢接头位置应避开支撑位置或开挖面附近等型钢受力较大处；相邻型钢的接头竖向位置宜相互错开，错开距离不宜小于1 m，且型钢接头距离基坑底面不宜小于2 m；单根型钢中焊接接头不宜超过2个，接头焊缝不应低于Ⅱ级，在腹板中心距H型钢顶端200 mm处开一个圆形孔，孔径约100 mm，作为插入型钢时的吊装孔。

（2）对于要拔出的H型钢，插入前要在型钢表面均匀涂刷减摩剂，并晾干。基坑开挖后，设置支撑钢牛腿时，须清除型钢外露部分的涂层，方能电焊。地下结构完成后拆除支撑，清除钢牛腿和牛腿周围的混凝土，并磨平型钢表面，重新均匀涂刷减摩剂，否则型钢难以拔出。

（3）待水泥土搅拌桩施工完毕后，吊机应立即就位，准备吊放H型钢。型钢必须保持垂直状态，垂直度偏差不大于1/200。型钢宜在搅拌桩施工结束后30 min内插入。①插入型钢前，在桩机定位型钢架上安装插入H型钢的导向架，然后将H型钢底部中心对正桩位中心，沿导向架依靠自重缓慢、垂直插入水泥土搅拌桩内。最后将H型钢穿过吊筋搁置在导向架上，待水泥土搅拌桩达到一定硬化时间后，将吊筋与导向架、沟槽定位型钢撤除。②若H型钢依靠自重插放达不到设计标高时，则需施加静力（必要时加震锤）辅助下沉，下插过程中跟踪控制H型钢垂直度。严禁采用多次重复起吊型钢并松钩下落的插入方法，也不得采用自由落体式下插，防止H型钢的标高、平面位置、垂直度超差。

6）冠梁施工

型钢水泥土搅拌墙的顶部应设置封闭的钢筋混凝土冠梁，冠梁宜与第一道支撑的围檩合二为一。型钢顶部高出冠梁顶面不应小于500 mm，型钢与冠梁间的隔离材料应采用不易压缩的材料。

7）拔除H型钢

在围护结构完成使用功能，管廊外壁与搅拌墙之间回填密实后，可拔除H型钢。根据基坑周边环境，可采用跳拔、限制每日拔除数量等措施，减小对环境的影响。一般利用吊车配合液压千斤顶拔除，搅拌墙外侧场地应具有超过吊车回转半径6 m的施工作业面。顶升夹具将H型钢夹紧后，用千斤顶反复顶升夹具，直至吊车配合将H型钢拔出。拔出过程中吊车应对逐渐升高的型钢跟踪提升，直至全部拔出，运离现场。型钢拔出后留下的空隙应及时注浆填充。

十一、拉森钢板桩施工

拉森钢板桩和型钢钢板桩的沉桩机械种类繁多，目前在管廊工程中应用较多的是振动液压打桩机，使用该机械施工拉森钢板桩和型钢钢板桩的方法基本相同，本小节仅讲述拉森钢板桩的施工。

（一）施工工艺流程

钢板桩准备→放设沉桩定位线→根据定位线控设沉桩导向槽→整修平整施工机械行走道路→打桩→（基坑支撑→挖土→管廊结构施工→填土）→拔除钢板桩。

（二）施工要点

1. 打桩前准备

打桩前，在板桩的锁口内涂油脂，以方便打入拔出。施打前一定要熟悉地下管线、构筑物的情况，进行必要的迁改、清理。测量出钢板桩的轴线，可每隔一定距离设置导向桩，导向桩直接使用钢板桩，然后将挂绳线作为导线，打桩时利用导线控制钢板桩的轴线。

2. 钢板桩施打

（1）钢板桩用吊机带振锤施打，其主要设备是吊机（或去掉挖斗的挖掘机）加上高频液压振动锤。在插打过程中随时测量监控每块桩的斜度不超过 1%，当偏斜过大不能用拉齐方法调正时，拔起重打。

（2）最初的第一、二根钢板桩要确保沉桩精度，以保证后续沉桩竖直以及基坑开挖时的防水效果。用两台经纬仪在两个方向控制其垂直度，现场准备导链等常用工具，以保证对其随时纠偏，每完成 3 m 测量校正 1 次，确保其在同一纵直线上。

（3）管廊工程钢板桩施打较多采用屏风式打入法。屏风式打入法不易使板桩发生屈曲、扭转、倾斜和墙面凹凸，打入精度高，易于实现封闭合拢。施工时，将 10 ~ 20 根板桩成排插入导架内，使其呈屏风状，然后再施打。通常将屏风墙两端的一组板桩打至设计标高或一定深度，严格控制垂直度并用电焊固定在围檩上，然后在中间按顺序分 1/3 或 1/2 板桩高度打入。

屏风式打入法的施工顺序有正向顺序、逆向顺序、往复顺序和复合顺序等。施打顺序对板桩垂直度、位移、轴线方向的伸缩、板桩墙的凹凸及打桩效率有直接影响。因此，施打顺序是板桩施工工艺的关键。其选择原则：当屏风墙两端已打设的板桩呈逆向倾斜时，应采用正向顺序施打；反之，用逆向顺序施打。当屏风墙两端板桩保持垂直状况时，可采用往复顺序施打。当板桩墙长度很长时，可用复合顺序施打。

钢板桩打设的允许偏差如表3–5所示。

表3–5　钢板桩打设允许偏差表

项目	允许偏差	项目	允许偏差
钢板桩轴线偏差	±100 mm	钢板桩垂直度	≤1%
钢桩顶标高	±100 mm	—	—

3. 钢板桩拔除

拔桩采用液压振动锤，利用振动锤产生的强迫振动，扰动土质，破坏板桩周围土的黏聚力以克服拔桩阻力，依靠附加起吊力将桩拔除。

（1）拔桩机械在满足拔桩要求的前提下，要尽量远离钢板桩，减小钢板桩所受的侧压力，以便顺利拔桩。

（2）对封闭式板桩墙，拔桩起点应离开角桩5根以上。可根据沉桩时的情况确定拔桩起点，必要时也可用跳拔的方法。拔桩的顺序最好与打桩时相反。

（3）对引拔阻力较大的板桩，采用间歇振动的方法，每次振动15 min，振动锤连续振动不超过1.5 h。

（4）可在桩侧堆积中砂或细砂，边振动拔桩边沉入砂子，将桩孔填满。

十二、长螺旋钻孔压灌桩施工

长螺旋钻孔压灌桩是采用长螺旋钻机钻孔至设计标高，在提钻的同时利用混凝土泵通过钻杆中心通道将混凝土从钻头底压出，边压灌混凝土边提升钻头直至成桩，然后利用专用装置将钢筋笼一次插入混凝土桩体，形成钢筋混凝土灌注桩；插入钢筋笼的工序应在压灌混凝土工序后连续进行。与普通水下灌注桩相比，长螺旋钻孔压灌桩不需要泥浆护壁、无泥皮、无沉渣、无泥浆污染，施工速度快。

该桩型根据不同的机械，插入钢筋笼的方式有两种：一种是挂在专用振动钢管外压入；一种是套在振动装置的环箍内侧压入。

该桩适用于一般地层，尤其地下水位以上的黏性土、粉土、砂土、砾石、非密实的碎石类土、强风化岩等地质条件。当卵石粒径较大或卵石层较厚时，应分析长螺旋钻孔机钻进成孔的可能性。

该桩型常采用隔桩跳打的施工方法，特别是桩间距小于1.3 m的饱和粉细砂及软土层部位，以避免相邻桩壁受挤压坍塌造成缩颈，以及影响先施工支护桩混凝土的正常凝结硬化。

（一）施工工艺流程

场地平整及桩点确定→钻机就位→钻进→第一次提钻清土→钻进→停钻→提钻压灌→停灌提钻清土→下钢筋笼、振捣→养护。

（二）施工要点

（1）场地平整及桩点确定。桩顶标高确定后要先平整场地，平整后的标高为桩顶标高加虚桩高度，因此如果自然地坪高于此值，则需挖除多余部分。

（2）钻机就位。钻机按桩点就位后，使钻头尖与桩位点垂直对准，并调整好钻杆的垂直度。如发现钻尖离开点位要重新调整，重新稳点，钻头与桩位偏差不得大于20 mm。

（3）泵输送管道检查。首先将混凝土泵输送管、钻杆内的残渣清洗干净，为防止泵送混凝土过程中输送管路堵塞，应先在地面打砂浆进行润管。

（4）开钻。开钻时钻头插入地面不小于100 mm，钻机启动空转10 s后开始匀速下钻。

（5）钻进。钻进过程中随时观察地下土层变化，观察其是否与地质勘察报告一致，如发现异常情况、不良地质情况或地下障碍时要停止钻进，商议解决办法后继续施工。

支护桩平面位置允许偏差：沿基坑侧壁方向100 mm，直基坑侧壁方向150 mm。

孔深允许偏差：0 ~ +300 mm。

（6）泵送混凝土。钻机钻到设计孔底标高后，开始提钻200 ~ 500 mm泵送混凝土，边提钻边泵送混凝土直至设计标高（提钻速率按试桩工艺参数控制），控制提钻速率与混凝土泵送量相匹配，保持料斗内混凝土的高度不低于400 mm，并始终保持灌注混凝土面超出钻头1 ~ 2 m。混凝土宜采用和易性较好的预拌混凝土，初凝时间不少于6 h。灌注前坍落度宜为220 ~ 260 mm。

当遇土质为易塌孔的饱和粉土等地层时，可直接压灌混凝土而不预先提钻。

混凝土灌注充盈系数不得小于1.0。

冬期施工时，混凝土的入孔温度不得低于5 ℃，混凝土输送管道采取保温措施；当气温高于30 ℃时，可在混凝土输送泵管上覆盖两层湿草袋，每隔一段时间洒水湿润，降低混凝土输送泵管温度，防止管内混凝土失水离析，堵塞泵管。

（7）插入钢筋笼。将预制的钢筋笼抬吊到孔口，利用钻机自备吊钩放入孔中，安装专用振机，钢筋笼顶部与振动装置进行连接。钢筋笼应保证垂直、居中插入桩混凝土中。

振动钢管法插入钢筋笼：先依靠钢筋笼与振动钢管的自重缓慢插入，插入速度宜控制在 1.2 ~ 1.5 m/min。当依靠自重不能继续插入时，开启振动装置，使钢筋笼下沉到设计深度，断开振动装置与钢筋笼的连接，缓慢连续振动拔出钢管。钢筋笼应连续下放，不宜停顿，下放时禁止采用直接脱钩的方法。用仪器测定标高后固定钢筋笼。

专用插筋器法插入钢筋笼：将钢筋笼套在插筋器的环箍内侧，利用插筋器和钢筋笼的自重缓慢插入混凝土中（插筋器始终在钢筋笼顶，不进入混凝土中）。如果依靠自重不能继续插入时，开启插筋器对钢筋笼施加振动力，使其下沉到设计深度，断开专用插筋器与钢筋笼的连接，并在桩顶固定钢筋笼。

（8）清理孔口。钢筋笼固定后，清理干净孔口，确保混凝土初凝前孔口无虚土掉入，桩顶保护长度不应小于0.3 m。

十三、预应力矩形空心桩的施工

钢筋混凝土预制桩用于基坑支护的主要有板桩支护、预应力管桩支护和预应力矩形桩支护，总体而言应用都较少。预应力矩形桩用于基坑支护是近些年发展起来的，与传统的管桩和灌注桩相比，具有桩身质量好、抗弯刚度大、施工方便、不需要截桩、绿色环保、施工工期短、造价低等优点；与常规钻孔桩相比，可节省造价20% ~ 40%；与管桩相比，在同样的支护桩净间距下能提供较大的水平承载力。其单桩最长可达 15 m，还可以通过焊接来接长，常见的断面为 375 mm × 500 mm，内孔210 mm，最深已用于深度 10 m 基坑护，常用于一般深度（5 ~ 7 m）的基坑支护，可满足管廊的埋深要求。预制桩的打桩方法主要有锤击法、振动法及静力压桩法。

十四、预应力钢绞线锚杆施工

基坑支护常用的是预应力钢绞线锚杆和高强度钢筋锚杆，钢筋锚杆承载力较小，钢绞线锚杆承载力较大，本节主要简述预应力钢绞线锚杆施工方法。锚杆正式施工前应按规范进行钻孔、注浆与锁定的试验性作业，考核施工工艺及施工设备的适用性；施工中应对锚杆位置、钻孔直径、钻孔深度和角度、锚杆杆体长度和杆体插入长度进行检查，也应对注浆压力、注浆量和锚杆预应力等进行检查。

（一）钻孔

根据不同的土质情况，选用适宜的锚杆钻孔机械，在穿越填土、砂卵石、碎石、粉砂等松散地层以及地层受扰动导致水土流失危及邻近建筑物或公用设施的稳定时，常用套管护壁的跟管钻进工艺，多使用回转钻机，在坚硬地层中多用带金刚石钻头和潜水冲击器的旋转钻机。回转钻机成孔时，水压力控制在 0.15 ~ 0.30 MPa，连续注水，钻进速度 300 ~ 400 mm/min，钻进至规定深度后，应彻底清孔，至出水清澈为止。当锚杆处于地下水位以上时，可采用不护壁的螺旋钻孔干作业成孔，对黏土、粉质黏土、密实性和稳定性较好的砂土等土层都适用。

其孔深允许偏差 50 mm，孔径允许偏差 5 mm，孔距允许偏差 100 mm，成孔倾斜角允许偏差 5%。

（二）杆体制作及安放

锚杆钢绞线一般为整盘包装，应采用切割机切割下料，不得使用电弧切割。杆体自由段应设置隔离套管（一般为聚丙烯防护套），不得用涂抹黄油代替。为保证钢绞线安放在钻孔的中心，防止自由段产生过大挠度和插入钻孔时不搅动土壁，并保证钢绞线有足够的水泥浆保护层，可在钢绞线的表面设置定位器，定位器的间距在锚固段为 2 m 左右，在自由段为 4 ~ 5 m。杆体外露尺寸应满足腰梁（冠梁）、台座尺寸及张拉锁定的要求；在推送过程中，用力要均匀，避免损坏锚固配件和防护层；推送困难时，宜将锚索抽出查明原因后再推送，必要时可对钻孔重新清洗。

在杆体组装、存放、搬运过程中，要做好防护，轻拿轻放，防止筋体锈蚀、防护体系损伤、泥土或油渍的附着和过大的残余变形。

（三）注浆

预应力钢绞线锚杆采用水泥砂浆或素水泥浆一次注浆法。注浆管要与锚索一起送入孔底。注浆管一般为 10 ~ 25 mm 的 PVC 软塑料管，管口距孔底 150 mm，随着浆液的注入，逐步把注浆管拔出，但管口要始终埋在浆液中，直到孔口。待浆液流出孔口时，用软质材料填实孔口，并用湿黏土封堵孔口，严密捣实，再以 2 ~ 4 MPa 的压力进行补灌，稳压数分钟。

自由段护管与孔壁间的间隙多与锚固段同时注浆。也有的在锚固段与自由段之间设置堵浆器，防止浆液进入自由段，并可对锚固段多次注浆，提高锚杆效果。

（四）张拉锁定

当锚固体的强度达到设计强度的 80%且大于 15 MPa 以上时，可以进行张拉、锁定，一般在注浆 7 ~ 10 d 后进行。钢绞线多采用夹片式组合锚头如 JM12、QM 系列等，配套的千斤顶可用YCQ−100、YCQ−200等，也可采用转接器形成螺丝端杆锚头。

锚杆张拉应按荷载分级进行，正式张拉前应取 0.1 ~ 0.2 的拉力设计值，对锚杆预张拉 1 ~ 2 次，使杆体完全平直，各部位接触紧密。锚索张拉一般要求定时、分级、加荷载进行，第一级张拉力可为设计的 0.5 倍，停留时间不少于 5 min；第二级张拉力可为设计的 0.75 倍，停留时间不少于 5 min；第三级张拉力可为设计的 1.1 倍，停留时间不少于 5 min。张拉时由专人操作机械，做好张拉记录。当锚索预应力没有明显衰减时，即可锁定到设计锁定值。

第三节　结构主体施工

一、明挖现浇

（一）规范相关要求

根据《城市综合管廊工程技术规范》（GB 50838—2015）中的9.3章节，明挖施工相关要求有如下内容。

（1）综合管廊模板施工前，应根据结构形式、施工工艺、设备和材料供应条件进行模板及支架设计。模板及支撑的强度、刚度及稳定性应满足受力要求。

（2）混凝土的浇筑应在模板和支架检验合格后进行。入模时应防止离析。连续浇筑时，每层浇筑高度应满足振捣密实的要求。在预留孔、预埋管、预埋件及止水带等周边浇筑混凝土时，应辅助人工插捣。

（3）混凝土底板和顶板，应连续浇筑不得留置施工缝。设计有变形缝时，应按变形缝分仓浇筑。

（4）混凝土施工质量验收应符合《混凝土结构工程施工质量验收规范》（GB 50204—2015）的有关规定。

（二）明挖现浇法概述

当前地下综合管廊建设中一项应用非常广泛的技术就是明挖现浇法。此方法能够保证施工活动大面积开展，能够将整个工程分成不同的施工标段，让各个标段同时开展施工工作，从而有效地提高施工效率，缩短施工工期。此外，该技术操作方便，施工成本较低，同时能够做好各标段施工质量的控制。该技术的缺点是对城市交通运行影响较大，比暗挖法要对周围环境有着更高的要求。如果施工场地周边有着较为平坦的地势，没有其他需要保护的建筑物，那么可以选择采用明挖法施工，但是需要注意的是明挖过程中要采取井点降水措施保证施工的顺利开展。

明挖现浇法是指综合管廊工程施工时，从地面向下分层、分段依次开挖，直至达到结构施工要求的尺寸和高程，然后在基坑中进行综合管廊主体结构和防水施工，最后回填至设计高程。明挖现浇法具有施工简便、安全、经济、质量易保证等诸多优点，广泛适用于多种地质条件下的综合管廊施工，但是其施工时占地面积大，对周围环境和交通影响较大，一般要求有比较开阔的作业场地。其具有简单、施工方便、工程造价低的特点，适用于新建城市的管网建设。

（三）明挖基坑施工技术

1. 放坡开挖

根据施工情况对基坑土方分段、分层开挖。为确保基坑施工安全，一级放坡开挖的基坑应按要求验算边坡稳定性，开挖深度一般不超过 4 m；多级放坡开挖的基坑，应同时验算各级边坡的稳定性和多级边皮的整体稳定性，开挖深度一般不超过 7 m；采用一级或多级放坡开挖时，放坡破断一般不大于 1∶1.5；采用多级放坡时，放坡平台宽度应严格控制，不得小于 1.5 m。

基坑周边使用荷载不得超过设计限值，基坑周边 1.2 m 范围内不宜堆载，3 m 以内限制堆载，坡边严禁重型车辆通行。当支护设计中已考虑堆载和车辆运行时，必须按设计要求进行，严禁超载。

2. 有支撑的基坑开挖

应先开挖周边环境要求较低的一侧土方，再开挖环境要求较高的一侧土方，根据基坑平面特点采用分块、对称开挖的方法，限时完成支撑或垫层。管廊标准段一般多为狭长形基坑，宜选择合适的斜面分段、分层挖土方法；当采用斜面、分层挖土方法时，一般以支撑竖向间距作为分层厚度，斜面可采用分段多级边坡的方法，多级边坡应设置安全加宽平台，加宽平台之间的土方边坡不应超过二级，各级土方边坡坡度一般不应大于 1∶1.5，斜面总坡度不应大于 1∶3。

管廊与管廊交汇处、管廊与其他地下构筑物交汇处，基坑开挖面积一般较大，可根据周边环境、支撑形式等因素，选用岛式开挖、盆式开挖、分层分块开挖等方式。

3. 基坑降排水

基坑降排水应根据场地的水文地质条件、基坑面积、开挖深度、土层的渗透性等参数，选择合理的降排水类型、设备和方法，并编制专项的降水方案。其常用的降水方法有集水明排、轻型井点、多级轻型井点、管井，其中集水明排适用的降水深度小于 5 m，轻型井点适用的降水深度小于 6 m，多级轻型井点适用的降水深度为 6～10 m，管井适用的降水深度大于 6 m。

（四）现浇管廊结构施工

现浇管廊结构施工主要包括模板及支撑系统分项、钢筋分项、现浇混凝土分项。

综合管廊模板可采用木胶板、竹胶板、塑料模板、组合钢模板或具有早拆功能的组合铝合金模板等。模板安装流程：验线→墙体垂直参照及墙角定位→安装导墙板、墙板及校正垂直度→安装顶板模板龙骨→安装顶板模板及调平→整体校正、加固→检查验收。墙体模板安装前应采用定位钢筋等定位措施，确保墙面的垂直度与墙体的结构尺寸；模板表面应清理干净，涂抹适量的脱模剂；龙骨在安装期间一次性用单支顶调好水平；对于管径较大的穿墙套管，模板宜采用非标钢模板加工。

（1）常规模板支撑体系。

支撑体系可采用碗扣式脚手架、扣件式脚手架、轮扣式脚手架、门式脚手架等，因管廊规格尺寸变化较少，脚手架选用的规格及尺寸相对稳定，局部特殊部位可采用扣件式脚手架进行处理。

（2）管廊现浇移动模架支撑体系。

管廊现浇移动模架支撑体系是指在现浇混凝土管廊的墙板和顶板施工时，管廊内模及支撑体系采用模块化、单元化、可人工辅助或自行整体移动并可重复周转使用的一体化现浇模架支撑体系。

根据管廊通常呈线形分布、截面相同、水平长距离布置的特点，采用设计合理的移动模架支撑体系浇筑混凝土，该施工方法可减少施工中模板及支撑架体安装人工劳动强度、节省施工周转材料、提高模架体系周转使用率，并符合绿色环保施工的要求。

（五）钢筋工程

1. 材料要求

进场钢筋原材料或半成品必须具有出厂质量证明资料，每捆（或盘）都应有标志。进场时，分品种、规格、炉号进行分批检查，核对标志，检查外观，并按有关规定进行见证取样，封样后送检，检验合格后方可使用。

2. 钢筋加工与存放

钢筋加工成半成品后要按部位、分层、分段和构件名称、编号等整齐堆放，同一部位或同一构件的钢筋要集中堆放并有明显标识，标识上注明构建名称、使用部位，钢筋编号、尺寸、直径、根数，加工简图等。

3. 钢筋连接与安装

（1）底板钢筋安装：标注钢筋位置线→吊运钢筋到使用部位→绑扎底板下层钢筋→放置垫块和摆放马凳→绑扎底板上层钢筋→侧墙钢筋。

（2）侧墙及顶板钢筋安装：清理施工缝→标注钢筋位置线→吊运钢筋到使用位置→绑扎侧墙钢筋→支撑架及模板支设→绑扎顶板下层钢筋→放置垫块和摆放马凳→绑扎顶板上层钢筋。

（3）管廊预埋铁件设置多，入廊管线支吊架相互位置尺寸要求高，采取预埋件与模板固定的方式，能够提高预埋件安装质量。

（4）穿墙管（盒）安装施工。综合管廊穿墙管（盒）处是综合管廊防水的重点部位，穿墙预埋防水套管应加焊止水翼环或采用丁基密封胶带、雨水膨胀止水胶止水；穿墙管与止水翼环四周满焊，焊缝饱满均匀；采用丁基密封胶带、雨水膨胀止水胶时应固定牢靠。

当穿墙管（盒）在混凝土浇筑前就位，并应采取措施保证穿墙管（盒）的设计中心线位置和高程。混凝土浇筑前穿墙管两头应临时封堵，混凝土浇筑过程中应防止碰撞、错位。

（六）混凝土工程

管廊混凝土结构施工，要按不同部位的抗渗等级，合理设置施工缝。

1. 变形缝的设置应符合下列规定

（1）现浇混凝土综合管廊结构变形缝的最大间距宜为 30 m。

（2）结构纵向刚度突变处以及上覆荷载变化处或下卧土层突变处，应设置变形缝。

（3）变形缝的缝宽不宜小于 30 mm。

（4）变形缝应贯通全界面，接缝处应按《地下工程防水技术规范》（GB 50108—2008）及《给水排水工程混凝土构筑物变形缝设计规范》（T/CECS 117—2017）设置橡胶止水带、填缝材料和嵌缝材料等止水构造。

（5）管廊混凝土构件接缝处、通风口、吊装口、出入口、预留口等部位，是渗漏设防的重点部位，应采取预制、预埋措施解决渗漏问题。

2. 变形缝施工要点

（1）变形缝两侧混凝土分成两次间隔浇筑，一侧管廊混凝土浇筑完成后，必须确定预埋止水带无损伤，方可进行下一段管廊浇筑。

（2）根据结构设缝位置、平面尺寸、竖向尺寸，确定止水带的加工长度及形式，优先采用订制整体式止水带；有接头的橡胶止水带，接头采用热胶叠接，接缝平整、牢固，不得有裂口、脱胶现象、止水带中心线应和变形缝中心线重合，止水带不得穿孔或用铁钉固定，并采取可靠措施防止在混凝土浇筑时止水带发生偏移。

（3）浇筑混凝土前，可在底板变形缝顶面安放宽 30 mm、高 20 mm 木板条。浇筑完混凝土，在强度能保证其表面及模板不因拆除木板条而损坏时，将木板取出，以形成整齐的凹槽，方便密封膏施工，保证其质量。通过木板条的使用，使预留出的凹槽整齐、方正，无变形或者出线深浅不一现象，而且橡胶板两侧的清理工作容易操作。与直接埋放聚苯板的方法相比，其工程效果更显著，施工质量更加稳定。

（4）结构施工完毕后统一进行变形缝与水接触面的处理，处理时宜先将变形缝用特制钢丝刷将凹槽两侧混凝土刷出新槎，用空压机吹干净，然后按照设计要求进行伸缩缝内填塞施工。施工过程中随时清理干净凹槽内的土及杂物，清理干净后在凹槽侧立面粘贴塑料胶条，防止污染墙体，胶条要顺直、平行。设计采用密封膏灌注时，密封膏灌注通过专用密封膏压力枪压入凹槽内，对已压入凹槽内的密封膏使用腻子刀整平、压实，在混凝土表面处密封膏微凸出 5 mm 左右，宽度比缝宽每边大 10 mm 左右并与混凝土黏结牢固。但地下水位较高时，变形缝处宜安放遇水膨胀胶条，防止地下水渗入变形缝内，从而发生渗漏现象，影响施工质量。

（七）施工缝

（1）综合管廊的水平施工缝宜设置在底板面以上 500 mm 处，底板和顶板不得设施工缝。

（2）施工缝若处理不妥当，会造成管廊渗漏，对构筑物的外观及构筑物日后的正常运行有重大影响。为保证墙体混凝土施工质量，不渗漏、外形美观，所有外墙壁水平施工缝均在混凝土施工时按设计要求埋置钢质止水板或设置止水凸槽，钢质止水板与结构钢筋点焊固定。

（3）底板混凝土浇筑完毕后，应对水平施工缝进行凿毛处理。

（4）墙壁施工缝以上的模板在安装过程中容易造成模板下端与墙壁有缝隙，由此导致浇筑混凝土时混凝土浆从缝隙处渗漏出来，造成混凝土漏浆现象，严重时可形成蜂窝、麻面的混凝土质量通病。为防止这种现象的发生，可在支墙壁模板前，在施工缝以下 30 mm 处粘贴双面胶条，安装模板时模板下沿部分与双面胶条贴紧。

（5）侧墙施工缝通常设计选用平缝，为了优化施工缝结构，增大施工缝抗渗能力，延长渗水路径，施工缝可设置成凹凸形。

（八）施工案例

为提高质量及效率，大力引进滑模技术，如图 3–2 所示，该工法模板就位、浇筑混凝土、脱模均采用机械化、流水线作业，在管廊施工中主要有以下优点。

（1）滑模要求一次组装、重复使用，简化模板支拆工序，根据工期要求现场只需要 1 到 2 套模板，节约了模板支拆用工，如图 3–3 所示。一个流水段为 25 m 长，墙及顶板采用进口 18 mm 木胶合板、木梁、槽钢背楞等，所有散料运到现场，由木工在现场进行拼装，拼装完毕移到施工部位。混凝土强度达到 12 MPa 后可以拆除内模，中间留置养护支撑带。

（2）工程质量好，确保了管廊的外形和尺寸，混凝土达到了内实外光的效果。

图 3-2　松涧路滑模施工现场

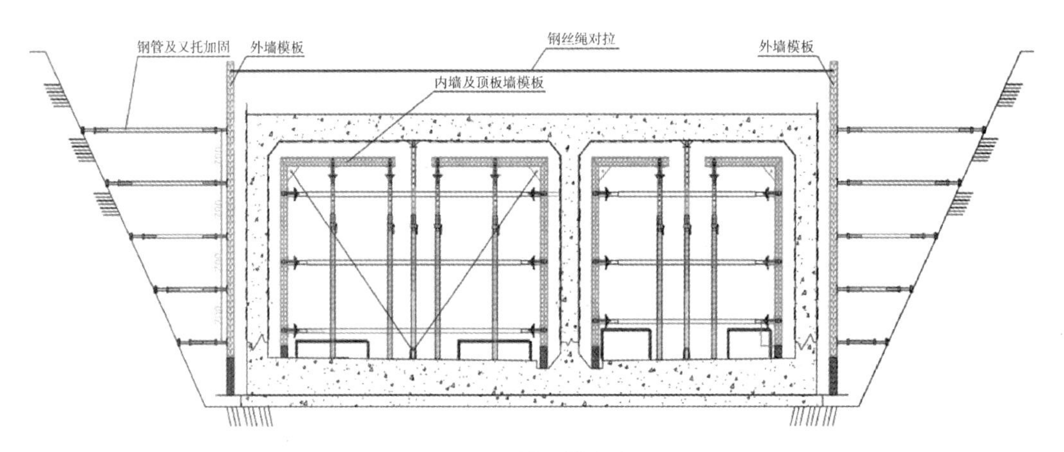

图 3-3　滑模支模方案图

二、预制拼装

（一）规范相关要求

根据《城市综合管廊工程技术规范》（GB 50838—2015）中的9.4章节，预制拼装工程相关要求有如下内容。

（1）预制拼装钢筋混凝土构件的模板，应采用精加工的钢模板。

（2）构件堆放的场地应平整夯实，并应具有良好的排水措施。

（3）构件的标识应朝向外侧。

（4）构件运输及吊装时，混凝土强度应符合设计要求。当设计无要求时，不应低于设计强度的75%。

（5）预制构件安装前，应复验合格。当构件上有裂缝且宽度超过0.2 mm时，应进行鉴定。

（6）预制构件和现浇结构之间、预制构件之间的连接应按设计要求进行施工。

（7）预制构件制作单位应具备相应的生产工艺设施，并应有完善的质量管理体系和必要的试验检测手段。

（8）预制构件安装前应对其外观、裂缝等情况进行检验，并应按设计要求及现行国家标准《混凝土结构工程施工质量验收规范》（GB 50204—2015）的有关规定进行结构性能检验。

（9）预制构件采用螺栓连接时，螺栓的材质、规格、拧紧力矩应符合设计要求及《钢结构设计规范》（GB 50017—2003）和《钢结构工程施工质量验收标准》（GB 50205—2020）的有关规定。

（二）国内预制综合管廊现状

综合管廊预制拼装技术是指在明挖施工条件下，将分块或分节段在工厂预制的综合管廊结构主体，现场拼装安装的一种快速绿色施工技术。

1. 国内预制综合管廊的现状

国务院办公厅印发的《关于推进城市地下综合管廊建设的指导意见》（国办发〔2015〕61号）明确要求："根据地下综合管廊结构类型、受力条件、使用要求和所处环境等因素，考虑耐久性、可靠性和经济性，科学选择工程材料，主要材料宜采用高性能混凝土和高强钢筋。推进地下综合管廊主体结构构建标准化，积极推广应用预制拼装技术，提高工程质量和安全水平。"

综合管廊采用预制拼装工艺在国内应用标准尚不健全，上海、厦门、哈尔滨、长沙、郑州、十堰等多个城市近几年开始采用预制拼装方法施工综合管廊。其主要的拼装工艺包括纵向锁紧型承插拼装法、柔性承插拼装法、胶接预应力拼装法、叠合板式预制拼装法、分舱预制与现浇结合拼装法。

上述拼装方法在国内城市地下综合管廊工程中的应用还没有进入大规模市场化阶段，综合管廊在适应垂直或水平特殊节点变化、各类管线分支口与拼装节段如何结合、节段拼接缝防水以及拼装成段的管廊体抗浮等方面有待提高。

预制拼装综合管廊是一种现代化、工业化的综合管廊建设方式，其主体结构构件在预制混凝土工厂生产，运输至现场后通过机械化方式吊装、拼装成型。预制拼装综合管廊最早出现在苏联，并逐渐推广到欧美地区和日本。预制拼装综合管廊具有质量好、现场工期短、环境影响小、大量减少模板与支撑、节省人工等突出优点，应用前景十分广阔。

目前，工程中采用的预制拼装综合管廊主要包括整舱预制拼装综合管廊、叠合板式拼装综合管廊、预制板式拼装综合管廊和预制槽型拼装综合管廊4类。

整舱预制拼装综合管廊的主要特点是横截面方向整体预制，纵向则根据需要划分为一定长度的节段（一般为 2 m 左右）。整舱预制拼装综合管廊预制节段的纵向连接一般采用预应力筋或螺栓连接构造。受运输和吊装等条件限制，整舱预制拼装综合管廊一般适用于单舱或双舱且横截面尺寸不大的综合管廊。

叠合板式拼装综合管廊的主要特点是将侧壁、顶板和底板进行分块，侧壁采用双面叠合构造，顶板一般采用叠合楼板构造，底板则一般采用整体现浇或叠合构造。在施工现场，各预制分块之间通过浇叠合层进行连接。

预制板式拼装综合管廊的构造特点与叠合板式拼装综合管廊相似，二者的不同之处在于，预制板式拼装综合管廊的侧壁、顶板和底板一般均采用预制实心板式构造。

预制槽型拼装综合管廊的主要特点是其在横截面方向划分为上、下 2 个单槽型或多槽型预制分块，并在施工现场通过预应力筋、螺栓、套筒灌浆等方式进行连接。

2. 预制综合管廊的优势

随着城市区域的扩大及建设的发展，建设地下综合管廊逐步得到政府相关部门的肯定。地下综合管廊又称之为共同管沟，可设置在主干道或人行道下，将以往分散独立埋设的电力、电信、热力、给水、燃气等各种管线汇集安装在一条共同的地下管廊内，实施共同维护和集中管理，减少以往路面因经常开挖埋设管线而影响道路通行、环境污染等问题。与传统现浇技术比较，预制综合管廊具有以下优势：以预制构件为主体的管廊结构，降低了材料消耗，具有优异的整体质量，抗腐蚀能力强，使用寿命长；可实现标准化、工厂化、批量化预制件生产，不受自然环境影响，充分保证了管廊结构尺寸的准确性，保证管廊安装的准确定，充分保证主体质量；减少施工周转材料，提高生产效率，节能环保。预制综合管廊是综合管廊建设领域技术进步的一个方向，在有水的条件下也能施工，不需降水。管廊主体结构在施工场地外完成，现场装配速度快，一般工程可不作混凝土底板基础，前面安装管廊，后面即可还土、恢复交通。

1）质量稳定

预制综合管廊由专业混凝土预制构件厂，采用高精度钢模成型制作，专业化工厂质保体系健全，可保证产品在强度、耐久性方面具有一致性。

2）一体化更耐用

在软地基上施工时，管廊相互间采用预应力钢绞线连接方式，可保证管廊的结合部分在预应力的作用下有足够的抗拉强度，形成一体化具有一定刚度的柔性结构，可防止管廊在不均匀沉降情况下断裂。

3）水密性的保证

管廊混凝土强度等级为 C50，抗渗等级为 P8，相互间采用两道天然橡胶制成的质密封圈，确保高水密性。

4）工期段

采用预制管节现场拼装施工方式，改变传统混凝土现场浇筑工序繁多的作业方式，施工简单，工效可提高数倍。

5）综合经济效益显著

从施工方讲，采用预制管节在施工现场无需钢筋加工、绑扎、立模、支撑混凝土浇筑、养护、拆模、二次搬运等工序，不需要较大的加工和原材料存放场地。现场不需要立模板，沟槽的土方开挖量少，可节省大量模板费、人工费及其他相关费用，且工期大大缩短，施工管理成本得到降低。从建设方讲，管廊提前投入运行可使建设方获得经济效益，是非常经济的施工方式。从社会效益讲，可减少环境污染，节省大量木材，实属能源型、环境友好型、低碳环保型绿色施工作业方式。

（6）应用范围广泛。

预制管节可应用于市政工程中的综合管廊、过街通道、下水道、河堤防洪通道、道路横暗渠等建设领域。

3. 预制综合管廊的适用条件

预制综合管廊一般适用于土层的分布、埋深、厚度和性质变化较小且地下水位较低的场地；对于含淤泥等软弱地层的区域，需采取针对性的基坑支护、基础加固措施。

4. 预制混凝土管廊施工技术

1）胶接+预应力管廊拼装施工技术

首先，将运输至现场的综合管廊预制节段通过吊装设备吊放到管廊基槽底部预设的临时支撑上（包括整段综合管廊的所有节段），调整端块精确定位，安装螺旋千斤顶作为临时支座，进行接缝涂胶施工，每道接缝涂胶完毕后将该节段精确定位并张拉临时预应力，以免接缝受扰动后开裂；整段管廊安装到位后，张拉预应力钢束，张拉完毕后进行管道压浆，对综合管廊和垫层之间的间隙进行底部灌浆，待灌浆层达到一定强度时，解除临时预应力措施，使整段管廊支撑在灌浆层上，设备前移架设第二段预制管廊；最后浇筑各段端部现浇段混凝土，处理变形缝，使各段综合管廊体系连续。

管廊节段安装前，精心制作用于节段安装纠偏的环氧树脂垫片。垫片使用前用清洁剂清洗表面油污并晾干，分类放置于木箱内，用油漆在木箱外表面标记，防止在节段安装时混用。

2）承插式拼装施工技术

承插式拼装主要包括柔性承插式拼装和锁紧承插式拼装。柔性承插式拼装主要采用双胶圈，两道橡胶圈之间设有注浆孔，安装后可进行接口防水检验，后期若有渗漏可进行注浆补救。锁紧承插式拼装主要是在拼装完成后，在每节段之间预留锁紧口，利用锁紧螺栓或预应力钢绞线锁紧，然后封锚形成大节段。

（三）案例

综合管廊按照主体结构类型可分为现浇钢筋混凝土管廊、预制拼装综合管廊等，根据路段、适用性的不同，采取的形式也不同。威海市滨海新城综合管廊既采用了现浇钢筋混凝土管廊，又采用了预制拼装综合管廊。

预制管廊采用工厂化生产，生产速度快，质量有保障，如图3-4所示。金鸡路管廊的燃气舱及成大路管廊的电力舱都采用了预制管廊，将管廊运送到现场后进行安装张拉，通过采用预制廊体，大大提高了施工速度。在金鸡路管廊施工中，燃气舱全线采用预制施工，带来了较好的社会效益。如图3-5所示。

图3-4　预制场内预制模板及管节

图3-5　金鸡路燃气舱预制施工现场

三、非开挖施工

现代的非开挖施工地下管线施工法自20世纪70年代陆续开始大量出现，包括水平导向钻进、水平定向钻进、方向可控的水平螺旋钻、冲击矛、夯管锤、微型隧道、旧管更换与修复、顶管掘进机等。

随着我国城镇化进程的快速推进，对城市配套市政基础设施的建设与维护有了更高的要求，综合管廊建设事业也在不断发展，在老旧城区通过建设综合管廊来集约化敷设城市工程管线的需求也愈加迫切。近年来，出现了较多的老旧城区综合管廊工程规划建设案例。分析这些案例可以发现，在老旧城区采用传统明挖工法建设综合管廊多因交通影响、管线迁改等问题而举步维艰。显然，参考城市地铁的建设，在老旧城区采用暗挖工法建设综合管廊才是行之有效的方法。在综合管廊工程中，常见的暗挖工法有盾构法、顶推法等。

（一）盾构施工

盾构施工指利用盾构机在地下土层中掘进，同时拼装预制管片作为支护体，在支护体外侧注浆作为防水及加固层的施工方法。盾构机出发和接收均需要容纳盾构设备的相应空间，统称为出发井和接收井，需专门设计。

我国采用盾构法建设综合管廊的历史不长且多为配合性局部工程。在当前新一轮城市地下综合管廊建设热潮中，特殊地段的综合管廊采用盾构法施工是备选项之一。

盾构法是暗挖法施工中的一种全机械化施工方法，它是将盾构机械在地中推进，通过盾构外壳和管片支承四周围岩防止发生隧道内的坍塌，同时在开挖面前方用切削装置进行土体开挖，通过出土机械运出洞外，靠千斤顶在后部加压顶进，并拼装预制混凝土管片，形成隧道结构的一种机械化施工方法。

盾构是一种带有护罩的专用设备，利用尾部已装好的衬砌块作为支点向前推进，用刀盘切割土体，同时排土和拼装后面的预制混凝土衬砌块。盾构于1874年被发明，首先用的是气压盾构来开挖英国伦敦泰晤士河水底隧道。盾构机掘进的出碴方式有机械式和水力式，以水力式居多。水力盾构在工作面处有一个注满膨润土液的密封室。膨润土液既用于平衡土压力和地下水压力，又用作输送排出土体的介质。

盾构既是一种施工机具，也是一种强有力的临时支撑结构。盾构机从外形上看是一个大的钢管机，较隧道部分略大，它是设计用来抵挡外向水压和地层压力的。它包括三部分：前部的切口环、中部的支撑环以及后部的盾尾。大多数盾构的形状为圆形，也有椭圆形、半圆形、马蹄形及箱形等其他形式。

采用盾构法施工时，首先要在隧道的始端和终端开挖基坑或建造竖井，用作盾构及其设备的拼装井和拆卸井，特别长的隧道，还应设置中间检修工作井。拼装和拆卸用的工作井，其建筑尺寸应根据盾构装拆的施工要求来确定。拼装井的井壁上设有盾构出洞口，井内设有盾构基座和盾构推进的后座。井的宽度一般应比盾构直径大1.6 ~ 2.0 m，以满足铆、焊等操作的要求。当采用整体吊装的小盾构时，则井宽可酌量减小。井的长度，除了满足盾构内安装设备的要求外，还要考虑盾构进出洞时，拆除洞门封板和在盾构后面设置后座以及垂直运输所需的空间。中、小型盾构的拼装井长度，还要照顾设备车架转换的方便。盾构在拼装井内拼装就绪，经运转调试后，就可拆除出洞口封板，盾构推出工作井后即开始隧道掘进施工。盾构拆卸井设有盾构进口，井的大小要便于盾构的起吊和拆卸。其他施工主要有土层开挖、盾构推进操纵与纠偏、衬砌拼装、衬砌背后压注等。这些工序均应及时而迅速地进行，决不能长时间停顿，以免增加地层的扰动和对地面、地下构筑物的影响。

用盾构法修建隧道已有150余年的历史。最早对其进行研究的是法国工程师布律内尔，他由观察船蛆在船的木头中钻洞，并从体内排出一种黏液加固洞穴的现象得到启发，于1818年开始研究盾构法施工，并于1825年在英国伦敦泰晤士河下用一个矩形盾构建造了世界上第一条水底隧道（宽11.4 m、高6.8 m）。在修建过程中遇到很大的困难，两次被河水淹没，直至1835年，使用了改良后的盾构，于1843年完工。其后，巴洛于1865年在泰晤士河底，用一个直径为2.2 m的圆形盾构建造隧道。1847年，在英国伦敦地下铁道城南线施工中，英国人格雷特黑德第一次在黏土层和含水砂层中采用气压盾构法施工，并第一次在衬砌背后压浆来填补盾尾和衬砌之间的空隙，创造了比较完整的气压盾构法施工工艺，为现代化盾构法施工奠定了基础，促进了盾构法施工的发展。20世纪30 ~ 40年代，仅美国纽约就采用气压盾构法成功建造了19条水底道路隧道、地下铁道隧道、煤气管道和给水排水管道等。1897 ~ 1980年，在世界范围内用盾构法修建的水底道路隧道已有21条。德国、日本、法国等国家把盾构法广泛使用于地下铁道和各种大型地下管道的施工。1969年起，在英国、日本和西欧各国开始发展一种微型盾构施工法，盾构直径最小的只有1 m左右，适用于城市给水排水管道、煤气管道、电力和通信电缆等管道的施工。我国首先在辽宁阜新煤矿，用直径2.6 m的手掘式盾构进行了疏水巷道的施工。我国自行设计、制造的盾构，直径最大为11.26 m，最小为3.0 m。正在修建的第二条黄浦江水底道路隧道，水下段和部分岸边深埋段也采用盾构法施工，盾构的千斤顶总推力为108 MN，采用水力机械开挖掘进。

1. 盾构施工的适用范围

盾构施工方案可以大幅度减少对城市环境及交通的影响，社会效益明显，目前得到很多城市建设部门的重视。按照盾构机直径大小，可分为大、中、小型盾构。直径小于等于3.5 m，为小型盾构；直径大于3.5 m小于等于9 m，为中型盾构；直径大于9 m，为大型盾构。

城市地下管线的非开挖施工，一般认为直径大于3 m的隧道结构采用盾构法施工比较经济，3 m以下的微型隧道采用顶管法施工比较合适。

2. 盾构施工的断面选型

盾构选型应从安全性、适应性、技术先进性、经济性等方面综合考虑，所选择的盾构形式要能尽量减少辅助工法并确保开挖面稳定和适应围岩条件，同时还要综合考虑以下因素。

（1）盾构选型应以工程地质、水文地质为主要依据，综合考虑周围环境条件、综合管廊断面尺寸、施工长度、埋深、线路的曲率半径、沿线地形、地面及地下构筑物等环境条件，以及周围环境对地面变形的控制要求、工期、环保等因素。

（2）参考国内外已有工程实例及相关的盾构积水规范、施工规范及相关标准。

（3）可以合理使用辅助施工法。

（4）满足隧道的施工长度和线形要求，配套设备、实发设施等能与盾构的开挖能力配套。

3. 盾构施工的管件技术

盾构施工的关键技术主要包括盾构隧道端头加固、盾构的始发与接收、盾构防水施工、盾构测量技术以及盾构检测等。

1）盾构隧道端头加固施工

端头加固是盾构始发、到达技术的一个重要组成部分，直接影响盾构能否安全始发、到达。盾构始发、到达最容易发生盾构机下沉、抬头、跑偏，导致掌子面产生失稳、冒水、突泥等事故。端头加固的失效是造成事故多发的最主要原因。端头加固可单独采用一种工法，也可采用多种工法相结合的加固手段，这主要取决于地质情况、地下水、覆盖层厚度、盾构机型、盾构机直径、施工环境等因素，同时也要考虑安全性、施工方便性、经济性、施工进度等要求。

为了保证盾构机正常始发或到达施工，需对盾构始发或到达段一定范围内的土层进行加固，其加固范围在平面上为隧道两侧3 m，拱顶上方厚度为3 m，沿线路长度方向长9～12 m。与一般地基加固不同，端头加固不仅有强度要求，还有抗渗性要求。

其常用的加固方案有搅拌桩加固、旋喷桩加固、注浆加固、冻结法加固等。

2）盾构的始发与接收技术

（1）盾构始发阶段。盾构机始发是指利用反力架及临时拼装的管片承受盾构机前进的推力，盾构机在始发基座上向前推进，由始发洞门进入地层，开始沿所定线路进行一系列工作。盾构始发是盾构施工过程中开挖面稳定控制最难、工序最多、比较容易产生危险事故的环节，因此进行始发施工各个环节的准备工作至关重要。其主要内容包括安装盾构机反力架始发基座、盾构机组装就位空载调试、安装密封圈、组装负环管片、盾体前移、盾体进入地层。

为了更好地掌握盾构的各类参数，将开始掘进的100 m作为试推段，试推阶段的重点是做好以下几项工作：用最短的时间掌握盾构机的操作方法、机械性能，改进盾构的不完善部分；了解隧道穿越的土层地质条件，掌握这种地质下的土压平衡式盾构的施工方法；加强对地面变形情况的监测分析，掌握盾构推进参数及同步注浆量参数；做好掘进时的复测工作，做到每十环进行一次复测，及时纠偏；盾构始发施工前，首先须对盾构机掘进过程中的各项参数进行设定，施工中再根据各种参数的使用效果及地质条件变化在适当的范围内进行调整、优化，从而确定正式掘进采用的掘进参数。设定的参数主要有土压力、推力、刀盘扭矩、推进速度及刀盘转速、出土量、同步注浆压力、添加剂使用量等。

（2）盾构接收阶段。盾构的接收相对于区间隧道的施工有其特殊性和重要性，盾构机的接收是指从盾构机推进至接收井之前50 m到盾构机被推上接收基座的整个施工过程。当盾构机施工进入盾构接收范围时（距接收井50 m），应对盾构机的位置进行准确测量，明确接收隧道中心轴线与隧道设计中心轴线的关系，同时应对接收洞门位置进行复核测量，确定盾构机的贯通姿态及掘进纠偏计划。在考虑盾构机的贯通姿态时需注意两点：一是盾构机贯通时的中心轴线与隧道设计中心轴线的偏差；二是接收动漫位置的偏差。综合这些因素，在隧道设计中心轴线的基础上进行适当调整。纠偏要逐步完成，坚持一环纠偏不大于4 mm的原则。

盾构机到站接收掘进分4个阶段：测量复核与姿态调整阶段、距离洞门结构混凝土2 m～30 m掘进阶段、盾构机距离洞门2 m～30 cm掘进阶段、盾构机距洞门20 cm到进入接收井露出阶段。在这4个阶段中，应采取不同的施工参数，参数大小及侧重点不同。盾构机进入接收段后，为保证纠偏和减少接收井的结构及洞门结构的压力，要避免较大的推力影响洞门范围内土体的稳定；逐步减小推力，降低掘进速度和刀盘转速，控制出土量并时刻监视土舱压力值，土压的设定值应逐渐减小。

3）盾构防水施工技术

根据目前盾构法区间隧道渗漏水的情况，可将盾构法隧道的防水划分为以下四类：管片自防水、管片接缝防水、管片外防水、隧道接口防水。

（1）以管片结构自身防水为根本，接缝防水为重点，确保隧道整体防水。管廊盾构施工可参照隧道施工的防水要求，一般顶部不允许滴漏，其他部位不允许漏水，结构表面可有少量泥渍，并满足下列要求：隧道漏水量不超过0.05 L/（m^2·d），同时总湿渍面积不应大于总防水面积的0.2%，任意100 m^2隧道内表面上的湿渍不超过3处，单一湿渍的最大面积不大于1.2 m^2，衬砌接头不允许漏泥沙和滴漏，拱底部分在嵌缝作业后不允许有漏水。

管片采用耐久性好的高性能自防水混凝土，通过外掺剂改性提高混凝土的抗渗性，混凝土管片抗渗等级≥P10，可满足自身防水要求。

（2）管片接缝防水采用密封垫，管片密封垫沟槽内粘贴三元乙丙橡胶密封垫，通过其被压缩挤密来防水。为了确保接缝两侧密封垫接缝宽度，要求管片环缝错台量不大于10 mm，错台率不大于10%。

（3）管片外防水主要采用管片壁后注浆技术，及时填充管片与围岩之间的空隙，以达到防水及控制地层沉降的效果。一般注浆量为计算体积的1.5～2.0倍。

（4）隧道接口防水采取的主要措施是多重防水，包括联络通道与盾构管片之间的过渡处采用自粘式卷材进行封闭，自粘式卷材在钢管片表面收口部位的端部设置两道雨水膨胀嵌缝胶；在盾构隧道与联络通道接口处初衬中预埋一圈环向小导管注浆，并在初衬与二次衬之间设置直径为50 mm环向软式透水管，二衬与管片之间设置缓膨型遇水膨胀嵌缝胶；各结构自身的防水材料在接口处应进行自收口处理；加大接口处25环管片的同步注浆压力，并进行二次注浆及整环嵌缝处理。

（二）顶管法施工

顶管法施工，是在以后背为支撑的条件下，顶管机头从工作井开始挖掘出洞，借助主顶油缸及中继间等的推力，由主顶千斤顶将顶管管片跟随顶管机顶进，并挖掘管头土体，重复顶进管节，将工具管或掘进机从工作井内穿过土层一直推进至接收井后，将顶管机头吊起的过程。在此过程中把紧随工具管或掘进机后的管道埋设在两井之间，以实现非开挖敷设地下管廊的施工方法。

顶管施工就是非开挖施工方法，是一种不开挖或者少开挖的管道埋设施工技术。顶管法施工就是在工作坑内借助顶进设备产生的顶力，克服管道与周围土壤的摩擦力，将管道按设计的坡度顶入土中，并将土方运走。一节管子完成顶入土层之后，再下第二节管子继续顶进。其原理是借助主顶油缸及管道间、中继间等推力，把工具管或掘进机从工作坑内穿过土层一直推进到接收坑内吊起。管道紧随工具管或掘进机后，埋设在两坑之间。

非开挖工程技术彻底解决了管道埋设施工中对城市建筑物的破坏和道路交通的堵塞等难题，在稳定土层和环境保护方面凸显了其优势。这对交通繁忙、人口密集、地面建筑物众多、地下管线复杂的城市是非常重要的，它将为城市创造一个洁净、舒适和美好的环境。

非开挖技术是近几年才开始频繁使用的一个术语，它涉及的是利用少开挖（即工作井与接收井要开挖）以及不开挖（即管道不开挖技术）来进行地下管线的铺设或更换，顶管直径 DN800 ~ DN4 500。通过工作井把要顶进的管子顶入接收井内，一个工作井内的管子可在地下穿行 1 500 m 以上，并且还能曲线穿行，以绕开一些地下管线或障碍物。

该技术的要点在于纠正管子在地下延伸的偏差，特别适用于大中型管径的非开挖铺设，具有经济、高效，保护环境的综合功能。这种技术的优点：不开挖地面；不拆迁，不破坏地面建筑物；不破坏环境；不影响管道变形；省时、高效、安全，综合造价低。

该技术在我国沿海经济发达地区广泛应用于城市地下给排水管道、天然气石油管道、通信电缆等各种管道的非开挖铺设。采用该技术施工，能节约一大笔征地拆迁费用、减少对环境污染和道路的堵塞，具有显著的经济效益和社会效益。

经过多年的发展，顶管技术在我国已得到大量实际工程的应用，且保持着高速的增长势头，无论在技术上、顶管设备还是施工工艺上都取得了很大的进步，在某些方面甚至已达到了世界领先水平。2001 年，上海隧道股份有限公司在江苏省常州市完成了长 2 050 m、直径 2 m 的钢筋水泥管顶管工程，是目前已完成的我国最长的顶管工程。2001 年 8 ~ 12 月，嘉兴市污水处理排海工程一次顶进 2 050 m 超长距离钢筋混凝土顶管，由于选择了合理的顶管机具型式、成功地解决了减阻泥浆运用和轴线控制等技术难题，用了约 5 个月完成全部顶进施工，创造了新的顶管施工记录。全长 3 600 m、管径为 1.8 m 的钢管从 23 ~ 25 m 深的地下于 2002 年 9 月成功横穿黄河，无论从顶进长度、埋深、地质条件，还是钢管直径在国内尚属首次。其中，最长的一段位于黄河主河床上，长达 1 259 m，还要穿越较厚的砾砂层与黄河主河槽，既是我国西气东输项目的关键工程，也是目前世界上复杂地质条件下大直径钢管一次性顶进距离最长的顶管工程。以上工程均标志着我国的顶管施工水平达到一个新的高度，与世界先进水平日益靠近。然而，与国外发达国家，如日本、德国等先进的机械设备及施工技术水平相比，我国仍然有着显著的差距。

世界上第一个有据可查的关于顶管技术的记录是在 1892 年，最初的顶管施工作业是在 1896 ~ 1900 年由美国北太平洋铁路公司完成。我国顶管施工技术起步较晚，自 1954 年（也有认为是 1953 年的，无确切记载）在北京进行的第一例顶管施工以来，我国从国外引进顶管技术已经半个世纪了，早期发展较慢，是以人工手掘式为主，设备非常简陋，也无专门的从业人员。1964 年前后，上海首次使用机械式顶管，上海的一些单位进行了大口径机械式顶管的各种试验和相关的一些理论研究。当时，口径为 2 m 的钢筋混凝土管的一次推进距离可达 120 m，同时也开始利用中继间的相关技术。从此以后，又进行了多种口径、不同形式的机械顶管试验，其中土压式居多。由于当时的顶管掘进机的设计还停留在比较原始的阶段，既没有完整的设计施工理论和工艺作指导，也不考虑具体的地层条件，所以当时的顶管掘进机还不够完善。土压式顶管机当时分为上部出土和下部出土两种，但都没有引入土压力的概念。同时，也做了一些水冲顶管的试验。1967 年前后，上海已研制成功人不必进入管子的小口径遥控土压式机械顶管机，口径有 700 ~ 1 050 mm 多种规格。在施工实例中，有穿过铁路、公路的，也有在一般道路下施工的。这些掘进机，全部是全断面切削，采用皮带输送机出土。同时，已采用液压纠偏系统，并且纠偏油缸伸出的长度已用数字显示。1978 年前后，上海又研制成功适用于软黏土和淤泥质黏土的挤压法顶管，这种方法要求的覆土厚度较大（大于 2 倍的管外径），但施工效率比普通手掘式顶管提高 1 倍以上。20世纪 80 年代以来顶管技术发展更为迅速，顶管施工技术无论在理论上，还是在施工工艺方面，都有了长足的发展。1984 年前后，我国的北京、上海、南京等地先后开始引进国外先进的机械式顶管设备，使我国的顶管技术上了一个新台阶。尤其是在上海市政公司引进了日本伊势机（ISEKI）公司的 800 mm 直径的 Telemale 顶管掘进机之后，国外的顶管理论、施工技术和管理经验也进入中国，如土压平衡理论、泥水平顶管的各种试验和相关的一些理论研究。当时，口径在 2 m 的钢筋混凝土管的一次推进距离可达 120 m。后来，在 1988年 和 1992 年研制成功我国第一台多刀盘土压平衡掘进机（DN2720 mm）和第一台加泥式土压平衡式掘进机（DN1440 mm），均取得了令人满意的效果。与此同时，对顶管技术的理论研究也在逐年增强，开始出现了比较专业的技术人员。1998年，中国非开挖技术协会成立，标志着我国的顶管行业开始进入规范化发展。2002年，中国非开挖技术协会批准成立北京、上海、广州和武汉四个非开挖技术研究中心，非开挖管线技术的研究进一步深入。

随着我国经济持续稳定增长，城市化进程的进一步加快，我国地下管线的需求量也在逐年增加。加之人们对环境保护意识的增强，顶管技术将在我国地下管线的施工中起到越来越重要的作用。非开挖技术必将向规模化、规范化 、国际化的方向发展。

在我国经济高速增长的支持下，顶管技术的发展将面临前所未有的机遇，在加快引进国外先进技术的基础上，努力创新，加强研发，其前景是非常乐观的。纵观国内外顶管技术的发展，其发展方向将是多元化和多样化的。在顶管直径方面，除了向大口径管的顶进发展以外，也向小口径管的顶进发展。目前，顶管技术最小顶进管的口径只有 75 mm，最大的已达到 5 m（德国），大口径顶管有取代小型盾构的趋势。在适应性方面，发展宽范围、全土质型顶管机是必然趋势，适应范围将大为延伸，从N值为极小的土到N值为五十多的砾石，直至轴压强度达200 MPa的岩石。同时，将微电子技术、工业传感技术、实时控制技术和现代化控制理论与机械、液压技术综合运用于顶管机械上是顶管技术的发展趋势。数字化、信息化、智能型顶管机的研制也将得到更多的关注，纠偏精度、自动化程度也将得到大力提高。在不久的将来，一些全自动、高精度的掘进机会成为施工机械的主流。顶管的用途随着相关技术的发展也将继续扩展，主要用于管道铺设、涵顶进、地下人行通道管棚式施工等。顶管截面形状基本上都是圆形，今后的发展趋势是圆形、矩形、圆拱形、多边形等，以适应箱涵顶进等各种工程的需要，故截面形状多元化也是必然趋势。顶管施工形式主要为土压式、泥水加压式，以后的发展将在进一步吸收国外技术的基础上，应用管套式、气泡式等各种形式的顶管施工技术。随着高精度长距离测量技术的进一步发展应用，通风系统的完善，中继间技术、注浆减摩技术的进步，排渣系统的发展，刀盘切削系统、推进系统、出土输送系统、供电液压系统、监控系统、测量导向系统等一系列技术的突破，现有的一次性顶进距离将不断刷新，各种复杂曲线顶管也将陆续出现。目前，我国已成立北京、上海、广州和武汉四个非开挖技术研究中心，我国国际非开挖技术协会单位会员已突破100个，数量居世界第4、亚洲第1，形成了行业协会、科研单位、研究中心、设备生产和施工企业组成的强大阵营，而且每年有很多人不断加入从事顶管等非开挖工作的行列，我国的顶管技术必将迎来一个崭新的阶段。

1. 顶管技术优势

采用非开挖的顶管技术能够有效避免原有管线搬迁，大大降低管线维护成本，有效保持路面的完整性和各类管线的耐久性。

采用顶管施工技术进行地下综合管廊建设，可有效避免频繁开挖路面对交通出行、道路安全造成的隐患，也能够彻底缓解城建工程与交通通行、市容美化之间的矛盾，保持了城市路容的完整和美观。

顶管技术也存在一定的问题。我国的机械设备技术还比较落后，地区差异明显，水平参差不齐，缺乏规范化，人才不足，尚待进一步宣传推广。我国的顶管机械设备主要依赖进口，虽然国内也有生产企业，但技术仍落后于国际先进水平，掘进机型号种类不足以适应工程需要，我国尚无适用于中强度岩层以上的岩盘掘进机，适用土质范围不宽，且耐用性、机械化、自动化水平不够。从地域上说，顶管技术的发展与我国地域经济水平相适应，我国东部的顶管技术发展水平远远高于中西部地区，仅广东、上海、浙江、江苏和山东五省市就占到了非开挖铺管工作量的75%，而西部地区仅在西气东输项目下有为数不多的顶管穿越工程，中西部地区与东部沿海地区差距非常显著。顶管技术在城市之间的发展也不平衡，在上海、北京、广州等大城市技术水平比较高，应用比较普遍，但在中小城市应用较少，在中西部地区的城市应用更少。顶管技术在同一城市发展也不平衡，据广州市建委2004年对广州市顶管现状的有关调查发现，该市的顶管技术发展极不平衡，机械化的顶管施工不多，手掘式顶管仍占最大比例，对顶管施工技术的采用不积极，往往不是管线铺设的首选，而被看作是无法开挖的无奈之举。同时，不同施工企业的施工水平也不平衡，有些还处在比较原始的阶段，也有一些应用失败的工程，客观上阻碍了顶管技术的推广发展。影响顶管技术应用的另一个因素是，行业规范化不够，存在同行低水平恶性竞争的现象，专业人才缺乏，现有的从业人员大多是从一般的土木工程施工人员中转化而来的，缺少专业训练。

2. 顶管施工工艺流程

顶管施工工艺主要包括四个主要环节：施工准备、设备安装、顶管机管道顶进、顶管机进出洞口。如图3–6所示。

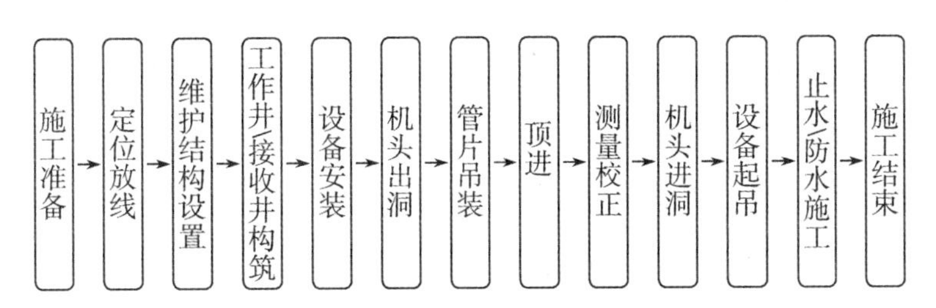

图3–6　泥水平衡顶管施工工艺流程图

1）顶管工作井合接收井

工作井是安置并操作顶进设备的场地，同时也是掘进机出发并开始顶进的场地。千斤顶、后靠背、铁环等就放置在工作井中。接收井是一段顶进的终端，在最后接收掘进机。

工作井和接收井的施工方法很多，钢板桩、沉井、地下连续墙及SMW工法等多种施工方法都适用。

2）顶管掘进设备

顶管掘进机安放在最前端，对顶管工程起决定作用。掘进机形式多样，无论何种形式，顶管工程中方向是否正确、取土是否合格等都由它的功能决定。

3）主顶进装置及中继站

主顶进装置是由四个系统工具组成：油管、操作台、油泵及油缸。油管是传送压力的管道；操作台控制着油缸的回缩和推进，按操作方式可分为手动操作台和电动操作台两种，其中电动通过电液阀或电磁阀实现；油缸是顶力的发生地，一般围着管壁对称布置，它的压力来源于油泵，油泵与油缸之间用油管连接，常使用的压力一般为32～42 MPa。

中继站的出现，让顶管施工的顶进距离有了大的发展，现在也成了长距离顶进的必要设备。一般长距离顶管施工中，存有多个中继站，每个站内在管道四周布置了许多小千斤顶。

4）后座墙

后座墙起到挡墙的作用，是将顶力的反作用力传到后面土体而保证土体不破坏的墙体。它的结构形式因顶管工作坑的不同而选用不同的方式，一般在沉井工作坑或地下连续墙工作坑直接利用工作坑的一个面作为墙体。但在钢板桩工作坑中，需要在与工作坑的土体间浇注形成一堵混凝土墙，厚度可根据工作压力、墙体宽高等确定，一般为0.5～1.0 m。这样做的目的就是能够将反作用力均匀、较好地传到土体中。一般顶管施工中千斤顶的作用面积较小，如直接将作用力作用到后座墙体上，可能造成局部损坏，因为在后背墙体和千斤顶之间还要置入一层200～300 mm的钢板，通过它增大作用面积，从而将作用力均匀地传到后座墙上，这块钢板简称后靠背。

5）顶管管片

顶进用管材是顶管工程中的主体，它的分类多样，一般可简单分为单一管节和多管节。单一管节钢管的接口都是焊接的，它具有焊接接口不易渗漏和刚性较大的优点，但使用范围有限，只能用于直线顶管。除此之外，PVC管及经过改造后的铸铁管也可用于顶管。多管节是指顶进多段管道，这种形式钢筋混凝土管居多，2～3 m长度为一节，管道与管道之间用承插口、企口等形式连接止漏。

6）传输及注浆系统

挖掘土体的传输是顶管工程中的一个重要环节。手掘式顶管施工中，一般采用人力掏土配合卷扬机等输送出土；泥水式顶管施工中，一般有泥浆泵配合管道等输送出土；土压式顶管施工中，有土砂泵配合螺旋杆、电瓶运输车等输送出土。

7）吊运系统

顶管施工，吊运下管设备是必须的。一般来说门式行车使用最广，它的优点是工作稳定、操作容易，缺点是移动不便、拆转费用高。另外，有可自由行走的履带式和汽车式，这两种起重机占地范围小，转移起来灵活、方便，但应注意放置位置不能太靠近工作井。

8）注浆减阻系统

当顶管施工顶进距离厂时，注浆减阻是其中的一项重要工艺，也是工程能否成功的关键性因素。其主要有两个工作环节：拌浆、注浆。拌浆就是将注浆材料与水兑和，形成浆体材料；注浆是其中的主要工作，先将浆体材料放入注浆泵，再用注浆泵输送到各个管道，由管道再通到各个注浆孔。这其中，控制压力和浆体含量主要依靠注浆泵，管道由粗到细到孔，使浆体材料最后进入土体与管道之间的空隙。注浆孔的布置：一般应靠近管道边缘即管道端头，这样的布置能使浆液先进入管道外壁与下一节管道的套环间，再流入管道与土之间，之后浆体材料才不易流失。

9）测量纠偏系统

顶管施工中，测量是纠偏的基础，纠偏是保证顶管满足设计功能的必要措施。在顶管过程中，管道前进会产生与设计不统一的偏差问题，包含左右、高低偏差。

一般情况下，当顶进距离较短时，可以使用水准仪和经纬仪进行测量。他们一般放置在工作坑的后部，分别可以测出左右和高低偏差。在长距离顶管施工和机械顶管施工中，肉眼难以分辨，可以用激光经纬仪来一次性判断其左右和高低偏差，其原理是通过直射在顶管机上的光点来判断。

（三）松涧路综合管廊顶管

为保护防风林，该工程松涧路部分采用顶管技术，如图 3-7 所示，松涧路位于威海市东部滨海新城中部，本次综合管廊设计范围西起经十三路，东至石家大道。松涧路顶管为圆形断面，净断面尺寸为直径 4 m，管节外径为 4 720 mm，混凝土强度为 C40，标准段长度为 2.5 m，顶管机壳体外直径为 4 740 mm，顶管段长约 700 m。该工程在沿海地带施工，面临地下水丰富的严峻考验，工程伊始，通过研讨采取了合理的支护降水方式，克服了地下水丰富、工作井间不通视等困难。工程中做好了地面沉降观测，合理地控制了顶进参数，打造了高标准、高质量的地下顶管工程。

该工程采用了当时全国最大的管廊非开挖施工断面设计，自主开发大口径沉井岩体下沉技术、大断面、大埋深顶推出洞技术、大断面顶推止水技术、施工井功能扩展技术。同时，克服了超大断面非开挖施工设计难题，解决了管节间防水、顶管段通风、逃生等功能需求。该项目获得 2 项专利：一种顶管施工管节间防水结构（专利号 ZL201920974290.8）、一体式综合管廊多功能构筑物（专利号 ZL201820250118.3）。

图 3-7　松涧路顶管工作井

第四节　防水

综合管廊应根据气候条件、水文地质状况、结构特点、施工方法和使用条件等因素进行防水设计，防水等级标准应为二级，并应满足结构的安全、耐久性和使用要求。综合管廊的变形缝、施工缝和预制构件接缝等部位应加强防水和防火措施。

明挖施工管廊可采用结构自防水加全外包防水层做法，全外包防水层做法根据施工场地条件可分为外防外贴法和外防内贴法两种。对采用放坡基坑施工或虽设围护结构但基坑施工场地较充足的情况，外墙宜采用外防外贴法铺贴防水层。外防外贴法是待管廊结构钢筋混凝土外墙施工完成后，直接把防水层做在外墙上（即结构墙迎水面），最后做防水层的保护层。在施工条件受到限制、外防外贴法施工难以实施时，采用外防内贴防水施工法。外防内贴法是在管廊结构钢筋混凝土外墙施工前先砌保护墙，然后将卷材防水层贴在保护墙上直接将卷材挂在围护结构上，最后浇筑外墙混凝土。暗挖法防水做法是在采用结构自防水的同时将初期支护与二次衬砌隔离开来。

综合管廊混凝土结构自防水是根本防线，工程迎水面主体结构采用防水混凝土浇筑，同时再设置附加防水层的封闭层和主防层，施工缝、变形缝等接缝防水是重点，应辅以加强层防水。附加防水层可采用柔性防水卷材防水系统铺贴或涂膜防水系统。综合管廊防水的难点在于细部构造的防水，包括施工缝、变形缝、穿墙套管、穿墙螺栓等部位，这些部位如果处理不好，渗漏现象是非常普遍的。

威海市管廊采用非固化防水材料、自粘防水卷材、SBS 防水卷材相结合的防水方式，如图 3-8 所示，根据季节不同合理调整材料。非固化防水材料自愈能力强、触碰即黏、难以剥离，解决了防水层的蹿水难题，使防水可靠性得到大幅度提高，还能解决现有防水卷材和防水涂料复合使用时的相容性问题。

图 3-8　管廊防水施工

第五节　设备安装

一、规范要求

根据《城市综合管廊工程技术规范》（GB 50838—2015）中的 9.7 章节，其相关要求如下。

综合管廊预埋过路排管的管口应无毛刺和尖锐棱角。排管弯制后不应有裂缝和显著的凹瘪现象，弯扁程度不宜大于排管外径的10%。

电缆排管的连接应符合以规定。

金属电缆排管不得直接对焊，应采用套管焊接的方式。连接时管口应对准，连接应牢固，密封应良好。套接的短套管或带螺纹的管接头的长度，不应小于排管外径的2.2倍。

硬质塑料管在套接或插接时，插入深度宜为排管内径的1.1～1.8倍。插接面上应涂胶合剂粘牢密封。

水泥管宜采用管箍或套接方式连接，管孔应对准，接缝应严密，管箍应设置防水垫密封。

支架及桥架宜优先选用耐腐蚀的复合材料。

电缆支架的加工、安装及验收应符合《电气装置安装工程　电缆线路施工及验收标准》（GB 50168—2018）的有关规定。

仪表工程的安装及验收应符合《自动化仪表工程施工及质量验收规范》（GB 50093—2013）的有关规定。

电气设备、照明、接地施工安装及验收应符合《电气装置安装工程电缆线路施工及验收标准》（GB 50168—2018）、《建筑电气工程施工质量验收规范》（GB 50303—2015）、《建筑电气照明装置施工与验收规范》（GB 50617—2010）和《电气装置安装工程接地装置施工及验收规范》（GB 50169—2016）的有关规定。

火灾自动报警系统施工及验收应符合《火灾自动报警系统施工及验收标准》（GB 50166—2019）的有关规定。

通风系统施工及验收应符合《风机、压缩机、泵安装工程施工及验收规范》（GB 50275—2010）和《通风与空调工程施工质量验收规范》（GB 50243—2016）的有关规定。

二、装配式支吊架技术

支吊架系统是城市地下管廊各种管线能够正常运行的支撑与保障，也是地下管廊机电安装不可或缺的重要环节。随着我国城市化进程快速推进，地下综合管廊的机电安装量也在快速增长。传统的安装工艺和施工方法存在资源浪费、环境污染等问题，工厂预制和现场装配已经成为地下管廊管线安装的必然选择。

（一）装配式支吊架简介

装配式支吊架也称组合式支吊架。装配式支吊架的作用是将管线自重及所受的荷载传递到承载管廊结构上，并控制管线的位移，抑制管线振动，确保管线安全运行。支吊架一般分为与管线连接的管夹构件和与管廊结构连接的生根构件，将这两种结构件连接起来的承载构件、减振构件、绝热构件以及辅助钢构件，构成了装配式支吊架系统。地下管廊装配式支吊架安装形式可分为预埋槽式及后置式两种，预埋槽式是装配式支吊架安装在预埋槽上，后置式是直接用膨胀螺栓将支吊架安装在管廊结构上，装配式支吊架主要特征如下。

（1）装配式支吊系统由成品构件、锁扣、连接件、管束、管束扣垫、锚栓组成，连接件与按钮式锁扣通过机械连接可以随意调节支架的尺寸、高度。型材为工厂预制化，现场装配化，不在现场进行焊接。

（2）装配式建筑管线支吊系统产品表面必须经过热镀锌处理，锌层厚度不低于 20 um；或者进行热浸锌处理，锌层厚度为 80 ~ 100 um，以保证在生产中不产生粉尘或锌的脱落，方便后期维护。

（3）装配式建筑管线支吊系统采用轻型 C 型钢厚度为 2.0 ~ 3.0 mm，连接件厚度不低于 4 mm；重型 C 型钢厚度为 3.0 ~ 4.0 mm，连接件厚度不低于 6 mm。

（4）装配式建筑管线支吊系统内接件要有足够的承载强度和连接稳定性。

（5）装配速度快，技术要求低，减少了人力成本，缩短了工期，提高了安装效率和安全性。

（6）组合式构件、装配式施工，便于后期管线的维护、更新和扩建。

（二）装配式支吊架的优势

装配式支吊架的出现，是机电安装行业发展到一定阶段的必然产物。装配式支吊架的优点可归纳为以下几点。

（1）工厂内制作，现场装配施工。无需切割机、焊机等工具设备搬运到管廊内，也无需不同工种人员分批进入工作，大大降低了污染和提高了效率。

（2）采用镀锌材料，现场无需防腐油漆；整齐美观，且不再有油漆导致的空气污染。

（3）用料比传统型钢少，节约钢材约 10%。

（4）减少了现场材料的运输量，材料重量和尺寸都大大减少。

（三）地下管廊装配式支吊架的选用及设计方法

1. 支吊架设计荷载

（1）支吊架计算间距：电缆及桥架为 0.8 ~ 15 m，管道一般为 3.0 m或 6.0 m，其他间距按相关国家标准设计，非标设计的间距遵循折减原则。

所有支吊架一般使用钢材 Q235，其常温下的强度设计参数：许用抗拉强度为 215 MPa，许用抗剪强度为许用抗拉强度的一半，许用抗压强度为 325 MPa。

（2）管道重量按保温管道与不保温管道两种情况计算。

保温管道：可按设计管道支吊架间距内的管道自重、满管水重、保温层重这三项之和10%的附加重量计算。

不保温管道：可按设计管道支吊架间距内的管道自重、满管水重及以上两项之和10%的附加重量计算。

当管道中有阀门或法兰时，需在此段采取加强措施。

（3）设计荷载。

垂直荷载：考虑制造、安装等因素，采用支吊架间距的标准荷载乘以1.35的荷载分项系数。

水平荷载：支吊架的水平荷载按垂直荷载的10%计算。

管道布排须做好防水锤、热位移补偿和滑动导向设计，确保水平荷载的有效释放。

管廊内管道支吊架不需考虑风荷载。

2. 支吊架各部设计计算的工程简易方法

1）吊杆计算

吊杆按轴心受拉构件计算，并考虑一定的腐蚀余量，吊杆净面积S按下式计算，并满足国际标准《管道支吊架　第3部分：中间连接件和建筑结构连接件》（GB/T 17116.3—2018）。

$$S \geqslant 1.5F/0.85[\sigma]$$

式中，S为吊杆净截面积（mm^2）；F为吊杆拉力设计值（N）；$[\sigma]$为钢材的抗拉许用应力或抗拉强度设计值（N/mm^2）。

吊杆最大允许荷载见表3-6。

表3-6　吊杆最大允许荷载表

吊杆直径/mm	拉力允许值/N	吊杆直径/mm	拉力允许值/N
10	3 250	20	14 000
12	4 750	24	20 000
16	9 000	30	32 500

注：吊杆材料采用Q235。

2）立柱计算

（1）吊架立柱按受拉杆件计算，依据管道与两个立柱的水平距离成反比分配拉伸载荷，并考虑横梁传递给立柱的附加弯矩。

（2）吊架立柱长度可依据现场调节，但一般不宜超过保温管径的5倍，否则须依据国标《建筑机电工程抗震设计规范》（GB 50981—2014）增补斜拉（撑）杆件，以增强吊架的防晃和抗震能力，并须独立核算。

（3）落地支架的立柱按偏心受压杆件计算，须保证压力载荷的偏心距在截面核心内，并校核稳定性。

3）连接件计算

焊接连接和螺栓连接须按钢结构设计规范的相关要求，计算所需焊缝长度及连接螺栓的规格。在对接焊时，按实际截面的0.7倍计算应力。焊缝强度主要考虑抗拉和抗剪，并取0.5倍的焊缝折减系数，即将常规材料的许用抗拉和抗剪强度乘以焊缝折减系数后作为焊缝的许用应力进行校核。

4）锁扣的承载力与安装扭矩

螺栓规格为M12锁扣的抗拉承载力设计值为12.2 kN，抗滑移力设计值为7.6 kN；安装扭矩为55 N·m；螺栓规格为M10锁扣的抗拉承载力设计值为8.9 kN，抗滑移力设计值为4.6 kN；安装扭矩为30 N·m。

5）刚度与稳定性计算

（1）支吊架的刚度校核主要计算受弯横梁的挠度。对吊杆和立柱的拉压变形不作要求，但横向弯曲变形不宜过大，参照受弯横梁处理。受弯横梁的允许最大挠度不大于L/200（L为横梁在两吊杆或立柱之间的跨度，悬臂梁L按悬伸长度的2倍计算）。

（2）凡受轴向压力载荷的杆件（如落地支架的立柱、防晃吊架受压的斜撑杆等）均须进行稳定性校核。为确保受压杆件的稳定性，一般情况下受压杆件的允许长细比不大于120：1。特殊情况须单独校核。

3. 支吊架的选用

根据计算结果，管廊装配式支吊架的选用可参考《装配式室内管道支吊架的选用与安装》（16CK208）。

4. 施工安装注意事项

1）锁扣（凸缘槽）的安装

锁扣的安装严格依照锁扣安装流程进行操作。使用扭矩扳手，达到设定扭矩值，听到“咔嚓”声响，确认拧紧。

2）表面防腐处理的方式有电镀锌或热浸锌

（1）电镀锌锌层表面应光滑均匀、致密，不应有起皮、气泡、花斑、局部未镀、划痕等缺陷。锌层厚度≥6 um。

（2）零件孔、槽内不得有影响安装的锌瘤。有螺纹、齿形处镀层应光滑，不允许有淤积锌渣或影响使用效果的缺陷。锌层厚度平均值≥65um。

（3）支吊架安装完毕，放置被支撑物时，不得野蛮作业，避免对支吊架造成损伤，降低支撑强度。

第六节　管线安装

一、规范要求

根据《城市综合管廊工程技术规范》（GB 50838—2015）中的9.8章节，有如下相关要求。

电力电缆施工及验收应符合《电气装置安装工程　电缆线路施工及验收标准》（GB 50168—2018）和《电气装置安装工程　接地装置施工及验收规范》（GB 50169—2016）的有关规定。

通信管线施工及验收应符合《综合布线系统工程验收规范》（GB 50312—2016）、《通信线路工程验收规范》（YD 5121—2010）和《光缆进线室验收规定》（YD/T 5152—2007）的有关规定。

给水、排水管道施工及验收应符合《给水排水管道工程施工及验收规范》（GB 50268—2008）的有关规定。

热力管道施工及验收应符合国家现行标准《通风与空调工程施工质量验收规范》（GB 50243—2016）和《城镇供热管网工程施工及验收规范》（CJJ 28—2014）的有关规定。

天然气管道施工及验收应符合《城镇燃气输配工程施工及验收规范》（CJJ 33—2005）的有关规定，焊缝的射线探伤验收应符合现行行业标准《承压设备无损检测　第2部分：射线检测》（NB/T 47013.2—2015）的有关规定。

二、大直径管道投料及廊内运输

综合管廊容纳的管道以有压管道为主，主要包括燃气管道、热力管道、给水及再生水管道、排水管道、垃圾真空管道等，随着技术的逐步成熟，雨水、污水等常压管道也逐步被纳入管理。综合管廊内管线以干线管道为主，大直径管道的安装就位是其关键和重点。

由于管廊本身的结构特点，管廊内空间狭小，材料设备运输是管廊管线施工的重点。在管廊设计阶段，为满足材料设备吊装运输要求，设置了吊装口，并根据管线的不同进行了管廊的合理分段，管廊内材料设备的运输除利用通用车辆外，还有如下几种情况。

（一）专用车辆运输

在管廊空间允许的条件下，根据管廊特点利用工程车辆，设置专用支架，进行廊内运输，如轨道运输车辆等。

（二）轨道小车运输

综合管廊内管道基础施工完毕进行管道廊内运输时，最好采用架设轨道的方法运输；利用管道支墩作为支撑，在支墩上敷设两条运输用槽钢轨道，并根据现场支墩间距在槽钢轨道下方设置支撑立柱，使槽钢轨道、混凝土支墩、槽钢支撑立柱形成一个整体运输通道，然后根据两条轨道的距离、槽钢规格及管道规格制作小车，在卸料口下方将小车用锁紧器牢固地捆绑在管道两端，然后将小车滑动轮落在槽钢轨道上，缓慢推动小车至管道安装位置。

（三）多用途管廊管道运输装置吊装运输

（1）使用起重设备将管道缓缓吊入卸料口，管道沿运输辅助装置向下输送。管道进入管廊时，管道运输承接装置在卸料口处接收管道，缓缓将管道送至管廊内。

（2）当承接装置将管道运至一定长度时，起重设备停止向下输送管道，管道完全由承接装置支撑。

（3）将两部管廊内多用途管道运输安装装置推至管道下端，分别顶升本体自带的顶升装置，将管道顶起，脱离承接装置。

（4）将承接装置移走，使用两部多用途管道运输安装装置将管道运输至管道支墩上，完成管道的运输工作。

（四）吊装运输注意事项

（1）吊装时应设专人指挥，指挥人员分别位于卸料口上方及综合管廊内，协同指挥。

（2）吊装施工前应对整个吊装施工作业中可能出现的问题进行充分预估并制定防范措施，对所使用的吊车及一切吊装使用的吊具、索具进行安全检查，对不合格产品一律禁止使用。

（3）管道吊运前，须逐根测量管节各部尺寸并编号，按安装顺序依次吊装入廊；

（4）为保护管道防腐层，吊运管道宜采用吊装带。

（5）运输时应平稳，管道坡口不得与运输装置发生磕碰、摩擦；运输至施工位置时，需平稳放置，严禁滚动。

三、天然气管道安装技术

入廊天然气管道应采用无缝钢管，连接应采用焊接，焊缝检测要求应符合《城镇燃气输配工程施工及验收规范》（CJJ 33—2005）；管道阀门、阀件系统设计压力应提高一个压力等级；天然气调压装置不应设置在综合管廊内；分段阀宜设置在综合管廊外部。当分段阀设置在综合管廊内部时应具有远程关闭功能；天然气管道进出管廊时应设置具有远程关闭功能的紧急切断阀；燃气舱内电话、插座、灯具均应选择防爆型，管廊内设置气体检测报警和事故强制通风系统；廊内采用防爆电气设备及有效的防雷防静电措施。

1. 管道连接

天然气管道连接采用焊接，一般采用氩弧焊打底，手工电弧焊填充盖面的工艺。

1）管道切割、坡口处理

管道对口前采用气割与手提电动坡口机结合打坡口、清根，管端面的坡口角度、钝边、间隙应符合设计规定；不得在对口间隙夹焊条或用加热法缩小间隙施焊，打坡口后应及时清理表面的氧化皮等杂物。

2）管道组对

管道对口前将管口以外100 mm范围内的油漆、污垢、铁锈、毛刺等清扫干净，检查管口不得有夹层、裂纹等缺陷，检查管内有无污物并及时清理干净。

管道组对时一般采用传统对口和对口器对口两种方法。传统对口是指在管道底边及侧边点焊3根50 mm × 5 mm的角钢作为辅助，将需要组对的管道慢慢移动到角钢导槽中，对口器对口是指采用对口器辅助对口。

管道组对的坡口间隙和角度应符合规范要求，管壁平齐，其错边量不应超过壁厚的10%，管道组对完成后将管道点焊固定。

管口对好后应立即进行点焊，点焊的焊条或焊丝应与接口焊接相同，点焊的厚度应与第一层焊接厚度相近且必须焊透。

对口完成后及时进行编号，当天对好的口必须焊接完毕。

3）管道焊接

焊接工作开始前，应对各种焊接方式和方法进行焊接工艺评定，确定焊接材料和设备的性能、对口间隙、焊条直径、焊接层数、焊接电流、加强面宽度及高度等参数及工艺措施，制定焊接工艺卡，对焊接人员进行详细交底。

焊接时按管道焊接工艺评定确定的参数进行，焊接层数应根据钢管壁厚和坡口形式确定，壁厚5 mm以下带坡口的接口焊接层数不得少于两层。

焊接时要分层施焊，第一层用氩弧焊焊接，焊接时必须均匀焊透，不得烧穿，其厚度不应超过焊丝直径。以后各层用手工电弧焊进行焊接，焊接时应将上一层的药皮、焊渣及金属飞溅物清理干净，经外观检查合格后，才能进行焊接。焊接时各层引弧点和熄弧点均应错开20 mm上，不得在焊道以外的管道上引弧。每层焊缝厚度一般为焊条直径的80%～120%。

每道焊缝焊完后，应清除焊渣并进行外观检查，如有气孔、夹渣、裂纹、焊瘤等缺陷，应将焊接缺陷铲除并重新补焊。

为防止大管道在焊接过程中因热影响区域集中而导致管道变形，采用分段对称焊接消除热应力变形。

4）焊接检验

为确保管道的焊接质量，在强度试验及严密性试验之前，必须对所有焊缝进行外观检查和对焊缝内部质量进行检验，外观检查应在内部质量检验前进行。

（1）外观质量检查要求。设计文件规定焊缝系数为1的焊缝或设计要求进行100%内部质量检验的焊缝，其外观质量不得低于《现场设备、工业管道焊接工程施工规范》（GB 50236—2011）要求的Ⅲ级质量要求。

（2）内部质量检查要求。焊缝内部质量检查应按设计规定执行，若设计无规定时检查要求如表3-7所示。

表3-7　焊缝内部质量检查要求表

压力级别/MPa	环焊缝无损检测比例	
0.8＜P≤1.6	100%射线检测	100%超声波检验
0.4＜P≤0.8	100%射线检测	100%超声波检验
0.01＜P≤0.4	100%射线检测或100%超声波检验	—
P≤0.01	100%射线检测或100%超声波检验	—

射线检验符合现行行业标准《承压设备无损检测　第2部分：射线检测》（NB/T 47013.2—2015）规定的Ⅱ级（AB级）为合格。

超声波检验符合现行行业标准《承压设备无损检测　第3部分：超声波检测》（NB/T 47013.3—2015）规定的Ⅰ级为合格。

2. 阀门部件安装

1）阀门安装

阀门安装前应对阀门逐个进行外观检查和严密性试验；安装有方向性要求的阀门时，阀体上箭头方向应与燃气流向一致；宜选用焊接阀门，焊接阀门与管道连接时宜采用氩弧焊打底并应在打开状态下安装。

2）补偿器安装

安装前应按设计要求进行选型，并根据设计要求的补偿量进行预拉伸，受力应均匀；补偿器应与管道保持同轴，不得偏斜，安装时不得用补偿器的变形来调整管位的安装误差。

3. 试验

管道安装完毕后应依次进行管道吹扫、强度试验和严密性试验，执行《城镇燃气输配工程施工及验收规范》（CJJ 33—2005）的相关要求。

四、热力管道安装技术

热力管道采用蒸汽介质时应在独立舱室内敷设；热力管道不应与电力电缆同舱敷设；热力管道与给水管道同侧布置时，给水管道宜在上方。热力管道应采用无缝钢管、保温层及外护管紧密结合成一体的预制管。管道附件必须进行保温，热力管道及配件保温材料应采用难燃材料或不燃材料；热力管道采用蒸汽介质时，排气管应引至综合管廊外部安全空间，并应与周边环境相协调。

热力管线管径大，管廊内空间小，如何实现管道在狭小空间内的快速运输安装是管道安装的关键。

（一）施工要点

1. 管道连接

热力管道连接形式一律采用焊接，焊接方式为氩弧焊打底，手工电弧焊填充、盖面，焊条采用E4303型。

1）管道切割

预制保温管切割时应采取措施防止外护管脆裂，切割后的工作管裸露长度应与原成品管的工作管裸露长度一致，切割后裸露的工作管外表面应清洁，不得有泡沫残渣。

2）口处理

管道对口前采用电动坡口机打坡口、清根，管端面的坡口角度、钝边、间隙应符合设计规定；不得在对口间隙夹焊条或用加热法缩小间隙施焊，打坡口后及时清理表面的氧化皮等杂物。

3）道组对

管道对口时应保证管中心在同一直线上，预留间隙满足设计要求，调整好后将焊口点焊固定；定位焊时，应采用与根部焊道相同的焊接材料和焊接工艺。

4）管道焊接

焊接时要分层施焊，第一层用氩弧焊焊接，焊接时必须均匀焊透，不得烧穿，其厚度不应超过焊丝直径；以后各层用手工电弧焊进行焊接，焊接时应将上一层的药皮、焊渣及金属飞溅物清理干净，经外观检查合格后，才能进行焊接。焊接时各层引弧点和熄弧点均应错开20 mm以上，并不得在焊道以外的管道上引弧。每层焊缝厚度一般为焊条直径的80%～120%。

管接头前半圈的焊接，焊接起弧时应从仰焊缝部位中心覆盖10 mm处开始，用长弧预热。当坡口内有汗珠状的铁水时，迅速压短电流，靠近坡口钝边做微小摆动，当坡口钝边熔化成熔池时，即可进行灭弧焊接，然后用断弧击穿法将坡口两侧熔透，并按照仰焊、仰立焊、斜平焊、平焊的顺序将半个圆周焊完。

管接头后半圈的焊接由于起焊时最容易产生塌腰、未焊透、夹渣、气孔等缺陷，应先用砂轮机将焊缝首尾各磨去5～10 mm，施焊的过程与前半圈相同，但在距前半圈末端收尾处不允许灭弧。当接头封闭时，将焊条稍往下压，在接头处来回摆动焊条，以延长停留时间使之充分融合。管径小的钢管可以一次成形，大管径钢管要经过打底层、填充层、盖面层、封底层4道工序完成一道焊口。

每道焊缝焊完后，应清除焊渣并进行外观检查，如有气孔、夹渣、裂纹、焊瘤等缺陷，应将焊接缺陷铲除并重新补焊。

钢管焊接时，应对保温层及外护管断面采取保护措施。

5）焊接检验

为确保管道的焊接质量，应按对口质量检验、表面质量检验、无损探伤检验、强度和严密性试验4个步骤进行焊接检验。

2. 管道附件安装

1）补偿器选择及安装

热力管道的特点是安装温度与运行温度差别很大，管道系统投入运行后会产生明显的热膨胀。补偿器的反弹力、补偿器内压推力、管道内压推力、管道热位移的摩擦力等构成了热力管网管架受力。

（1）补偿器选择。管道受热膨胀时，能产生极大的轴向推力，因此，热力管道受热后产生的膨胀必须得到补偿，否则将对管架和构筑物造成破坏，危及管道系统的安全运行。管道的热补偿就是合理地确定支架固定的位置，使管道在一定范围内进行有控制的伸缩，以便通过补偿器和管道本身的弯曲部分进行长度补偿。这其中的补偿器类型很多，有自然补偿器、方形补偿器、波纹补偿器、球形补偿器、V形补偿器等。

（2）补偿器安装。在任意直管段上，两个固定支架之间只能装设一套补偿器，补偿器安装前应先检查其型号、规格、管道配置情况，是否符合设计要求。有流向标记的补偿器安装时应使流向标记与管道介质流向一致。

波纹补偿器轴向约束型安装前应进行预拉伸，其预拉伸量分别为变形长度的一半；轴向无约束型不进行预拉伸，具体要求应参考设计要求、样本和技术要求。

补偿器所有活动元件不得被外部构件卡死或限制其活动范围，应保证各活动部位的正常动作，安装过程中不允许焊渣飞溅到波壳表面，不允许波壳受到其他机械损伤。

补偿器的连接一般采用法兰连接或者焊接连接，其主要控制点是确保补偿器与管道的同轴度，不得用补偿器变形的方法调整管道的安装误差；其最大区别是法兰连接需要根据补偿器尺寸做一段预留短管，而焊接连接则是根据补偿器尺寸切下等长管道。

管道安装完毕后，应尽快拆除补偿器上用作安装运输的辅助定位构件及紧固件，并按设计要求将限位装置调到规定位置。

2）固定支架、导向支架安装

补偿器一端应安装在靠近固定支架处，另一端应设置导向支架，其中固定支架受力大，选择时应对支架、锚栓、基材混凝土等严格计算分析，安装时必须牢固，应保证使管子不能移动；而导向支架应根据补偿器的要求设置双向限位导向，防止横向和竖向位移超过补偿器的允许值。

（1）固定支架。管道安装时应及时进行支架固定和调整工作，支架必须按照图纸编号要求安装，固定、滑动、导向支座不得调换位置，安装应平整牢固、与管道接触良好。固定支架应严格按设计要求安装，固定支架与管廊结构必须结合牢固。

（2）滑动支架、导向支架。滑动支架一般用于产生位移的管道，根据位移量的大小分型，根据结构形式和荷载的大小分类。导向支架是滑动支架的一种。滑动支架管道轴向、径向均不受限制，即允许管道前后、左右、上下有位移；而导向支架一般只允许管道有轴向位移，而不允许有径向位移。滑动支架、导向支架本身就是一个简单的支架，依靠管托来实现位移量的变化。

（3）管托。滑动管托、导向管托主要用来支撑管道、减小摩擦。管廊中常用的是导向管托，主要应用于直管段较长的管段上，安装在导向支架上。管托长度必须满足此段管道最大热膨胀量的要求，除固定管托外其他类型管托必须预偏装，偏装量应不小于管托所在位置膨胀量的一半，偏装方向与热膨胀位移方向相反。固定管托应与管道和支撑结构固定为一体，焊缝强度应大于管道轴向推力和管托与支撑结构摩擦力之和，滑动管托、导向管托只与管道固定，其焊缝强度应大于管托与支撑结构的摩擦力。

3）阀门安装

阀门运输吊装时，应平稳起吊和安放，不得损坏阀门；有安装方向的阀门应按要求进行安装，有开关程度指示标志的应按要求进行安装；阀门与管道以焊接方式连接时，阀门不得关闭。

4）排气阀和泄水阀安装

热水管道系统应在所有的高点和低点加排气阀和泄水阀，蒸汽系统应在所有的地点加泄水阀或疏水器。

（二）管网清洗

管网安装完成、试运行之前应进行管网清洗。其清洗方法应根据供热管道运行要求的介质类别而定，分为人工清洗、水冲洗和蒸汽吹洗。

1. 水冲洗

水冲洗应按主干线、支干线分别进行，冲洗前应充满水并浸泡管道，水流方向应与设计介质流向一致。

冲洗应连续进行并宜加大管道内的流量，管内的平均流速不应低于 1 m/s，排水时不得形成负压。

对大口径管道，当冲洗水量不能满足要求时宜采用人工清洗或密闭循环的水力冲洗方式，采用循环水冲洗时管内流速宜达到管道正常运行的流速。

2. 蒸汽吹洗

输送蒸汽的热力管道应采用蒸汽吹洗，吹洗时必须划定安全区，设置标志，确保人员及设施的安全，其他无关人员严禁进入。

吹洗前应缓慢升温进行暖管，暖管速度不宜过快并应及时疏水，应检查管道热伸长、补偿器、管路附件及设备安装等工作情况，恒温 1 h 后进行吹洗。

吹洗用蒸汽的压力和流量应按设计要求计算确定，吹洗压力不应大于管道工作压力的 75%，吹洗次数应为 2 ~ 3 次，每次间隔时间宜为 20 ~ 30 min，每次吹洗时间不应少于 15 min。

出口蒸汽为纯净气体的为合格管道，合格后的管道不应再进行其他影响管道内部清洁的工作。

五、给水管道安装技术

（一）管道防腐

给水管道在进场后、安装前应进行内外防腐工作，钢制管道防腐前应进行内外喷砂除锈，彻底清除管道、管件表面油污、锈皮、氧化物、腐蚀物、粉尘等，除锈达到Sa2.5级，进行除锈、防腐作业时施工人员必须正确佩戴防护用品。钢管及管件内防腐采用有卫生许可证的无毒饮水舱涂料，其质量指标参照《给水排水管道工程施工及验收规范》（GB50268）及地方水务标准的相关要求执行；管外壁采用环氧煤沥青涂料，加强级防腐。

（二）混凝土管道支墩

给水管道一般为大口径管道，较为沉重，设计多采用混凝土墩台或型钢托架混凝土墩台底座。

（三）管道组对

管道组对前，须核实两管段的椭圆度、管道直径及端面垂直度，对口时保持内壁平齐；可采用长 1 000 mm 的直尺在接口内壁或外壁周围按顺序贴靠。错口的允许偏差应为20%壁厚，且不得大于2 mm。

管道组对完毕并检查合格后进行定位点焊，长度为 80 ~ 100 mm 间距、小于等于400 mm 焊应采用同正式焊接相同的焊接材料和焊接工艺。点焊应对称施焊，其焊接厚度应与第一层焊接厚度相同。

焊缝位置要求：对口时两钢管的纵向焊缝应错开，错开间距不得小于 300 mm。环向焊缝距支架净距不应小于 10 m，同时不得设在跨中。直段管相邻环向焊缝的间距应大于200 mm。管道任何位置不得有“十”字形焊缝。

（四）焊接

管道固定口焊接采用对称焊接法，控制焊接变形；施焊程序：仰焊、立焊、平焊；该工艺沿垂直中心线将管子截面分成相等的两段（管道对中之后是将管道焊接截面四等分，焊四处，上下左右各一处），各进行仰、立、平三种焊接位置的焊接，在仰焊及平焊处形成两个接头，先打一层底，再焊两圈达到要求为止；管道焊接连接完成，焊道冷却后必须对焊接部位内外进行全面的清理，确保管道内外干净、清洁。

（五）管道焊缝检测

检测前应清除焊缝的渣皮、飞溅物；当有特殊要求须进行无损探伤检验时，取样数量与要求等级应按设计规定执行。

无损检测取样数量与质量要求应按设计要求执行；设计无要求时，压力管道的取样数量应不小于焊缝量的10%。

当检验发现焊缝缺陷超出设计文件和规范规定时，必须进行返修，焊缝返修后应按原规定方法进行检验。

（六）管道防腐

防腐环境温度不得低于5 ℃，涂刷方向先上后下，刷漆蘸漆适当，遇有表面粗糙边缘，边缘的弯角和凸出部分要预先涂刷。

厚浆型环氧煤沥青管道漆防腐，需有专人负责，配制比例严格遵守产品说明书进行。其中，特别是要控制熟化时间，确保涂层质量和固化时间。

（七）给水管道阀门安装

阀门安装前准备好安装工具及阀门螺栓、垫片、橡胶垫等材料，根据水流方向确定其安装方向；阀门安装位置不得妨碍设备、管道和阀门本身的安装、操作和维修，阀门手轮安装高度放在便于操作的位置。

（1）法兰接口平行度允许偏差应为法兰外径的1.5%，且不应大于2 mm；螺孔中心允许偏差应为孔径的5%，并保证螺栓自由穿入。

（2）螺栓安装方向应一致，紧固螺栓时应对称成十字式交叉进行，严禁先拧紧一侧，再拧紧另一侧；螺母应在法兰的同一侧平面上；紧固好的螺栓外露2～3个丝扣，但其长度不应大于螺栓直径的1/2。

（3）水平管路上的阀门、阀杆一般安装在上半圆范围内，阀杆不宜向下安装；垂直管路上的阀门、阀杆应沿着巡回操作通道方向安装；阀门的操作机械和传动装置应进行必要的调整和整定，使其传动灵活，指示准确。

（八）给水管道水压试验

给水管道焊接完成、检验合格后，为了检查已安装好的管道系统的强度和密封性是否达到设计要求，应分段进行水压试验，试压的同时也是对承载管道的支墩及支架的考验，以保证正常运行使用，压力试验是检查管道质量的一项重要措施。

管廊内给水管道压力试压时，管廊长，取水点少，为克服此难点，采用管道快速试验技术，即在试压设备上加装转换接头，利用转换接头上的多组阀门，与所试验的各段管路的注水口连接。试验时，通过试压设备同时向各分段管路注水，并进行多段连续试压，从而减少设备移动，节约水资源，并且大大缩短各分段管道注水时间。压力试验控制要点有如下几个方面。

1. 施工准备

管道试压前，管件支墩、锚固设施已达到设计强度；未设支墩及锚固设施的管件，应采取加固措施；对管道接口、支墩及附属构筑物的外观进行仔细检查；对管道的排气阀、控制阀等阀门安装的螺栓是否有松动进行检查；管道试压前需对压力表进行校验，压力表与试压设备连接前要有校验合格报告及出厂合格证书，表壳上要贴有合格证书，证书上有检测编号及有效使用期限。

照明、排水设施及排放点等措施要落实，保证压力试验后水的正常排放；试压用水必须达到生活饮用水标准，且有相关部门出具的质量检验合格报告。在试验设备端加装转换接头，与各试压段管道的注水阀相连接，达到各试压区段同时注水互不影响，并可逐段进行试压；在试验管道每分段处加装盲板。盲板宜安装在管路中法兰连接处；进、排水点的选择应遵循“高点进，低点出；中间进，两端同时出”的原则，充分利用地势高低差辅助排气。

2. 压力试验

通过转换接头，将试压用水同时注入各个试压区段的管道内，注水时打开排气阀，当排气孔排出的水流中不带气泡、水流连续、速度均匀时，即可关闭排气阀门，停止注水。

试压管路注水、排气须浸水 48 h 以上，并要对管道两端封闭、弯头、三通等处的支撑予以检查；管道浸泡符合要求后，进行管道水压试验，关闭其他转换接头的控制阀门，防止未参加试验的阀门因两端压力不均衡遭到破坏。

管道水压逐级加压，压力升至试验压力后，保持恒压 10 min，检查接口、管身无破损及漏水现象，记录压力表读数是否有变化，若压力表读数无变化，拆除压力表并观察压力表指针是否归零，若压力表指针归零，管道强度试验合格。

试压合格后应立即泄压；泄压口应设置警示标志，并应采取保护措施。泄压时必须先开启管道系统高点的排水阀，在系统无压力后，保持高点排水阀开启状态，然后打开系统最低点的排水阀，将试压水排到指定地点。管道试压合格后，应及时拆除所有临时盲板及试验用管道，恢复试验前拆除的附件。

试验过程中如遇泄漏，应立即关闭增压设备，停止注水，泄压后处理完缺陷，再重新试验。试验完毕后，应及时拆除所有临时盲板，核对记录。当气温低于 0 ℃时可采取特殊防冻措施，用热水充满管线进行水压试验。

（九）给水管道冲洗

排水口宜选在能够保证整个管路排水通畅的地方。综合管廊市政给水冲洗或最终清洗排水口可设置于每段管廊内排水泵处；进水口通常设置于冲洗综合管段较高处；一个进水口（冲洗水源）的水量不能满足冲洗要求时，可考虑设置两个或多个进水口。

预冲洗管道前，检查与冲洗管网直接相连接的阀门的严密性，避免影响用户使用。对沿线主阀门、排气阀、排泥阀、循环管路、预冲洗管道等阀门是否打开进行检查。

管道清洗时，先后开启出水口阀和控制阀门，以流速不小于1.0 m/s的清水连续冲洗。管道冲洗后应进行取样化验，取样必须用化验室提供的专用瓶，在出水口分别取样化验分析，直至水质化验合格。

六、垃圾真空管道安装技术

垃圾真空管道收集系统是在收集系统末端装引风机械，当风机运转时，整个系统内部形成负压，使管道内外形成压差，空气被吸入管道，同时垃圾也被空气带入管道，被输送至分离器并将垃圾与空气分离。分离出的垃圾由卸料器卸出，空气则被送到除尘器净化，然后排放。垃圾真空管道收集系统由主投放系统、管道系统、中央收集站组成。

（一）技术优点

垃圾流密封、隐蔽，和人流完全隔离，能有效地杜绝收集过程中的二次污染，显著降低了垃圾收集劳动强度，提高了收集效率，优化了环卫工人劳动环境，提升了环卫行业形象；取消了手推车、垃圾桶等传统垃圾收集工具，基本避免了垃圾运输车辆穿行于居住区，减轻了交通压力和环境污染，优化了居住区环境；垃圾收集、处理可以全天候进行，垃圾成分不受季节影响。

（二）局限性

一次性投资高于传统垃圾收集方式；中央收集站的服务半径小，限制了垃圾收集系统的服务范围。

（三）管道系统组成

管道系统包括地下垃圾收集管道网络、接驳分岔口等，主要负责将从用户处收集的垃圾安全、高效地输送至垃圾收集站。输送时应注意分段、分批次对垃圾进行输送，防止管路堵塞。由于管道系统具有管路长、弯点多的特点，在设计输送管路系统时应选取恰当的管径及空气流量，保证输送系统的稳定和节能，同时，管道系统一般采用螺旋焊接钢管（生产制造标准执行《低压流体输送管道用螺旋缝埋弧焊钢管》SY/T 5037），工作压力为400 kPa，焊接连接。

垃圾在管道中的传送速度、管道中垃圾与空气的混合比、输送管道中的风速是气力输送中的三个关键参数，决定了真空输送垃圾的运行情况。

由于整个输送过程压力损失很大，空气在经过各个部件时会有压力损失，如垃圾排除阀、弯管损失、垃圾分离器和除尘器等，而且在输送管道中，空气和颗粒由于加速、与管壁碰撞和摩擦、空气和颗粒之间的摩擦（即颗粒的悬浮和上升）等原因都会消耗能量，因此压力损失是决定风机风压的重要参数。

垃圾在弯管处的磨损较大且在弯管中的运动情况也特别复杂，当颗粒浓度较小时，颗粒在离心力的作用下有集中于弯管外壁某一部分的趋势，而当颗粒浓度较大时，则将出现塞状流动。除此之外，在管道弯曲部分，颗粒将和管道外侧壁发生碰撞并减速，在一般情况下，管道曲率越大，碰撞越激烈，减速也越大，因此，在弯管处既会对管壁造成严重磨损，也容易引起管道堵塞。

（四）垃圾真空管道安装技术

垃圾输送管道设计应符合《工业金属管道设计规范》（GB 50316—2000）的有关规定；管道系统对管道走向有严格的要求，同时由于运送介质腐蚀性强，因此管道密封性要求高，钢管防腐及焊缝防腐要求高。

1. 管道连接

管道安装时，应及时固定和调整支吊架，支吊架位置应准确，安装应平整牢固，与管道接触应紧密。在三通、弯头及分支处需设置固定支架。管道安装时，弯头曲率半径不小于4度。

钢管焊接前应按规定对焊工进行培训，对各种焊接方式和方法进行焊接工艺评定，制定焊接工艺卡，对焊接人员进行详细交底。

焊接时应先点焊固定，然后全面施焊；点焊时必须焊透，凡有裂纹、气孔、夹渣等缺陷必须重焊。

管材焊接方法为电弧焊，焊缝系数为1；焊接接头形式为对接，焊缝为开坡口的V形焊缝；焊条的化学成分、机械强度应与母材相同且匹配，焊条质量应符合相关规定。

管道焊接应符合《现场设备、工业管道焊接工程施工规范》（GB 50236—2011）的有关规定；多层焊接时，焊前应将上一层焊缝上的焊渣及金属飞溅物清除干净，每层焊缝接头处错开至少20 mm，最后一层焊缝应均匀平滑地过渡到母材金属表面。严禁一次堆焊，要求焊缝平直，表面可稍有呈鳞片状突起。

2. 管道接口检查

焊缝外观检查要求：焊缝表面光洁，宽窄均匀整齐，根部焊透，无气孔、夹渣及“咬肉”现象。

3. 管道防腐

管廊内环境潮湿，真空垃圾管道一般采用三层PE防腐结构，第一层环氧粉末（FBE）应≥100 μm，第二层胶黏剂（AD）为170～250 μm，第三层聚乙烯（PE）为3 mm。聚乙烯防腐层应进行漏点检测，单管有两个或两个以下漏点时可进行修补；单管有两个以上漏点时，则不合格；焊接口应涂敷防腐层，且PE保护层搭接宽度不小于50 mm。

4. 管道压力试验

管道在安装过程中需进行压力试验，根据试验目的又分强度试验和气密性试验。

强度试验：试验压力为设计输气压力的1.5倍，但钢管不得低于0.3 MPa；当压力达到规定值后，应稳压1 h，然后用肥皂水对管道接口进行检查，全部接口均无漏气现象则认为合格。

气密性试验：采用压缩空气检验管道的管材和接口的致密性。气密性试验压力根据管道设计压力而定。管道气密性试验持续时间一般不少于24 h，实际压力不超过允许值则为合格。

七、电力电缆安装技术

（一）电力电缆施工工艺流程

电力电缆在综合管廊中的施工工艺流程，一般按以下顺序进行：准备工作→支架、桥架制作安装→沿支架、桥架敷设→挂标示牌→电缆头制作安装→线路检查及绝缘摇测。

（二）支架、桥架制作安装

在综合管廊中，电缆桥架一般由托臂支架支撑，用来安放电力电缆和控制电缆。

电缆桥架由托臂支架支撑或由吊架悬吊，在综合管廊中一般采用前者。如果和其他管道支架同舱架空布置，应敷设在易燃易爆气体管道和热力管道的下方，给水排水管道上方。安装时，桥架左右偏差不应大于50 mm，水平度每米偏差不应大于2 mm，垂直度差不应大于3 mm。

桥架之间的链接，采用桥架制造厂配套的连接件，接口应平整，无扭曲、凸起和凹陷，薄钢板厚度不应小于桥架薄钢板厚度。金属桥架间连接片两端不少于2个有防松螺帽或防松垫圈的连接固定螺栓，螺母位于桥架外侧，连接片两端应接不小于4 mm^2的铜芯接地线。金属桥架及其支架全长应不少于2处接地或接零。

直线段钢制电缆桥架长度超过30 m，铝合金或玻璃钢制桥架长度超过15 m时，应设置伸缩节；电缆桥架跨越建筑变形缝处，应设置补偿装置。设补偿装置处，桥架间断两端应用软铜导线跨接，并留有伸缩余量。

一般情况下，不在施工现场制作桥架。由于特殊原因必须时，可利用现有的桥架改制非标准弯通和变径直通。改制和切断直线段桥架时，均不得用气、电焊切割，应用专用切割工具。改制的桥架必须平整，及时补漆，面漆颜色应与其他桥架一致。

（三）电缆敷设

综合管廊内电缆敷设，包括入廊电缆的敷设和管廊供配电电缆的敷设。外部入廊管线分为高压电缆、中低压电缆。管廊供配电电缆一般为低压电缆。

1. 电缆的搬运和架设地点选择

电缆短距离搬运，一般采用滚动电缆轴的方法。滚动时应按电缆轴上箭头指示的方向滚动。如无箭头时，可按电缆缠绕方向滚动，切不可反缠绕方向滚运，以免电缆松弛。

电缆支架的架设地点应选好，以敷设方便为准，一般应在电缆起止点附近为宜。架设时，应注意电缆轴的转动方向，电缆引出端应在电缆轴的上方。如果从管廊外架设电缆支架，引出端则从投料口引入，沿管廊方向敷设；如果从内部架设支架，则将电缆盘从吊装口吊入管廊，在管廊内部进行电缆铺放。

电缆在搬运、敷设过程中，应确保电缆外护套不受损伤。如果发现外护套局部刮伤，应及时修补。要求在电缆敷设前后，用 1 000 V 摇表测其外护套绝缘，两次测量的绝缘电阻数值，都应在 50 MΩ 以上。110 kV 及以上单芯电缆外护套在敷设后应能通过 10 kV × 1 min 直流耐压试验。

2. 电缆敷设和固定

综合管廊内的电力电缆，包括管廊供配电电缆电线以及由各用电单位进行的外部入廊电力电缆的敷设，这些均是在已安装完毕后的支架、桥架、套管中敷设。安装时，可按以下方法进行：编制电缆敷设顺序表（或排列布置图），作为电缆敷设和布置的依据。电缆敷设顺序表应包含电缆的敷设顺序号，电缆的设计编号，电缆敷设的起点、终点，电缆的型号规格，电缆的长度等。敷设电缆应排列整齐，走向合理，不宜交叉。每根电缆按设计和实际路径确定长度，合理安排每盘电缆，减少换盘次数。在确保走向合理的前提下，同一层面应尽可能放同一种型号、规格或外径接近的电缆。按照电缆敷设顺序表或排列布置图逐根施放电缆。电缆上不得有压扁、绞拧、护层折裂等机械损伤。

在管鹿转弯、引出口处的电缆弯曲弧度应与桥架或管廊结构弧度一致，过渡自然。电缆在受到弯曲时，外侧被拉伸、内侧被挤压，由于电缆材料和结构特性，电缆承受弯曲有一定限度，过度的弯曲将造成绝缘层和护套的损伤。在电缆敷设规程中，规定了以电缆外径的倍数作为最小弯曲半径，如表 3-8 所示。

表3-8 电力电缆弯曲半径表

电缆类别	护层结构		单芯	多芯
油浸纸绝缘	铅包	有铠装	15D	20D
		无铠装	20D	——
	铝包		30D	——
交联聚乙烯绝缘	—	—	15D	20D
聚氯乙烯绝缘	—	—	10D	10D

长距离电缆敷设应有适量的蛇形弯，电缆的两端、中间接头、电缆井内、过管处、垂直位差处均应留有适当的裕度，以补偿热胀冷缩和接头加工损耗。直线段的电缆应拉直，不能出现电缆弯曲或下垂现象。

电缆的固定：水平敷设的电缆应在电缆首末两端及转弯、电缆接头的两端处；当对电缆间距有要求时，每隔5～10 m处固定。垂直敷设或超过45° 倾斜敷设的电缆在每个支架上、桥架上每隔2 m处固定。

35 kV以下电缆固定位置：水平敷设时，在电缆线路首、末端和转弯处以及接头的两侧，且宜在直线段每隔不少于100 m处设置；垂直敷设时，应设置在上下端和中间适当数量位置处。当电缆间需要保持一定间隙时，宜设置在每隔约10 m处。

35 kV以上电缆的固定位置：除了满足35 kV以下电缆固定所需条件外，还应在终端接头或拐弯处紧邻部位的电缆下，设置不小于一处的刚性固定支架，在垂直或斜坡的高位侧，设置不小于2处的刚性固定；采用钢丝铠装时，铠装钢丝能夹持住并承受电缆自重引起的拉力。在电缆蛇形敷设的每一部位，应采取挠性固定，蛇形转换成直形敷设的过渡部位，应采取刚性固定。

电缆在敷设过程中，应确保电缆外护套不受损伤。如果发现外护套局部刮伤，应及时修补。电缆敷设完毕后，应及时清除杂物，盖好盖板。电缆线路路径上有可能使电缆受到机械性损伤、振动、热影响、腐殖物质、虫鼠等危害的地段，应采取保护措施。电缆进、出综合管廊部位应强化套管防水措施。

3. 挂标示牌

在电缆终端头、隧道及竖井的上端等地方的电缆上应装设标志牌。电缆标志牌主要有玻璃钢材质、搪瓷材质、铝反光材质等，标志牌上应注明电缆编号、电缆型号、规格及起讫地点，标志牌应打印，字迹应清晰不易脱落，挂装应牢固，并与电缆一一对应。

（四）电缆头制作

由于综合管廊纵向长度从数千米到数十千米不等，因而入廊电力电缆必须进行中间连接才能达到需要的长度。电缆头包括电缆终端头和电缆中间接头，入廊电力电缆主要是中间接头，管廊供配电系统主要是电缆终端接头。电缆施工的关键工序和主要部位就是电缆头的制作。

1. 电缆头的选型

交联电缆终端头根据运行环境，有户内和户外之分，收缩方式有冷缩和热缩之分。选择电缆头时应根据电缆的型号、规格、使用环境及运行经验综合考虑，确定使用热缩头还是冷缩头。从运行经验来看，冷缩头比热缩头安全运行系数高。

2. 电缆头制作材料和机具准备

制作电缆头的材料包括电缆终端头套、塑料带、接线鼻子、镀锌螺丝、凡士林油、电缆卡子、电缆标牌、多股铜线等，这些材料必须符合设计要求，并具备产品出厂合格证。塑料带应分黄、绿、红、黑四色，各种螺丝等镀锌件应镀锌良好，地线采用裸铜软线或多股铜线，表面应清洁，无断股现象。

其制作和安装使用的工具包括压线钳、钢锯、扳手、钢锉；测试器有钢卷尺、摇表、万用表等。

在电缆头制作前，电气设备应安装完毕，环境干燥，电缆敷设并整理完毕，核对无误，电缆支架及电缆终端头固定支架安装齐全，现场具有足够照度的照明和较宽敞的操作场地。

3. 冷缩性电缆头制作

全冷缩电力电缆附件实际上就是弹性电缆附件，利用液体硅橡胶本身的弹性在工厂预先扩张好，放入塑料及支撑条，到现场套到指定位置，抽掉支撑条使其自然收缩，这种冷缩附件具有良好的“弹性”，可以很好地适应由于大气环境、电缆运行中负载过高或过低产生的电缆热胀冷缩。

冷缩性电缆头制作工艺流程：剥外护套→锯钢铠→剥内护套→安装接地线→安装冷缩3芯分支→套装冷缩护套管→铜屏蔽层处理→剥外半导电层→清洁主绝缘层表面→安装冷缩电缆终端管→安装接线端子和冷缩密封管。

电缆头制作施工现场应清洁，周围空气不应含有导电粉尘和腐蚀性气体，避开雾雪、雨天，环境温度及电缆温度一般应在0 ℃以上。电缆头制作前应做好电缆的核对工作，如电缆的类型、电压等级、截面及电缆另一端的情况等，并对电缆进行绝缘电阻测定和耐压实验，测试结果应符合规定。制作时，从剥切电缆开始至电缆头制作完成必须连续进行，在制作电缆头的整个过程中应采取相应的措施防止污秽和潮气进入；剥切电缆时不得伤及电缆的非剥切部分，特别是不允许划伤绝缘层。

交联聚乙烯绝缘电缆铜带屏蔽层内的半导电层应按工艺要求尺寸保留，除去半导电层的线芯绝缘部分，必须将残留的炭黑清理干净；用清洁巾清洁绝缘层和半导电层表面，清洁时必须由绝缘层擦向半导电层，切勿反向，而且每片清洁巾每面只能擦一次，切勿多次重复使用。

接线端和导体的连接、导体和导体的连接可选用圈压或点压。压接后锉平突起部分，用清洁巾擦净接管和绝缘表面，压坑用填充胶填平。

钢带铠装一般用钢带卡子或直径 2.1 mm 的单股铜线卡扎，铜带屏蔽层可用截面积 1.5 mm^2 的软铜线扎紧，绑扎线兼作接地连接时，绑扎不少于 3 圈，并与钢铠或铜屏蔽带焊接牢固。

电缆接头处做防火包封堵，电缆要留有一定的裕度，防止接头故障后重接。并列敷设的电细线路，其接头的位置应相互错开，其间净距不小于 0.5 m。

4. 热缩电缆头制作

热缩电缆终端头俗称热缩电缆头，具有体积小、重量轻、安全可靠、安装方便等特点。由于热缩电缆附件价格便宜，目前热缩电缆应用最广泛的在 35 kV 以下。

热缩电缆头制作工艺流程：遥测电缆绝缘→剥电缆铠甲、打卡→焊接地线→包缠电缆、套电缆终端头套→压电缆芯线、与设备连接。

热缩电缆头制作前后均应对电缆进行遥测，选用 1 000 V 摇表对电缆进行摇测，绝缘电阻应在 10 MΩ 以上，电缆摇测完毕后，应将芯线分别对地放电。制作时，应检查电缆与终端头准备部件是否配套相符，并把各部件擦洗干净。根据电缆头的安装位置到连接设备间的距离，决定剥削尺寸（一般约 1 m），在锯钢甲、剥除内护套和内填料时，避免损伤芯线绝缘层和保护层。

焊接屏蔽层接地线时，把内护层外侧的铜屏蔽层铜带上的氧化物去掉，涂上焊锡，把附件的接地扁铜线分成三股，在涂上焊锡的铜屏蔽层上绑紧，处理好绑线的接头，再用焊锡焊接铜屏蔽层与线头。外护套防潮段表面一圈要用砂皮打毛，涂密封胶，以防止水渗进电缆头。铜屏蔽层与钢甲两接地线被要求分开时，铜屏蔽层接地线要做好绝缘处理。

铜屏蔽层的处理：在电缆芯线分叉处做好色相标记，按电缆附件说明书，正确测量好铜屏蔽层切断处位置，用焊锡焊牢（防止铜屏蔽层松开），在切断处内侧用铜丝扎紧，顺铜带扎紧方向沿铜丝用刀划一浅痕，注意不能划破半导体层，慢慢将铜屏蔽带撕下，最后顺铜带扎紧方向剪掉铜丝；剥半导电层，用刀划痕时不应损伤绝缘层，半导电层断口应整齐。主绝缘层表面应无刀痕和残留的半导电材料，如有应清理干净；半导电管热缩时应注意铜带不松动，表面要干净。半导电管内无空气。热缩时从中间开始向两头缩，要掌握好尺寸。

清洁主绝缘层表面时，用不掉毛的浸有清洁剂的细布或纸擦净主绝缘表面的污物，清洁时只允许从绝缘端向半导体层方向，不允许反向复擦，以免将半导电物质带到主绝缘层表面。

（五）线路检查及绝缘测试

被测试电缆必须停电、验电后，再进行逐相放电，放电时间不得小于 1 min，电缆较长、电容量较大的不少于 2 min；测试前，拆除被测电缆两端连接的设备或开关，用干燥、清洁的软布擦净电缆头线芯附近的污垢。

按要求进行接线，应正确无误。如测试相对绝缘，将被测相加屏蔽接于兆欧表的“G”端上；将不被测相的两线芯连接，再与电缆金属外皮相连接后共同接地，同时将共同接地的导线接在兆欧表“E”端上；将一根测试接线在兆欧表的“L”端上，该测试线（“L”线）另一端此时不接线芯，一人用手握住“L”测试线的绝缘部分（戴绝缘手套或用绝缘杆），另一人转动兆欧表摇把达 120 r/min，使“L”线与线芯接触，待 1 min 后（读数稳定后），记录其绝缘电阻值，将“L”线撤离线芯，停止转动摇把，然后进行放电。

测试中仪表应水平放置，测试中不得减速或停播，转速应尽量保持额定值，不得低于额定转速的 80%；测试工作应至少两人进行，须戴绝缘手套；被测电缆的另一端应做好相应的安全技术措施，如派人看守或装设临时遮拦等。

（六）电力电缆安全防范措施

电力管线入廊的主要技术问题在于其可能发生火灾，有资料显示，综合管廊内的火灾事故多为电缆引起，电力管线数量较多。在市政公用管线中管线敷设、检修最为频繁，扩容的可能性较大。城市电力电缆分为低压电缆（6 kV、10 kV、35 kV）和高压电缆（110 kV、220 kV）。电力管线纳入综合管廊需要解决通风降温、防火防灾等主要问题。

八、附属设施安装技术

（一）照明系统施工

照明系统是综合管廊的基本附属设施之一，也是巡查、维护及设备检修工作的基本保障；良好的照明保障也对保证施工进度和提高施工质量至关重要。管廊照明系统包含普通照明灯、应急照明灯、疏散指示灯及安全出口指示灯等照明器具。

（二）关键技术

管廊内照明系统安装应重点考虑如下内容：照明系统灯具、线路同消防系统、火报系统、监控等系统设备定位及管线布置协调一致，满足规范要求；在各系统施工前，应充分消化图纸，统筹进行各系统设备及管道布置，满足规范要求，布局合理、美观，避免过程施工冲突。

1. 照明器具定位

直线段管廊照明施工采用激光红外投线仪进行辅助施工，在使用投线仪的过程中，一定要确定投线仪放置位置的水平度及垂直度，以保证投线仪投出的位置的准确性。

非直线段管廊照明施工时，需要沿管廊延伸方向找出统一参考点来确定灯具位置，照明器具定位应能充分利用照明的光照度，并且均匀分配，安装定位时须避开障碍物及影响其他专业施工的位置。

2. 照明灯具安装

管廊照明灯具防水要求较高；照明灯具均采用三防灯具，外接线口均采用缩紧器连接，保障灯具内密闭；疏散指示灯及安全出口指示灯安装在醒目、无障碍区域，安全指示标识要正确。照明灯具安装不应妨碍投料口材料进出及人员通行，安装高度不低于2.5 m。

3. 管路安装

依据照明器具位置确定照明管线敷设路由；照明管线支架固定间距均匀，与管廊两侧墙体平行；管廊转角处应提前测定角度，统一预制管线转角弯头；管线跨越主体伸缩缝处应断开，防止主体沉降拉扯，造成管线脱落。

4. 照明导线敷设

导线敷设前需在电气管的管口处加装护线帽，防止敷设过程中刮伤导线绝缘层，导线（电缆）敷设应平直、整齐，无打结现象；采用圆钢及型钢制作成可旋转卧式导线放置装置，将导线放置在敷设装置上，通过旋转转动装置，导线顺直进行敷设；将导线按相线、中性线、接地线、控制线整齐排列；导线（电缆）敷设完成后，采用防火泥封堵穿线孔，穿线孔做电缆保护措施。

导线（电缆）每间距100 m用电缆标识牌，标注导线（电缆）回路号、起始及终止点，普通照明导线（电缆）用黑笔标注，应急照明导线（电缆）用红笔标注。

5. 配电设备安装

进场设备质量证明文件、使用说明书及质保文件必须齐全；使用说明书中必须注明对应设备相关型号、规格及设备系统图；依据设备实际框架尺寸，确定设备固定支架尺寸及形式；根据现场情况，确定设备安装位置及设备安装方式（悬挂式安装或是落地式安装），根据选定的安装方式及支架尺寸，完成固定支架制作；支架制作焊接时随时检查支架连接处垂直度，保障支架方正、平直；支架安装完成后，再进行设备固定，用线坠分别对盘柜侧面、正面进行检查，盘柜安装垂直高度误差应控制在± 1.5 mm。

6. 电气接线

导线（电缆）中间接头应在分线盒内进行，软线接头应搪锡；电缆接头处应拧成麻花状，先缠绝缘胶布，再缠防水胶布，最后缠绝缘胶布；导线（电缆）外露端头用绝缘胶布包扎，防止造成漏电事故。

柜内敷设线路每间距 10 cm 绑扎，转角处应加密绑扎，导线（电缆）接线成束捆扎应整齐；盘柜接线孔应做护线措施，导线（电缆）敷设完成后，用防火泥封堵整齐、美观；灯具外露可导电部分必须与保护接地（PE）可靠连接，且做标识。

7. 绝缘测试及通电运行

线路敷设完成后，导线间或电缆间绝缘值须 ≥0.5 MΩ；灯具控制回路与照明配电箱、弱电双电源箱的回路标识应一致；双控开关控制灯具回路顺序应正确。

管廊照明灯具试运行时间为 24 h；所有灯具开启，每 2 h 记录运行状态 1 次，连续试运行时间内无故障；管廊照明工程应先进行就地手动控制试验，运行合格后再进行远程自动控制试验，试验结果应符合设计要求；管廊照明灯具运行平稳后，进行照度检测，平均照度应符合图纸设计及规范要求。

（三）综合管廊排水系统施工

综合管廊内设置排水沟和集水坑，主要是为了排除结构、管道渗漏水及管道维修时放空水等。在综合管廊底板设置排水沟，排水沟将综合管廊积水汇入集水坑内，再由集水坑通过泵站排到室外雨水排水系统中。

1. 管道及支架预制

管道及支架预制应按管段图规定的数量、规格、材质、系统编号等确定预制顺序并编号。预制管段应划分合理，封闭调整管段的加工长度应按现场实测尺寸决定。预制长度必须考虑运输和安装方便。管段预制完毕后，应进行质量检查，检验合格后方可进行下道工序。

管段预制完毕后，应及时编号，焊工代号及检验标志应标在管段图上；预制完成的管段不得在运输和吊装过程中产生永久变形，必要时某些部位可进行加固。

大于 DN100 的钢管对焊连接时要打 V 字形坡口，坡口夹角保持在 60° ~ 70° 。不大于 DN100 的钢管对焊连接时可以不打坡口，但对口时应留 2 ~ 3 mm 的缝隙；管道焊接时，选用合格的电焊条，并进行干燥处理。管道焊缝要均匀饱满，施焊后及时清理焊渣，确保焊接质量。

排水铸铁管下料采用无锯齿切割，无缝镀锌钢管采用沟槽连接，镀锌钢管必须采用切割机下料。

2. 管道防腐

根据设计规定进行防腐。管道防腐涂层应均匀、完整，无损坏、流淌，色泽一致；涂膜应附着牢固，无剥落、皱纹、气泡、针孔等缺陷，涂层厚度应符合设计文件的规定；涂刷色环时，应间距均匀，宽度一致。

3. 管道安装

管道安装时，应检查法兰密封面及密封垫片，不得有影响密封性能的划痕、斑点等缺陷，法兰连接应与管道同心，并应保证螺栓自由穿入。法兰间应保持平行，其偏差不得大于法兰外径的1.5%，且不得大于2 mm，不得用强紧螺栓的方法消除歪斜；法兰连接应使用同一规格螺栓，安装方向应一致，螺栓紧固后应与法兰紧贴，不得有楔缝；需加垫圈时，每个螺栓不应超过一个。

管道对口时应在距接口中心200 mm处测量平直度，当管道公称直径DN<100 mm时允许偏差为2 mm，全长允许偏差为10 mm。管道连接时，不得用强力对口、加偏垫或加多层垫等方法来消除接口端面的空隙、偏斜、错口或不同心等缺陷。排水管的支管与主管连接时，宜按介质流向设置坡度。管道及管件和阀门安装前，内部清理干净，要求无杂物、尘土等。

4. 排水泵安装

将需要安装的排水泵直接固定在池底埋设件上或由预埋螺栓固定。电动机与泵连接时，应以泵的轴为基准找正。与泵连接的管道应符合下列要求：管子内部和管端应清洗洁净；密封面和螺纹不应损伤；吸入管道和输出管道应有各自的支架，泵不得直接承受管道的重量，支架必须牢固可靠，减少泵体及管道的震动；管道与泵连接后，应复检泵的原找正精度，当发现管道连接引起偏差时，应调整管道；管道与泵连接后，不应在其上进行焊接和气割；当需焊接和气割时，应拆下管道或采取必要的措施，并应防止焊渣进入泵内。

泵的试运转：各固定连接部位不应有松动，各运动部件运转应正常，不得有异常声响和摩擦现象；管道连接应牢固无渗漏，泵的试运转应在其各附属系统单独试运转正常后进行。

（四）消防系统施工

综合管廊消防灭火系统通常采用自动水喷雾喷淋灭火系统，也可采用气溶胶自动灭火系统、移动式灭火器、道路消防栓等。采用自动水喷雾喷淋灭火系统时综合管廊工程需设置消防水泵房以及相关消防管道、电气及自动控制系统。该系统的优点是可实时监控并快效降低火灾现场温度，通用性强。气溶胶灭火主要是利用固体化学混合物，热气溶胶发生剂经化学反应生成具有灭火性质的气溶胶淹没灭火空间，起到隔绝氧气的作用从而使火焰熄灭。目前部分工程采用S型或K型热气溶胶灭火系统，该系统的优点是设置方便，灭火系统设备简单，可以带电消防；该系统的缺点是药剂失效后将不能正常使用，需更换药剂箱，运行费用较高，增加管理工作。

1. 消防喷淋系统概述

通常在综合管廊消防灭火系统中，自动喷雾喷淋灭火系统为首选。高压细水雾以水为灭火剂，对环境、保护对象、保护区人员均无损害和污染，能净化烟雾和毒气，有利于保护区人员的安全疏散和消防员的灭火救援工作，维护方便，日常维护工作量和费用大大降低，近年来在消防领域的应用日益广泛。

2. 关键施工技术介绍

1）吊架制作

通常，管廊内的消防喷淋系统固定管卡支吊架采用角钢或槽钢制作，支吊架的焊接按照金属结构焊接工艺，焊接厚度不得小于焊件最小厚度，不能有漏焊、结渣或焊缝裂纹等缺陷；管卡的螺栓孔位置要准确。受力部件如膨胀螺栓的规格必须符合设计要求及有关技术标准规定。吊架制作完毕后进行除锈涂装。

2）支吊架安装

首先根据设计图纸定出支吊架位置，根据管道的设计标高，把同一水平直管段两端的支架位置标在墙上或柱上，并按照支架的间距在顶棚上标出每个中间支架的安装位置。将制作好的支吊架固定在指定位置上，支吊架横梁土顶面应水平，确保管线安装的水平度。

3）管道加工、安装

常用管材一般为热镀锌钢管；DN＜65 mm时，采用螺纹连接；DN≥65 mm时，采用沟槽连接。管道加工前，对管材逐根进行外观检查，其表面要求不存在裂纹、缩孔、夹渣、折叠、重皮、斑痕和结疤等缺陷；不得有超过壁厚负偏差的锈蚀和凹陷。

管道下料切割采用机械切割方法或螺纹套丝切割机进行切割。管子切口质量应符合下列要求：切口平整，不得有裂纹、重皮；毛刺、凸凹、缩口、熔渣、铁屑等应予以清除。

采用机械套丝切割机加工管螺纹。为保证套丝质量，螺纹应端正、光滑完整，无毛刺、乱丝、断丝等，缺丝长度不得超过螺纹总长度的10%。螺纹连接时，在管端螺纹外面敷上填料，用手拧入2~3扣，再一次装紧，不得倒回，装紧后应留有螺尾。

管道连接后，将挤到螺纹外面的填料清除掉，填料不得挤人管腔，以免阻塞管路。各种填料在螺纹里只能使用一次，若管道拆卸，重新装紧时，应更换填料。用管钳将管子拧算后，要对管子外表破损和外露的螺纹进行修补，并作防锈处理。沟槽加工使用专用的压槽机，在管道的一端滚压出一圈 2.5 mm 深的沟槽，将管道的两端对接后，在管道外边安装专用橡胶圈，两边的搭接要相等；将两半卡箍扣住橡胶圈，卡箍的凸缘卡进管端压出的沟槽里，拧紧卡箍两侧的螺栓即可。

管道在穿越变形缝时，安装柔性金属波纹管进行过渡；管道安装完毕后，其穿墙体、楼板处的套管内采用不燃材料填充。

为确保喷淋管路安装美观，首先对喷淋主管进行安装，安装时确保主管的同心度，随时对管路进行校直，确保其保持直线。主管试压合格后进行支管安装，对纵向在一条直线的喷头连接管路进行统一下料、统一套丝、统一安装，而后再复核喷头是否成一线，如不成一线则及时调整。

4）湿式报警阀组安装

安装前逐个进行密封性能试验，试验压力为工作压力的两倍，试验时间为 5 min，以阀瓣处无渗漏为合格。先安装报警阀组与消防立管，保证水流方向一致，再进行报警阀辅助管道的连接；报警润的安装高度为距地面 1.2 m，两侧距墙不小于 0.5 m，正面距墙不小于 1.2 m，确保报警阀前后的管道中能顺利充满水。

报警阀处地面应有排水措施，环境温度不应低于 5 ℃。报警阀组装时应按产品说明书和设计要求，控制阀应有启闭指示装置。系统安装完成后，进行湿式报警阀的调试，并在系统中联动试运转。

5）水流指示器安装

在管道试压冲洗后，才可进行水流指示器的安装。水流指示器安装于安全信号阀之后，间距不小于 300 mm。水流指示器的桨片、膜片要垂直于管道，其动作方向和水流方向一致。安装后水流指示器的桨片、膜片要活动灵活，不允许与管道有任何摩擦接触，而且无渗漏。

6）阀门的安装

安装前按设计要求：检查其种类、规格、型号等参数及制作质量。阀门在安装前，做耐压强度试验，试验数量每批次（同牌号、同规格、同型号）抽查 10%，且安装在主干管上的阀门不少于 1 个，起切断作用的闭路阀门要逐个做强度和严密性试验。阀门的强度试验压力为公称压力的 1.5 倍，严密性试验压力为公称压力的1.1倍；试验压力在试验持续时间内应保持不变，且壳体填料及阀瓣密封面无渗漏。

阀门安装位置按施工图确定，要求做到不妨碍设备的操作和维修，同时也便于阀

门自身的拆装和检修。

7）喷头安装

喷头安装应在系统管道试压合格后进行。喷头的型号、规格应符合设计要求；喷头的商标、型号、公称动作温度、制造厂等标识应齐全；喷头外观应无加工缺痕、毛刺、缺丝或断丝的现象。

闭式喷头密封性能试验：从每批中抽查1%的喷头，但不少于5个，试验压力为3.0 MPa，试验时间为3 min；当有两个以上不合格时，不得使用该批喷头；当有一个不合格时，再抽查2%，但不得少于10个，重新进行密封性能试验，当仍有不合格时，不得使用该批喷头。喷头安装时，不得对喷头进行拆装、改动并严禁给喷头附加任何装饰性涂层。使用专用扳手安装喷头，不得利用喷头的杠架来拧紧喷头。

（五）火灾报警系统施工

1. 综合管廊火灾报警系统概述

火灾报警系统包含火灾自动报警系统、消防广播系统和消防电话系统，火灾自动报警系统由电感烟探测器、感温探测器、手动报警按钮、各类模块、电话分机、电话插孔、扬声器、可燃气体探测器、模块箱等设备组成；消防广播系统在消防监控室设置消防广播机柜，在所有防火分区设置消防广播扬声器；火灾发生时，可以手动或按程序自动启动消防广播系统；消防电话通过光纤与监控中心内专用火警电话分机进行连接，可直接与消防中心通话，监控中心内设有专用火警电话分机。

2. 电气管路敷设要求

配电管、箱、盒的安装管线应根据图纸及现场实际按最近线路敷设，并尽量避免三根管路交叉于一点。接线盒与电管之间必须用黄绿双色线跨接。电气配管拗弯处无折皱和裂缝，管截面椭圆度不大于外径的10%，弯曲半径大于其管径的4倍。

所有钢质电线管均采用丝扣连接，进入箱盒的管口应小于5 mm，管口毛刺应用圆锉锉平并用锁母双夹固定；采用塑料管入盒时应采取相应固定措施，管线经过建筑物的变形缝（包括沉降缝、伸缩缝、抗震缝等）处时，应采取补偿措施。

3. 配线施工要求

管内穿线时应清理管道，清除杂物，电线在管内严禁接头、打结、扭绞。火灾自动报警系统应单独布线，系统内不同电压等级、不同回路电流类别的电线严禁穿入同一根管内或同一线槽孔内。导线穿线时根据不同用途选择不同颜色加以区分，相同用途的导线颜色应一致。电源线正极为红色，负极为蓝色或黑色，分色编号处理便于识别，同时做好绝缘测试检查，做好安装记录。

4. **火灾探测器的安装**

点型感烟、感温火灾探测器至墙壁、梁边的水平距离不应小于0.5 m，周围0.5 m内不应有遮挡物；火灾探测器至空调送风口边的水平距离不应小于1.5 m，至多孔送风顶棚孔口的水平距离不应小于0.5 m。

在综合管廊的内走道顶棚上设置探测器时宜居中布置。感烟探测器的安装间距不应超过10 m。探测器距端墙的距离不应大于探测器安装间距的一半。探测器宜水平安装，当必须倾斜安装时，倾斜角不应大于45°。探测器的“+”线应为红色，“−”线应为蓝色。其余线应根据不同用途采用其他颜色区分，但同一工程中相同用途的导线颜色应一致。探测器底座导线应留有不小于15 cm的余量，入端处应有明显标志。探测器底座的穿线孔宜封堵，安装完毕后的探测器底座应采取保护措施。探测器的确认灯应面向便于人员观察的主要入口方向。

5. **报警区域控制器的安装**

火灾报警区域控制器（以下简称控制器）在墙上安装时，其底边距地（楼）面高度不应小于1.5 m；落地安装时，其底边宜高出地坪0.1 ~ 0.2 m。控制器应安装牢固，不得倾斜。安装在轻质墙上时，应采取加固措施。

6. **感温电缆的安装**

综合管廊内电缆运行时会发热，存在发生火灾的隐患，管桥架内安装针对电缆全线路的连续温度监测设备是必要的。感温电缆又名线性感温探测器，沿电缆线全长敷设，在电缆全长范围内连续监测、采集电缆的温度；敷设线统式感温电缆时应呈“S”形曲线布置，布线时必须连续无抽头、无分支连续布线；采用规范的夹具或卡具，不得在感温电缆上压敷重物，避免损伤感温电缆。感温电缆在桥架内不得扭结，不得突出桥架。

7. **模块安装**

同一报警区域内的模块集中安装在金属箱内，模块或模块金属箱应独立支撑或固定，安装牢固，并应做防潮、防腐蚀等措施；模块连接导线应留不少于150 mm的余量，并做明显标志；隐蔽安装时，在安装处应有明显的位置显示和检修孔。

8. **消防广播系统安装**

火灾应急广播扬声器和火灾警报装置安装应牢固可靠；光警报装置应安装在安全出口附近明显处，距地面1.8 m以上；光警报器与消防应急疏散指示标志不宜在同一面墙上，安装在同一墙面上时，距离应大于1 m；扬声器和声警报装置在报警区域内均匀安装。

9. 消防系统接地

交流供电和36 V以上直流供电的消防用电设备的金属外壳，使用黄绿接地线与电气保护接地干线（PE）相连。接地装置施工完毕后，按规定测量接地电阻，并做记录。

10. 系统调试

为了保证火灾报警系统安全可靠投入运行，应在系统投入运行前，进行一系列的调整试验工作，调整试验的主要内容包括线路测试、火灾报警与系统接地测试和整个系统的联动调试。

（1）调试前准备工作。调试前，应成立调试组织机构，明确人员职责，对调试人员进行施工技术安全交底，确保调试相关文件技术资料齐全。同时，应仔细核对施工记录及隐蔽工程验收记录、检验记录及绝缘电阻、接地电阻测试记录等，确保工程施工满足调试要求；配备满足需要的仪表、仪器和设备。

（2）线路测试。对拟调试系统进行外部检查，确认工作接地和保护接地连接正确，可靠。

（3）单体调试。显示探测器的检查，一般做性能试验；开关探测器采用专用测试仪检查；模拟量探测器一般在报警控制调试时进行。

（4）功能检测。火灾自动报警系统设备的功能包括自检消音、复位功能故障报警功能、火灾优先功能、报警记忆功能等。火灾探测器现场测试采用专用设备对探测器逐个进行试验，其动作、编码、手动报警按钮位置应符合要求；感烟型探测器采用烟雾发生器进行测试；手动报警按钮测试可用工具松动按钮盖板（不损坏设备）进行测试。

（5）电源检测。对电源自动转换和备用电源自动充电功能及备用电源欠电负荷和过电压报警功能进行检测，在备用电源连续充放电2次后，主电源和备用电源应能自动转换。

（六）综合管廊安全监控系统施工

管廊智能化安全监控系统（简称安控系统）将先进的计算机信息技术、电子控制技术、网络技术等有效地综合运用于管庭安控系统。安控系统采用分级管理模式，通过建立多平台、多系统下的统一管理平台，实现对系统内所有分监控中心、监控主机及设备的统一有序的管理协调。各分监控中心在服从总监控中心的同时，可以独立地监控自己负责区域，实现系统分散、多级管理。

1. 监控系统的构成

监控系统主要包括固定式网络摄像机（带 SD 卡）、球形网络摄像机（带 SD 卡）、接入交换机等。监控系统按分区设置视频监控区域，由彩色摄像机完成，每台彩色摄像机均采用数字技术将视频图像数字化，并通过以太网接口传输至与之对应的防火分区交换机，再通过大容量、高速工业以太网传输至监控中心主交换机，通过配套视频处理设备（网络视频解码器）将每个视频监控区域的监控图像传送至监控中心的电视墙上。

2. 摄像机安装

固定式摄像机安装在综合管廊配电控制室、卸料口及管廊进、出口；球形摄像机安装在综合管廊顶部，与两侧墙面距离均匀，一个防火分区内设置两台球形摄像机。固定支架要安装平稳、牢固，设备安装完毕后固定螺丝要用玻璃胶密封。

摄像机接线板安装支架内电源端接头要压实，BNC 头固定后要用自黏带包实。摄像机调试完成后要把摄像机变焦等的固定螺丝及摄像机支架螺丝固定紧。从摄像机引出的电缆宜留有 1 m 余量，不得影响摄像机的转动。摄像机的电缆和电源线均应固定，并不得用插头承受电缆的自重。

先对摄像机进行初步安装，经通电试看、细调，检查各项功能，观察监视区域的覆盖范围和图像质量，符合要求后方可固定。将摄像机支架可靠地安装在指定位置上，摄像机与支架要固定牢靠，并保证摄像机上下转动范围在 ±90°，左右转动范围在 ±180°。

3. 监控及大屏显示设备安装

设备安装前，先检查设备是否完好，根据设计图纸现场测量定位。控制台应竖直安放、保持水平，附件完整、无损伤，螺丝紧固，台面整洁无划痕。拼接屏安装时需注意四边与装饰齐平，缝隙均匀；拼接屏的外部可调节部分应暴露在便于操作的位置，并加盖保护。

4. 设备配线

所有电缆的安装符合统一标签方式。线缆标签贴在线缆两端、电缆托盘、管道、管廊出入口和有需要的适当位置。电缆种类、尺码或每对线的用途和终接需详细记录。

柜内电缆可根据柜内空间进行成束或平铺绑扎，按垂直或水平方向有规律地配置，不得任意歪斜交叉连接，动力、控制电缆要分开绑扎，绑扎弧度要一致、牢固，绑扎带固定位置要均匀，绑扎方向要一致且绑带多余部分要剪掉。盘柜内电缆开刀高度要保持水平，且不能伤到内部线芯，封口处宜用与电缆同颜色的胶带进行封口。控制电缆屏蔽引出线的接头应封在封口内、电缆标签粘贴或悬挂高度要一致，字迹要清晰。

电缆线芯在盘柜内无线槽的必须成束敷设，成束线芯捆扎顺直、无交叉、走向顺畅，固定绑线要均匀、固定牢靠，备用线芯必须用胶带注明电缆号，并将线芯头部用胶带封住。控制电缆线芯必须穿戴线芯号，线芯号码排列统一朝向，长度一致且必须用机器打印，不能手写涂改。

5. 单机测试

（1）线缆测试。视频监控系统选用电缆包括电源线、超五类非屏蔽网线等。

（2）接地电阻测量。闭路电视线路中的金属保护管、电缆桥架、金属线槽、配线钢管和各种设备的金属外壳均应与地连接，保证可靠的电气通路。系统接地电阻应＜10。

（3）电源检测。电源应符合设计规定。调试时，合上系统电源总开关，检查稳压电源装置的电压表读数并实测输入、输出电压，确认无误后，逐一合上分路电源开关，给每一个回路送电，现场检查电源指示灯并检查各设备的端电压，电压正常后，再分别给摄像机供电。

（4）电气性能调试。用信号发生器从摄像机电缆处发一专用测试信号（数字信号），通过控制键盘的选择，用视频测试仪进行测试。

（5）系统调试。在前端摄像机、云台、SK 存储系统中的各项设备单体调试完成后，可进行系统整体调试。在整体调试过程中，每项试验均需做好记录，及时处理调试过程中出现的问题，直至各项指标均达到要求。当系统联调出现问题时，应根据分系统的调试记录判断是哪一个分系统出现的问题并快速解决问题。

第七节　施工管理

一、综合管廊平面管理及协调

综合管廊呈条形布置，一般位于绿化带或道路下方，与道路交通关系密切，施工组织流动性大，因此，综合管廊工程平面布局策划至关重要。

1. 施工部署原则

综合管廊施工部署应结合每个项目工程特点，为确保工期、质量、安全等各项目标实现，遵循“先地下后地上、先深后浅、先主干线后支线、先主后辅”的总体施工原则，在施工总体部署上遵循“平面分区、管廊分段；突出重点，同步实施”。分路段划分施工区域，一般每隔 5 km 左右为一个施工区域，每个施工区根据施工位置、地基处理、基坑支护管廊截面形式、工期要求等因素划分为若干个施工段；施工组织必须紧紧抓住“打通综合管廊结构路由”这一主线，抓住地基处理、管廊结构、隧道、桥梁等重点内容，才能确保工序最优化、工期受控。

2. 道路规划

一般市政工程由于受征地拆迁、管线保护以及现状道路、河道等影响，各施工工序之间的合理衔接被打破，平面管理变得复杂化。为确保各专业主要工序之间和不同专业之间的衔接和交叉作业的有序开展，必须统筹做好施工临时道路规划。

施工临时道路一般设置在管廊侧面正式道路区域内，施工组织应综合考虑现状道路、关键节点线路、深基坑的位置关系、经济因素、工期要求等各方面因素，在施工阶段进行详细规划。施工临时道路的设置应遵循如下原则。

（1）设置在有综合管廊带的道路另一侧。

（2）设置在远离排洪渠的道路另一侧，避免重车荷载对深基坑的影响。

（3）施工便道尽量考虑利用现状道路。

（4）综合考虑周边环境因素、施工总体部署等因素，施工便道的设置位置可以进行调整，具体以现场实际情况为准。

3. 现场临时设施

施工现场应设立办公区，且设在工程重点区域；现场施工根据工程分段施工顺序，采取移动式布置方式，一个钢筋、模板加工场地覆盖直径应不超过 1.5 km。为了保证施工区域整洁、有序、形象良好、组织有序，现场必须进行统一动态管理，平面布置遵循统一布局、统一调度、统一标识的原则，同时完善规章制度，保证施工现场井然有序、有条不紊。

建筑材料堆放应遵循尽量减小场地占用原则，充分利用现有的施工场地，紧凑有序，强化调度；施工设备和材料堆放按照“就近堆放”和“及时周转”的原则，尽量减少材料在场内的二次搬运；施工现场工具、构件、材料的堆放必须依照总平面布置图，按品种、分规格设置标识牌，摆放整齐。

二、质量管理

综合管廊主要包括管廊结构、入廊管线及附属设施，各专业组织方式多种多样，实施时间跨度很大，因此，质量管理应根据项目特点、进行针对性策划，各个阶段都应有各自不同的施工内容，都应制定好对应施工质量管控重点和措施；此外，由于入廊管线安装位置和空间的统筹规划对后续运营安全和效率息息相关，因此必须将全过程入廊管线的空间使用和位置规划纳入综合管廊质量管理中强化管控。

（一）抓住重点质量问题及影响因素

综合管廊内部入廊管线多、承受荷载大，能源介质和各类管线的正常运行对管廊内部环境要求高，同时管廊内还综合了各类附属设施，因此，应首先预防和减小渗漏水对综合管廊的影响。综合管廊应重点把控的主要质量问题和主要影响因素有如下几个方面。

（1）墙体振捣不密实，出现渗水、漏水。

（2）管廊通风口由于水分蒸发快等因素，出现裂缝。

（3）底板倒角气体排出不畅，容易导致蜂窝麻面；或未采用专用模板，导致尺寸偏差大或表面质量差。

（4）不均匀沉降导致伸缩缝部位渗漏水。

（5）管廊引出线口或预埋管口防水措施不到位导致结构渗水、漏水。

（6）混凝土保护层尺寸、管廊净空尺寸偏差超差。

（7）未针对不同的模板采取对应的模板支撑和加固措施，平整度超差。

（8）埋件尺寸、位置超差。

（二）健全管理体系和责任制落实

1. 健全体系

（1）按照《工程建设施工企业质量管理规范》（GB/T 50430—2017），结合项目承建单位质量方针和目标，完善项目施工管理机构职能部门的人员配置和职责分工。

（2）成立项目质量管理机构，全面负责施工过程的质量管理。

（3）结合项目特点，明确质量分级管理职责及任务分工。

（4）保证质量监督与管理指令畅通并得到有效执行。

2. 完善制度

综合管廊施工区域广、战线长，发挥团队作用确保质量管理满足要求、遵循质量管理标准化原则制定制度至关重要。项目应制定以下基本管理制度并确保执行和落实。

（1）项目质量管理制度。

（2）创优规划。

（3）质量样板引路制度。

（4）质量考核细则。

（5）实体质量监督与检查制度。

（6）商品混凝土质量监督管理办法。

（7）过程质量控制与监督检查制度。

（8）质量通病与防治措施。

（9）管廊施工质量标准化检查与评分。

（10）混凝土结构养护及试件留置与管理办法。

（11）工程检测与试验管理办法。

（12）成品保护办法。

三、进度管理

（一）主要影响因素

城市地下综合管廊作为可以有效利用地下空间、系统整合地下管线布置、改善市容景观的综合性地下构筑物，影响其施工进度的因素主要有人为因素、材料设备因素、技术因素、地基因素、气候因素、资金因素等。

表3-9　施工进度管理影响因素表

影响因素	相关内容
施工单位内部因素	施工组织不合理，人力、机械设备调配不当，解决问题不及时； 施工技术措施不当或发生事故； 与相关单位协调不善； 项目经理管理水平低
相关单位因素	设计图纸供应不及时或技术资料不准确；业主要求设计变更； 实际工程量增减变化； 水电通信等部门、分包单位信息不对称或沟通不畅； 资金没有按时拨付等
不可预见因素	施工现场实际水文地质状况与地勘资料偏差较大； 严重自然灾害； 政策调整等因素

（二）综合管廊施工进度策划

综合管廊作为一种长条状地下结构，工程量大，涉及专业多，为保证在要求的施工期内完成施工，需要对综合管廊进行合理的区段划分，不同的施工工艺、不同区段划分也有不同的要求；综合管廊施工通常采用明挖法。

1. 明挖法施工部署

在进行总体布局时，考虑到地下空间利用、出廊管线的整体规划以及管廊出地面结构的布置，综合管廊总是沿道路布置且多利用道路绿化部分进行地上和地下的连接。目前，城市地下综合管廊与道路的关系大致可以分为两种情况：位于道路外侧绿化带区域或位于道路分隔带及车行道下方；另外，根据道路是新建道路还是现有道路，又可以分为新建道路与综合管廊同时施工和道路改扩建工程的综合管廊施工。

属于道路改扩建工程的综合管廊施工，由于很多情况下都无法完全封闭交通，在进行综合管廊施工工期部署时必须考虑到现状道路运行对施工的影响，并提前做好交通疏导方案以及其他相关施工手续，在保证正常施工的前提下尽量减少对道路通行的影响。另外，也要提前熟悉原道路的地下管线布置情况，提前做好需改线管线的施工方案，并将其纳入综合管廊工期部署进行综合考虑。

对于新建道路的综合管廊施工工期部署，则需要与道路施工进行统筹考虑，通常道路施工的主要内容包括地基处理、雨污水管、人行地道、过路涵洞、给水管、道路结构等，在综合管廊施工前需要明确综合管廊与其他新建管线的相对位置关系，特别是像雨污水等重力式自流管线，在道路范围内结构高差较大，本着地下工程施工先深后浅的基本原则，在施工前需对雨污水管线与综合管廊沿道路方向进行施工标高对比，由此来决定施工的先后；还有部分区段需要考虑综合管廊与横穿道路结构的相对位置（是否影响综合管廊施工），最终根据综合管廊与道路其他结构及管线在空间上的关系确定施工顺序以及区段划分。

2. 明挖现浇工艺施工段的划分

明挖现浇综合管廊施工中应合理地按不同的结构断面形式进行分区，尽量对每种结材形式都安排单独的施工作业人员，这样不仅可以熟能生巧，提高施工队伍的工作效率，也能在一定程度上减少模板等周转材料的浪费，加快整体的施工进度。

根据混凝土结构特点以及地质、气候条件等因素，综合管廊可以按照每隔一定的长度（20 ~ 30 m）设置一道变形缝，以满足混凝土裂缝控制要求；在施工过程中可以随时开挖随时施工，施工调配、组织灵活方便。

综合管廊在施工过程中可根据变形缝划分情况，采用目前技术成熟的“跳舱法”——“隔段施工、分层浇筑、整体成型”来开展施工，保证伸缩缝的成型质量。其具体方法：中间段综合管廊在前后两段结构施工完后再开始施工。如果工期紧，也可交叉跳舱施工，即在前后两段底板浇筑完成后开始进行中间段底板施工，同时施工前后两段的侧墙顶板，中间段底板和前后两段的侧墙和顶板施工完后，再施工中间段侧墙和顶板。“跳舱法”施工避免了多段管廊同时施工时的相互干扰，且便于变形缝处止水带的固定，能加快施工进度，保证施工质量。

除了标准段外，综合管廊还不可避免地会遇到与其他结构相互交叉的情况。由于都属于埋地结构，要保证此段综合管廊的施工进度，除了安排独立施工队负责施工、提前准备好施工物资材料外，还需对周围穿过的管线进行信息收集，特别是燃气管线，要了解准确通气时间，深基坑段的施工尽量减少基坑的暴露时间，避免因基坑暴露时间太长而受外部环境影响导致基坑失稳。

3. **明挖预制拼装工艺施工段划分**

明挖预制拼装按照预制场地位置可以分为现场预制与工厂预制两种。明挖预制拼装中预制节段的划分需要考虑预制模具的尺寸、起吊与运输设备的能力、接缝处理的成本等方面的问题，经过现场的不断实践与探索，现有预制拼装综合管廊一般采用1～3 m的节段长度进行施工。

在施工段的划分上，明挖预制拼装与明挖现浇施工一样具有很强的灵活性，并且由于预制构件已基本完成收缩，现场施工按照预制构件接口方式选择是否需要单独设置变形缝，一般刚性接口需要单独设置变形缝，而如果采用柔性接口则可以不再单独设置变形缝，如需设置也可在明挖现浇20～30 m的基础上适当放宽。

明挖预制拼装由于构件尺寸小，现场基本可以在任何满足施工条件段开始施工，但也需要考虑机械设备的配备情况，并通过局部的现浇段连接相邻预制安装区段，这样也在一定程度上解决了安装过程中累积偏差对结构的整体影响。

（三）综合管廊进度控制要点

1. **明挖现浇结构施工进度控制**

基坑支护作为明挖现浇法施工的一个重要工序，施工过程中必须严格按照设计要求进行施工，并按要求对基坑变形进行监测，做好应急预案。明挖现浇法施工对现场排水要求比较严格，施工过程中必须监测地下水位情况，及时了解当地的天气情况，做好应急排水设施，避免基坑浸泡造成工期损失。

2. **明挖预制拼装结构施工进度控制**

明挖预制拼装施工中预制厂的生产能力与施工进度控制息息相关，施工中需根据工程量选择具备相应生产能力的预制厂，必要时可以采用多家预制厂作为预制件储备，保证现场不会因预制件不足而导致窝工，影响施工进度。

由于综合管廊呈带状布置，明挖预制施工中不管是现场加工预制还是工厂加工预制都需要进行预制件的运输，现场需提前做好交通运输方案，同时积极与交通部门协商，保证运输顺畅；做好现场吊装机械的合理配备，根据预制拼装构件的重量确定吊装机械，根据现场施工面及预制件的生产与运输能力确定机械数量。

3. **附属设施施工进度控制**

附属设施应与入廊管线统筹规划，合理分配安装空间，做好平面优化，避免互相影响导致返工；通风、照明、排水等设施可以为同期施工的入廊管线施工提供便利条件，应先组织施工；此外，管廊附属设施各系统一般按200 m进行分区，施工时，一个防火分区内的附属设施应同步施工、同步完成，并保证每个分区的附属设施系统正常运行，为综合管廊入廊管线成果保护、系统调试、连通创造条件。

（四）综合管廊管线入廊进度控制

综合管廊能容纳多种管道及线缆，但是管廊内部的施工空间有限，在进行管线入廊施工过程中需综合考虑管线的专业特点与结构特点。

四、安全管理

（一）安全管理概述

综合管廊工程依托城市道路工程，具有工程规模大、战线长、周期长、参与人员多、环境复杂多变等显著特点，一般采取分区、分段、同步组织施工的方式；另外，综合管廊内部空间狭窄，交叉作业多，密闭空间作业也给操作人员带来较大的安全隐患。因此，在项目前期，应建立危险源清单，制定并动态调整重大危险源及其相应措施，确保重大危险源始终处于受控状态。综合管廊工程重大危险源主要有以下方面。

施工阶段：基坑坍塌、暗挖施工坍塌、模板支撑架坍塌、预制管节吊装机械倾覆、大直径管道吊装物体打击或机械伤害、触电、中毒、窒息等。

运营阶段：火灾、盗窃、通风系统故障、高压电磁伤害等。

（二）重大危险源识别与对策

对施工阶段的重大危险要制定专项方案，采取“两个控制”，即前期控制、施工过程控制。前期控制重点是工程开工前，在编制施工组织设计或专项施工方案时，针对工程的各种危险源，制定防控措施。施工过程控制重点是严格执行专项方案，按照规定监督检查，认真落实整改，当发生较大变化时，应及时修订施工方案，履行审批程序并执行。对运营阶段重大危险源，要建立安全责任制，制定并落实管线运行、检查、维护、维修制度，熟悉各种管线操控方案及技术，制定应急预案，做好演练与改进，同时要确保管廊附属设施系统正常运行，建立与入廊管线单位的沟通机制，保持信息畅通，根据管线运行状态及时调整运营维保措施。

第八节　BIM技术应用

一、装配式管廊的应用

明挖法所施工的现浇综合管廊，整体性强，在发生沉降或外力荷载时，容易发生弯折，损失巨大，同时，涵管纵向配筋需求量巨大。现在更多提倡的是装配式预制管廊，预制管廊具有良好的抗渗性能，采用“柔性”接头拼接，抗震性能强，可铺设的廊体线型多样，可以铺设为弧线形管道，若根据精确的BIM模型将综合管廊进行分段编号，在工厂内进行预制加工，将预制廊体标准化，可以减少人工及机械的投入，减少施工现场的管理工作，在加快施工进度的同时减少投入成本，故采用装配式预制管廊是大势所趋。

装配式综合管廊最重要的就是要预制廊体，并且将廊体以及零部件由工厂运至施工现场。引入BIM技术可以根据经深化后的设计图纸对综合管廊进行三维建模，达到设计精度，再利用BIM技术对综合管廊进行合理编号，实现构件化，精确制造廊体及零部件，在方便拼装的同时降低运输难度，节省运输成本。将廊体及零部件运至施工现场后，对其进行吊装拼装，快速完成管廊的施工。同时，通过BIM 技术对运输路径进行规划，根据施工需求计划以及沿途路况限高条件，制定运输计划，提高满载率，减少现场堆放构件，降低保管成本及恶劣天气或保管不善造成的构件损坏。BIM技术是装配式管廊可以实施的技术保障。管廊工程在总体上和线路工程相似，工程跨度大，与地形的关系密切。对于装配式管廊而言，除了具有线路工程的特性之外，还具有节点工程的特性，需着重考虑标段之间的连接节点。因此，在装配式管廊工程中的BIM应用，应处理好管廊的线路特性和节点特性。利用BIM数据化的特性，通过对标高轴网的微调，使其贴合实际工程，承载工程走向、高程变化等信息。同时，利用BIM可视化的特点，通过对复杂节点进行三维建模，对管廊工程的设计进行优化。

在管廊设计中运用BIM技术，能够避免二维图纸带来的设计缺陷，减少设计失误，提升设计质量。利用BIM技术对装配式管廊进行三维建模，根据管廊的特性，搭建整体模型和管廊单元体模型。对管廊进行拆分，遵循构件拆分的基本原则，保证构件的合理性，将管廊拆分为5类板件，通过三维模型进行展示。对管廊节点进行设计，着重对墙板—底板、墙板—顶板、墙板—墙板节点进行设计，通过三维模型展示其节点处钢筋和板件的构造。

二、土方规划

若综合管廊要采用明挖法施工，势必要先进行土方规划，考虑施工过程中土方的填方和挖方工程量，是余土外运还是填挖平衡。通过CAD版本的高程图可以利用Civil 3D进行三维地形转换来进行填挖方、土方计算，或者是采用基于CAD平台开发的专业土方算量软件，利用软件结合原始地面高程图和设计地面高程图计算工程的土方填挖量，根据计算结果对土方进行调配优化，分析是余土外运更合适还是就地填筑更经济，能够更有效地解决土方平衡的问题，节省成本。

三、质量控制

质量控制是指为使工程的质量符合国家的一系列规范而采取措施、手段和方法。在这些措施、手段和方法中可以引入BIM技术作为强有力的技术支撑，对工程的产品质量和技术质量分别进行管理。

而管廊机电安装在施工中存在很多问题，如机电设备种类多、管线专业较复杂、造成的施工管理工作繁重。在管廊机电安装工作开展的过程中，安装工程工作复杂，实际工作中主要采用平面图纸的方式进行交底，图纸展现不清晰，施工难以有效掌握实际情况，对施工工作的开展造成困难；对应的各专业管线施工时容易产生交叉作业，施工信息的交叉量也大，单纯的施工组织设计以及进度安排不易满足工程开展的需求，若不能安排合理的施工顺序，其机电设备的安装工程可能会同主体结构、标识、附属设施等多个系统发生作业交叉，没有妥善解决的办法，最终容易导致专业衔接与交叉施工部位的工程质量发生问题；综合管廊建设处于新兴发展阶段，还没有完善的安全管理体制，会阻碍信息的正常交流，保护措施也不够健全，会有很多安全隐患。

因此，将BIM技术应用到施工过程中，可以有效地起到质量控制的作用。

（一）碰撞检查

城市地下综合管廊工程和其他建设工程一样，在施工过程中都要安装众多管线，不仅数量众多，专业也众多；不仅包含为城市、居民服务的给水、排水、热力、电力、通信电缆等功能型管线，还包含自身管廊发挥功能的消防、电力、通风等设备。在以往的施工过程中，经常会遇到根据图纸施工的结构、各类管线、设备等发生碰撞，若只是单纯调整现有的碰撞点，牵一发而动全身，很容易引发其他部位碰撞的发生。利用BIM技术，在同一个软件内，构建各个专业的模型，借助虚拟软件，如Navisworks、鲁班等软件进行碰撞检测，可以快速地找到在综合管廊中结构与结构、结构与管线、管线与管线之间排布不合理的地方，进行调整，多次检测确保无碰撞之后再进行下料施工，可以有效地提高综合管廊的施工效率。

BIM模型碰撞检测是BIM技术应用的技术难点，碰撞检测也是BIM技术应用初期最易实现、最直观、最易产生价值的功能之一。利用软件将二维图纸转换成三维模型的过程，不但是个校正的过程，实际上也是模拟施工的过程，在图纸中隐藏的空间问题可以轻易地暴露出来。这样的一个精细化的设计过程，能够提高设计质量，减少设计人现场服务的时间。

碰撞检测则是利用BIM技术消除变更与返工的一项主要工作。工程中实体相交定义为碰撞，实体间的距离小于设定公差，影响施工或不能满足特定要求也定义为碰撞，为区别二者，分别将其命名为硬碰撞和间隙碰撞。

硬碰撞。实体在空间上存在交集。这种碰撞类型在设计阶段极为常见，发生在结构梁、空调管道和给排水管道三者之间。

间隙碰撞。实体与实体在空间上并不存在交集，但两者之间的距离比设定的公差小时即被认定为碰撞。该类型碰撞检测主要出于安全、施工便利等方面的考虑，相同专业间有最小间距要求，不同专业之间也需设定最小间距要求，还需检查管道设备是否遮挡墙上安装的插座、开关等。

碰撞检测流程主要分为以下五个阶段：① 土建、安装等各专业模型提交。② 模型审核并修改；模型审核并修改。③ 系统后台自动碰撞检测并输出结果，撰写并提供碰撞检查报告。④ 根据碰撞报告修改、优化模型。⑤ 重复以上工作，直到无碰撞为止。

对于大型、复杂的工程项目，采用 BIM 技术进行碰撞检测有着明显的优势及意义。在此过程中可发现大量隐藏在设计中的问题，这些都是在传统的单专业校审过程中很难被发现的。所以，与传统 2D 管线综合对比，三维管线综合设计的优势具体体现在：BIM 模型将所有专业放在同一模型中，对专业协调的结果进行全面检验，专业之间的冲突、高度方向上的碰撞是考量的重点。模型均按真实尺度建模，传统表达予以省略的部分（如管道保温层等）均得以展现，从而将一些看上去没问题而实际上却存在的深层次问题暴露出来。

（二）孔洞预留

综合管廊不是完全连通，会设置有分区的防火墙、防火门，在人员出入口等复杂节点不可避免地会出现管线穿墙等问题。在传统的施工方法下，都是将管线安装完成后，根据完成后的管线位置在墙体位置进行开洞，但这种情况会留下很多安全问题，例如，在施工过程中因操作不慎，在破坏墙体的同时破坏了管线，造成返工的发生。

通过将 BIM 技术引入综合管廊的建设过程，结合 BIM 技术特点，根据经过碰撞处理后的图纸在墙体预制时进行开洞，在安装时可以有效节省时间，避免现场开洞对于结构等的破坏，可以在很大程度上节省因为沟通不畅以及测量不准确所造成的损失，减少现场签证、变更的产生，提高工程造价的透明度，节省时间，加快管廊建设进程。

（三）伸缩缝留设

综合管廊是依据地形走势进行建造，会避让地形中施工难度大的地方，有一些高程变化较大、较突然或每到一定的长度，都会为了避免不均匀沉降的作用、地震等外荷载的作用为综合管廊设置伸缩缝和沉降缝，以避免廊体结构的破坏。

而伸缩缝和沉降缝的设置，如果基于BIM技术，将模型与规范标准和现场场地实际高程变化等一系列可能会影响管廊结构的因素相结合，对管廊的伸缩缝及沉降缝进行设置，可以提前预制构件，以伸缩缝或沉降缝作为构件分割的标志，进行构件预制，这样不仅节省了施工安装的时间，也降低了因为地形突然变化导致的构件不合适而造成的成本增加的风险。

（四）施工缝留设

施工缝的接缝形式有凸凹缝、高低缝、平缝、设止水带缝等多种。另外，对于有防水要求的施工缝，根据以往的经验，发现目前常用的几种接缝方式均存在渗漏水的隐患。例如，采用“凹凸”型施工缝的最大弊端在于施工难度大，而且很难保证质量，施工缝处混凝土凿毛时，极易将“凸”楞碰掉一部分，由此减小水的爬行坡度，缩短了水的爬行距离，从而产生渗漏水现象；另外，凹槽中的水泥砂浆粉末难以清理干净，因而在浇筑新混凝土后，在凹槽处形成一条夹渣层而影响了新旧混凝土的黏结质量，留下渗漏水的隐患。而采用橡胶止水带防水，因止水带是呈柔性的，安装时难于固定，且容易在浇筑混凝土时受挤压变形移位，从而容易造成局部渗漏水，而且橡胶止水带易老化失效，也不利于结构的长久使用。根据很多的施工实例，发现采用400 mm宽、2 mm厚的钢板作为施工缝处的止水带，其防水效果很好，具体表现：一是施工方便，将钢板止水带按要求加工成一定的长度，在施工现场安装就位后进行搭接焊即可；二是不易变形且便于固定，止水板下部可支承在对拉螺栓上，上部用钢筋点焊夹住固定在池壁两侧模板支撑系统上；三是施工缝上下止水板均有200 mm高，爬水坡度陡，高度也较大，具有较好的防渗漏效果。因此，建议在有条件的情况下采用钢板止水带，具体做法：金属止水带一般用2～2.5 mm厚的薄钢板制成，接头应满焊，不得有缝隙；固定于墙体暗柱处，常在止水带上割洞扎箍筋，封模前应补焊；贴面凿平，清扫干净后，抹一层水泥浆找平压光带，利用材料本身的黏性，直接黏贴于混凝土表面，接头部位钉钢钉固定。

BIM施工模拟是指基于前期已建好的三维BIM模型，然后在计算机上以实时、交互和直观形象的形式，模拟出实际工程项目施工环境、施工工艺，可以对现有的施工方案进行优化，有助于提升现场施工效率。

（五）施工场地布置

采用BIM技术可以充分利用BIM的三维属性，提前查看场地布置的效果；准确得到道路的位置、宽度及路口设置以及塔吊与建筑物的三维空间位置；形象展示场地布置情况，并可以进行虚拟漫游等展示；可以直接提取模型工程量，满足商务算量要求。

通过BIM技术制作场地布置可以满足技术、商务、现场以及办公室等部门的多重需要，这就要求在模型建立的过程中要充分考虑各方的需求。

施工场地布置关系到建设工程是否可以顺利进行运输流转，现场施工人员是否可以安全作业，现场布置是否满足国家强制性标准，施工场地是否充分发挥了其利用价值，是否可以保证在建设工程顺利进行又不耽误工期的同时还能保证作业人员处于监督但又有安全的保障之下。

地下综合管廊工作面狭长，涉及的专业种类数量大，项目参与人员众多，现场各类机械使用频繁，此时施工场地布置及施工方案的制定显得极为重要。施工是一个动态的过程，如果在施工中发现问题很容易造成成本增加和人力、物力的浪费，将BIM技术应用到管廊施工场地的布置和施工方案的制定中，可以在不进行施工的前提下，提前判定项目所提供的场地布置方案和施工方案是否合理、合规，是否可以满足当前建设综合管廊的需要，选择最优的施工场地布置和施工。

“智慧工地”建设从前期施工场地布置开始就通过BIM建模手段，对施工场地内各功能区的划分，塔吊的定位、场区道路的布置进行建模，通过模型对塔吊的工作范围、吊重、塔吊的利用率，工作人员和车辆的入场、出场路线进行模拟，实现三区分离、人车分流，塔吊能满足施工的需求，在用人高峰期及车辆进出场高峰期时，施工场地能井然有序地运行。

施工场地布置阶段，配合采用相应的技术措施，以确保施工的安全，如在塔吊布置时，在塔吊上安装塔吊防碰撞系统，通过塔吊防碰撞系统，对塔吊的吊重和防碰撞距离进行预警值设置，可以有效地防止塔吊超重和碰撞情况的发生，以确保施工安全。

（六）大体积混凝土测温

若采用现浇法对综合管廊进行施工，管廊廊体结构属于大体积混凝土结构施工，如果温度控制不好，容易导致结构出现裂缝等问题。采用BIM技术，可以运用相关测温软件监测大体积混凝土的实时温度，并且上传到软件平台，分析温度随时间变化的具体情况，形成良好管理，若发现温度不是按照既定趋势进行改变，可以迅速发现位置并且对问题进行处理，确保综合管廊廊体结构的施工质量。

大体积混凝土测温是为了提前知道大体积混凝土内外温差过大，提前采取措施避免混凝土开裂，这个可以做成动画显示测温点的分布、温度测量记录、温差，进而方便项目数字化管理。

传统大体积混凝土通水冷却施工多采用人工监控温度，存在数据采集处理不及时、监测数据准确性差、温度控制效率低等问题。针对这些问题，可以开发一种BIM

智能温控系统。具体方法：选择 Revit、Navisworks 等 BIM 软件进行二次开发；利用控制计算机、温度数据采集设备、自控阀门循环水泵、无线网络通信及桥接设备、工业集成软件服务器及客户机等搭建温度测控系统；建立温度预警机制并搭载人工智能控制算法，通过无线传输接收测温元件传递的数据，系统自动判别温度异常情况并控制冷却水管阀门的开关；在 BIM 实体模型中标记实际测温点的相对应位置，使系统以三维形式同步直观反映相应测温点位置混凝土的温度曲线变化，并提供预警功能。

四、进度控制及成本控制

（一）进度控制

综合管廊工程是需要多专业、多施工队伍参与且配合度极高的建设工程项目，如果在拟定了施工计划之后开展施工任务，因为现有场地、施工条件的局限或者天气等突发情况的发生，会造成施工任务无法如期开展，同时现场根据问题制定解决方案依旧需要时间，可能会导致施工任务的实际进度偏离计划进度，多个问题导致的工期延误叠加，就会造成施工任务的实际进度严重偏离其计划进度。

通过 BIM 技术进行的进度控制是以已经建好的综合管廊 BIM 三维数据模型为基础，将项目的施工进度计划信息赋予管廊模型。在项目施工前，对结合了施工进度计划信息的 BIM 模型按照工序节点进行模拟演示，这样不断地在虚拟的环境下结合施工场地布置，对施工工序进行演示，有利于在不影响实际施工进度的前提下提前发现施工过程中可能存在的风险以及问题，并及时制定出相应的对策，将新对策应用到实际施工过程中，这样既优化了施工方案，同时也尽可能地保证了施工进度。

（二）成本控制

施工成本是由工程施工过程中所消耗的人力资源、物质资源和其他费用开支组成的，施工成本控制是指在项目施工成本形成的过程中，对以上组成部分进行指导、监督、调控和限制，及时纠正将要发生和已经发生的成本偏差，把各项施工费用控制在合理的成本范围内，达到成本控制方案的目标。施工成本控制是工程成本控制中的重要环节。

在城市建设地下综合管廊是大势所趋，是城镇化和城市职能不断完善的必然要求。据统计估算，地下综合管廊建设投资为每千米 8 000 万元到 1.2 亿元，尤其是前期对综合管廊的建设需要一次性投入大量资金，施工成本的控制就成了重中之重。

基于 BIM 技术的综合管廊的成本控制，可以将施工过程中涉及成本支出的多个部门集中管理，将整个工程的各个施工工序严格把控起来，对工程涉及的人、材、机的用量进行精细化管理，对施工中用的施工材料采取限额，依照 BIM 计划领取，减少施工场地对施工材料保管的费用，保证综合管廊项目的建设有序推进，减少各项不必要的开支，对实际成本相对于计划成本产生的偏差进行及时纠偏，将资金的流向可视化，对项目的成本做好严格的监控。

五、竣工阶段应用

依据施工阶段对BIM模型进行实时维护，挂接各个专业的施工图、施工深化图、施工变更及签证、施工现场（包括隐蔽部位）照片、施工过程中其他的数据及资料，形成竣工阶段BIM模型，并移交给综合管廊相关运维单位进行运维应用，对后续综合管廊的运行和维护提供了强大的数据支持。同时，所有与管廊施工的信息资料全部挂接BIM应用管理平台，这样可以有效地还原整条管廊建造的全过程，出现问题可以有效归责、解决，同时可以约束每个施工单位在施工期间偷工减料，造成工程质量缺失。

六、案例应用

应用BIM技术能够进行基于时间的4D施工模拟，以参数化模型为基础，应用Fuzor软件进行施工模拟，这样能够对施工流程、复杂施工节点进行仿真演示，充分指导施工。如图3-9所示。

图3-9　BIM技术施工模拟界面

在施工阶段早期，技术人员通常会编制完整的进度计划，规划好项目的施工节点和工期排布，再对施工过程中需要的工具、人力进行统计，并做出正确的工作危害分析，编制成施工方案。传统的施工方案以文档报告的形式表现，以口述解释的形式表达。这样有可能发生技术人员解释不到位、施工人员理解不到位的情况，造成施工前期难以验证、施工过程难以操作的现象发生。为了避免以上情况的发生，在施工过程中就有必要采用BIM技术可视化对施工方案做到真实模拟、精确预判和合理优化。

基于BIM的可视化施工能够实现信息模型与实践维度相集成的4D模拟。将信息

模型按照进度计划中相应的时间节点进行施工进度模拟，并根据施工实际情况编制管理报告，保证施工工期。如图3-10所示。

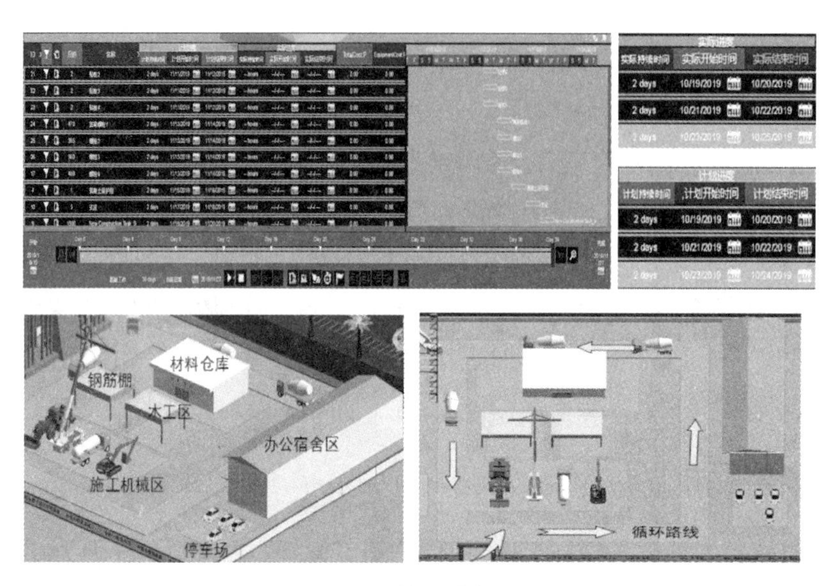

图3-10　施工进度模拟

利用BIM模型进行监控模拟，对管廊内部进行视察，对设计方而言，在汇报方案展示时可以直接进行对应位置查看；对施工方而言，可以利用设计院提供的BIM监控模拟和现场巡检机器人进行现场监控装置的指导，这样可以大大节省设备安装的效率，提高工作效率。如图3-11所示。

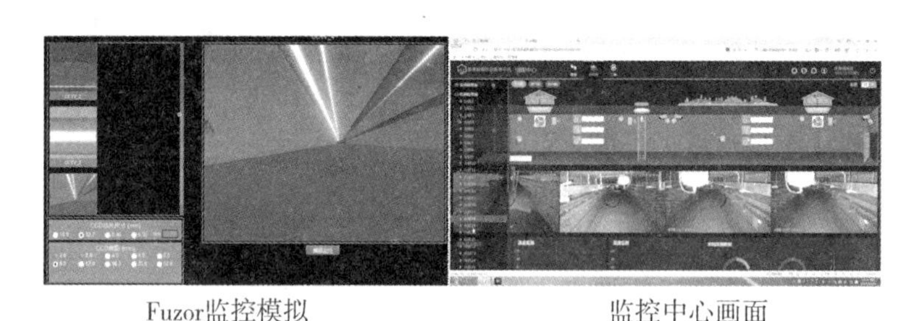

Fuzor监控模拟　　监控中心画面

图3-11　BIM监控模拟

第四章

运营篇

第一节　运营管理内容及国内外模式

一、运营维护管理的重要性

综合管廊是保障城市运行的重要基础设施，其建设和正常运行、维护的重要性不言而喻。然而，在现实管理中，有的城市缺乏科学的规划论证，盲目建设，没有同步制定管线入廊相关政策、法规；而且，政府和管线单位也在运营费用上意见不一致，管线单位入廊积极性不高，以致综合管廊建成后空置率较高，再加上缺乏良好的运营维护管理机制、综合管廊运营维护管理缺位等原因，造成附属设施设备缺乏维护、陈旧老化，使管廊使用功能大幅衰减，使用寿命缩短，不利于城市管理的可持续、健康发展。以下从五方面充分认识管廊运营维护管理的重要性。

（一）提高使用效率

建设综合管廊的目的是集中容纳各类公用管线，因此空间资源就是管廊向用户提供的唯一产品。管廊内的预留管位、线缆支架、管线预留孔都是不可再生的宝贵资源。但在实际管线敷设过程中，由于管线分期入廊、管线路径规划不合理、施工人员贪图作业便利等原因，不加以统筹控制，不严格执行设计要求，极易造成空间资源的浪费。

（二）控制运行风险

综合管廊运行过程中面临着许多风险，都会对管廊自身及廊内管线造成危害，控制和降低风险的发生是做好综合管廊运营工作的主要任务。其存在的主要风险有如下几个方面。

（1）地质结构不稳定的风险。较高的地下水位或软基土层会造成管廊结构的不均匀沉降和位移。

（2）周边建设工程带来的风险。周边地块进行桩基工程引发土层扰动会造成管廊结构断裂、漏水等现象的发生；钻探、顶进、爆破等也会对管廊产生破坏。

（3）管廊内作业带来的风险。廊内动火作业对弱电系统造成损坏等，大件设备的搬运对管线的碰撞等。

（4）管线故障的风险。电力电缆头爆炸引发火灾，水管爆管引发水灾。

（5）自有设备故障的风险。供电系统故障引发停电，报警设备故障使管廊失去监护，排水设备故障导致廊内积水无法排出等。

（6）人为破坏的风险。偷盗、入侵，排放、倾倒腐蚀性液体、气体。

（7）交通事故的风险。对路面的通风口等造成损坏。

（8）自然灾害的风险。综合管廊相对于直埋管线有较好的抗灾性，但地震、降雨等灾害对其仍具有危害性。

（三）维护内部环境

内外温差较大时的凝露现象或沟内积水会造成内部湿度较大，进而影响管线和自有设备的安全运行和使用寿命；廊内垃圾杂物的积聚会产生有毒气体或招来老鼠。

（四）维持正常秩序

管廊内部的公用管线越多，管线敷设和日常维护时的交叉作业就越多，作业人员不仅互相争夺地面出入口、水、电等资源，而且对其他管线的安全存在威胁。因此，做好管廊空间分配、出入口控制、成品保护、环境保护、作业安全管理等工作意义重大。

（五）保证资金来源

有偿使用、政府补贴的管廊政策，事先需要做好入廊费与日常维护费用收费标准的测算，事中需要与各管线单位签订有偿使用协议，事后需要对收取的费用进行核算与入库。另外，在管廊运营过程中不仅需要解决管线、管廊的维修技术问题，还需要花费大量时间和精力做好与管线单位的沟通、协调、解释工作。

二、国内综合管廊运营管理范围及主要内容

第一是出租管廊内空间。出租管廊空间的方式多适用于强弱电管线单位，让其自设电力管线并自行运行的形式。同时，由于通信等弱电管线的敷设、维修和运营通常具有较强的技术专业性，因而弱电管线的敷设、维保和运营最好也由电信运营商自行完成，综合管廊运营管理公司只收取管廊空间占用租费。

第二是出租管廊内管线。综合管廊运营商可以依法根据合同约定向热力和供水运营商出租属于自己作为产权主体的管线并收取管线租金。综合管廊运营商还可以向供

水和热力运营商提供相应的管线输配服务并收取相应费用。

第三是出售廊内建成管线。综合管廊运营管理公司也可根据管廊产权单位授权出售管廊内全部或部分由管廊产权单位投资建设的已建成管线，回收管线建设费用，并就管线维护管理问题与管线购买单位进一步理清权责，加强监管。

第四是管廊的日常维护管理，即物业管理。管廊的物业管理主要包括日常清洁、管廊和管线维护保养、管廊内安保等内容，可由综合管廊运营商自行承担，也可委托专业物业管理公司进行管理。

三、国外综合管廊运营管理模式

综合管廊最早起源于欧洲。英国、法国等西欧国家由于政府财政能力较强，综合管廊一般被当做完全公共产品对待，建设资金全部由政府负担，管廊建成后产权归政府所有，由政府将管廊租给各管线单位使用，收取租费。但通常对综合管廊的租费并没有明确规定，而是由当地议会进行听证确定。这种模式是在政府财政能力较强、社会民主程度较高的欧洲国家通常采取的，但必须具备较完善的法律体系保障，我国目前还不具备完全参照的条件。

（一）欧洲国家综合管廊运营管理模式

综合管廊的建设最早可以追溯到19世纪的欧洲，发展至今已将近200年的历史。第一条综合管廊是1833年在法国巴黎建设的，法国巴黎在建造规划排水系统时，创新性地在管道中收容了自来水、电信电缆、压缩空气管以及交通信号电缆等管线，形成了最早的综合管廊。在随后的发展中，管廊中又收入电力、冷热水及积尘配管等，并且迄今为止巴黎及其郊区综合管廊的长度已经达到2 100 km，堪称世界综合管廊第一城市。英国伦敦的综合管廊建设要比巴黎晚30年，其收容的管线包括电力、电信、煤气、自来水、污水，还包括连接用户的管线，但是在其运营过程中发现煤气管线通风不良，后不再收容。迄今为止伦敦市区也已经有22条综合管廊，形成了很大的规模。伦敦市的综合管廊的建设费用均由政府来进行筹措，并且建成以后的所有权归政府所有，政府以出租管道空间给管线单位的形式进行管廊的经营。综合管廊除了在上述两个国家发展较好外，在德国、西班牙、美国等国也被广泛应用。

综合管廊之所以在上述国家兴起，是因为这些国家的政府财政能力较强，综合管廊被当作完全公共产品对待，政府负责全部建设资金的筹措，并且在建成以后产权归政府所有，政府通过收取管线单位租金的形式让管线进廊，但是国家对于收取租金的数额没有明确的规定，并且租金的额度不是固定的，而是每年由管廊所在地的议会进行听证来确定。这种形式是社会民主程度比较高的欧洲国家通常采用的模式，但是采取这种形式必须有较完善的法律体系进行保障，通过法律程序以及行政约束力保证管线单位必须使用综合管廊，行政约束力的法律效应为综合管廊的后期运营提供了保证。

（二）日本综合管廊运营管理模式

日本综合管廊的大规模建设是从1963年开始的。1963年日本政府制定《共同沟法》，规定综合管廊成为道路的合法附属物，自此日本开始了大规模、系统化的综合管廊建设。日本《共同沟法》规定，综合管廊的建设费用由道路管理者与管线建设者共同承担，各级政府可以获得政策性贷款的支持以支付建设费用。综合管廊建成后的维护管理工作由道路管理者和管线单位共同负责。综合管廊主体的维护管理可由道路管理者独自承担，也可由管线单位组成的联合体共同负责维护。综合管廊中的管线维护则由管线投资方自行负责。这种模式更接近于我国目前采取的方式。

四、我国综合管廊运营管理模式

（一）我国管廊常用运营管理模式

目前，我国市政综合管廊的运营管理模式主要有以下几种。

第一种是全资国有企业运营模式。由地方政府出资组建或直接由已成立的政府直属国有投资公司负责融资，项目建设资金主要来源于地方财政投资、政策性开发贷款、商业银行贷款、组织运营商联合共建等多种方式。项目建成后由国有企业为主导，通过组建项目公司等具体模式实施项目的运营管理。目前，这种模式较为常见，天津、杭州、顺德等城市采取此种运作模式，青岛高新区采取的也是类似的国有企业主导的运营管理模式。

第二种是股份合作运营模式。由政府授权的国有资产管理公司引入社会投资商共同组建股份制项目公司，以股份公司制的运作方式进行项目的投资建设以及后期运营管理。这种模式有利于解决政府财政的建设资金困难的问题，同时政府与企业互惠互利，实现政府社会效益和社会资金经济效益的双赢。柳州、南昌等城市采取的是这种运作模式。

第三种是享有政府授予特许经营权的社会投资商独资管理运营模式。这种模式下政府不承担综合管廊的具体投资、建设以及后期运营管理工作，所有这些工作都由被授权委托的社会投资商负责。政府通过授权特许经营的方式给予投资商综合管廊的相应运营权及收费权，具体收费标准由政府在通盘考虑社会效益以及企业合理合法的收益率等前提下确定，同时可以辅以通过土地补偿以及其他政策倾斜等方式给予投资运营商补偿，使运营商实现合理的收益。运营商可以通过政府竞标等形式进行选择。这种模式节省了政府成本，但为了确保社会效益的有效发挥，政府必须加强监管。佳木斯、南京、抚州等城市采取的是这种运作模式。

另外，以这几种模式为基础，各地根据自身的实际衍生出多种具体的操作方式。

（二）广州大学城综合管廊运营管理经验

广州大学城综合管廊是近年来国内综合管廊建设比较有代表性的项目。广州大学城位于广州西南小围谷岛，综合管廊沿岛随道路呈环形布置，全长约 18 km。综合管廊总投资约 4 亿元，管廊容量为远期规划扩容保留了一定的预留空间。若按照传统的直埋管线方式进行成本核算，现状管线的直埋成本约 8 000 万元，由此看来，综合管廊的一次性建设投入明显超过直埋管线。该综合管廊由广州大学城投资经营管理有限公司投资建设，该公司性质相当于政府投融资平台公司。为合理补偿广州大学城综合管廊工程部分建设费用及日常维护费用，经广州大学城投资经营管理有限公司报请广东省物价局批准，可以对入廊的各管线单位收取相应费用。综合管廊管线入廊费收费标准参照各管线的直埋成本来确定，对进驻综合管廊的管线单位一次性收取的管线入廊费按实际铺设长度计取。

广州大学城的综合管廊运营在政府政策方面有了收费权的保障，为其后期运营管理打下了良好的政策基础，在国内综合管廊的管理运营方面走在了前列。

但就目前来看，广州大学城的综合管廊运营如果从投资回报的角度看并未取得成功。从投资角度看，投资人一次性投资 4 亿元，如果参照银行定期利率，按照每年 4% 的投资回报率计算，去除日常维护管理开支及其他费用，每年投资人应当至少获利 1 000 万元，但实际远达不到这个目标。由于目前我国对地下构筑物的产权尚没有明确的规定，导致综合管廊的产权在法律上难以明确，因此收取入廊费的情况并不十分理想。按照使用年限 50 年计算，考虑利息因素，每年综合管廊的固定资产折旧约为 1 000 万元。目前，每年收取的管廊租金勉强够维持管廊的管理维护开支，甚至无法补偿综合管廊的固定资产折旧费用，更谈不上投资回报以及收益。因此，广州大学城的综合管廊投资只从投资角度看还处在亏本运营的状态。

从广州大学城的经验看，要想较好地运营综合管廊，有几个关键因素很重要。一是对综合管廊的产权归属有相应的法律保障。应该明确“谁投资，谁拥有、谁收益”的原则。二是政府的政策支持。对于收费权以及收费标准等对综合管廊运营具有决定性意义的政策，政府应当尽快明确。三是政府的资金支持。综合管廊是市政基础设施，具备公共产品的性质，不能仅仅从投资回报的角度和标准去衡量综合管廊的投资运营是否成功。

（三）昆明综合管廊运营管理经验

昆明市的综合管廊自2003年开始建设，经过4年时间建成了三条主干线综合管廊，总长度约43 km，总投资约12亿元。昆明市综合管廊项目的建设单位是昆明城市管网设施综合开发有限责任公司，建成后的综合管廊也由该公司进行运营和维护管理。昆明城市管网设施综合开发有限责任公司注册资本1 000万元，其中国有股占70%，民营资本占30%。公司融资完全采用市场化运作，通过银行贷款、发行企业债券等方式筹集建设资金，4年时间完成12亿元建设投资。昆明市综合管廊建成后仍由昆明城市管网设施综合开发有限责任公司负责运营，回收的资金用于偿还银行贷款和赎回企业债券。其经营方式主要是引入电力、给水、弱电等管线，收取入廊费用。其收费标准通过综合以下三条原则进行加权平衡确定：一是新建直埋管线的土建费用；二是管线在综合管廊内占用的空间面积的比例；三是管线在管廊内安全运行所需要的配套设施设备的成本。对沿线已建成的电力或弱电线路重新改线进入综合管廊的情况不收费。对沿线新建的符合入廊条件的管线均要求进入综合管廊，按照上述收费标准收费。

《昆明市道路管理条例》规定对道路开挖的审批进行限制，新建或改建完工后使用未满5年的和道路大修竣工后未满3年的城市道路若要进行挖掘的，将按照规定标准的5倍收取城市道路挖掘修复费。同时，政府部门通过规划审批限制新建管线的选址和走向，尽可能使周边地块所需管线经过综合管廊进入地块。政府的行政支持和协调对保证管廊的使用效率创造了良好条件。

综合管廊按照使用寿命50年计算，管廊内空间应考虑至少30年内各类管线入廊及扩容的需求，只有管廊内的建成管线达到一定的规模才能产生效益。昆明市综合管廊按照进入管廊内的管线数量和长度进行收费，目前管廊内的管线容量约为总容量的50%，收取管线入廊费大约5亿元，其中大部分是电力部门缴纳。

昆明市综合管廊的经营架构。昆明市综合管廊的投融资、建设和经营管理由昆明城投的全资子公司昆明城市管网设施综合开发有限责任公司负责。公司领导层设执行董事兼总经理一名，副总经理三名，总工程师一名，部门设置为综合部、总工办、市场部、技术部、管理部等职能部门。市场部负责联系协调电力等各专业运营商，进行市场拓展和商业谈判；总工办、技术部负责工程设计方案、成本造价、建设工期的审核和管理，同时在与运营商谈判过程中提供技术支持；管理部负责建成工程的日常维护管理。

已建成管廊的维护和巡检管理。昆明城市管网设施综合开发有限责任公司下设的管理部负责管廊的日常维护管理，管理现场设综合管廊控制中心，控制中心由维修部、线路巡检部、网络维护三部门组成，同时与城市执法和公安机关实时联动机制。维修部负责日常少量的维修任务，保修期间的堵漏和设备故障由施工单位和设备供应商负责，保修期以后较大规模的维修任务采取服务外包的形式。线路巡检部有劳务公司外聘人员组成，负责管廊内巡视，在管廊自动控制系统和检查井盖防入侵系统建设完成前采取全天 24 h 不间断人员巡检，人员成本较高。已建成的 43 km 综合管廊进行划段巡检，保证各段管廊每周巡检一次。网络维护部负责控制中心值班、自动系统的维护管理等工作。

从昆明综合管廊的运营管理经验看，一是政府应委托全资国有企业作为产权单位拥有综合管廊的产权。二是政府应从政策制定和行政领域确保综合管廊的合理使用及效率。三是综合管廊的运营，尤其是收费必须以政府政策倾斜和支持为前提。

（四）福建省综合管廊运营管理经验

2011 年福建省住房和城乡建设厅针对福建省实际专门制定了《福建省城市综合管廊建设指南（试行）》，该指南是针对福建省的综合管廊从规划布局、工程设计、施工技术和质量标准以及验收、移交和运行管理等方面制定的全面指导性文件。

针对管廊的维护管理，该指南规定："城市综合管廊应交由管廊管理单位进行专业维护管理，管廊管理单位应配备机电、结构、消防等相关专业人员，持证上岗。管廊自竣工验收移交后，接收单位即行使维护管理职责。管廊管理单位应规范化管理，建立值班、检查、档案资料等管理制度。检查制度分为日常检查、定期检查、特殊检查。日常检查以目测为主，每周不少于一次。定期检查宜用仪器和量具量测，每季度不少于一次。特殊检查根据实际需要由专业机构进行。"

该指南同时明确了管廊管理单位和管线产权单位应当履行的义务。管廊管理单位的义务包括保持管廊内的整洁、通风良好和各部位的清洁；执行安全监控和巡查制度；协助管线单位专业巡查、养护和维修。保证管廊设施正常运转；发生险情时，采取紧急措施，必要时通知管线单位抢修；定期组织应急预案演练；为保障管廊安全运行应履行的其他义务。管线产权单位应当履行的义务包括建立健全安全责任制，配合管廊管理单位做好管廊的安全运行管理工作；管线使用和维护应当执行相关安全技术规程；建立管线定期巡查记录，记录内容应当包括巡查人员（数）、巡查时间、地点（范围）、发现的问题与处理措施、报告记录及巡查人员签名等；编制实施管廊内管线维护和巡检计划，并接受管廊管理单位的监督检查；在管廊内实施明火作业的，应当符合消防要求，并制订施工方案；制订管线应急预案，并报管廊管理单位备案；为保障入管廊管线安全运行应当履行的其他义务。

针对综合管廊的运行管理，该指南规定：城市综合管廊实行有偿使用制度。管廊管理单位负责向各管线单位提供管廊使用及管廊日常维护管理服务，并收取管廊使用费和管廊日常维护管理费。管廊使用费及日常维护管理费，经市政行政主管部门报价格行政主管部门按照有关规定核准。城市综合管廊的管理费用包括日常巡查、大中维修等维护费用、管理及必要人员的开支费用等。综合管廊管理费用中的大中维修等维护费用由政府承担，其他管理费用由管线单位按照入廊管线规模分摊。管廊日常维护管理费的分摊标准采取“空间比例法”，即由管线单位按照入廊管线所占空间（管线净空间+管线操作空间）占用综合管廊空间的比例分摊。城市综合管廊使用费即入廊费采取“直埋成本法”（不包括管线单位自行投入管线材料成本和安装成本）进行核算。管线单位承担的管廊使用费原则上不超过管线直接敷设的成本。

此外，该《指南》还对综合管廊的管理协调制度进行了规定。由城市市政工程管理机构牵头，会同管线单位建立协调网络，明确联系人、责任人，定期召开联席会议等。这是国内第一次以省级主管部门文件的形式对综合管廊发展的有关问题下发指导性意见，为国内综合管廊的实施提供了良好的政策借鉴。

（五）厦门市综合管廊运营管理的先进经验

厦门市结合自身实际，于2011年率先制定并实施了《厦门市城市综合管廊管理办法》。该办法侧重解决管廊管理中更多的具体实际问题，突出地方特色。该办法主要做了以下规定：一是明确管廊统一规划、统一配套建设、统一移交的“三统一”管理制度。针对目前城市地下管线的无序建设问题，该办法规定有关部门应当组织编制管廊专项规划并按规定批准实施。新建、改建、扩建城市道路和新区建设时，按照管廊专项规划应当建设管廊的，要求按规划配套建设综合管廊。除法律、法规、规章及市政府另有规定情况外，一是管廊建设单位应当按照规定将经竣工验收合格的管廊移交有关部门委托的管廊管理单位统一进行管理维护，并按规定向城建档案管理机构报送工程档案。二是为确保管廊真正实现其地下空间资源整合的优势，避免管线建设中造成的道路重复开挖，该办法对已建设管廊的城市道路，规定在建成管廊的规划期内原则上不得再重复管廊建设，因特殊情况确实需建设的应按规定报市政府批准。除无法纳入管廊的管线及与外部用户的连接管线外，原则不再批准建设直埋管线。对已建设管线的城市道路，管线单位申请挖掘道路维修或新建管线的，有关部门在受理申请后通知有关管线单位可以一并申请，并依法审批，同时规定新建管线建成后五年内不得再批准挖掘道路建设管线，因特殊情况确实需建设的应按规定报市政府批准。在法律责任中，对未经审批擅自挖掘城市道路建设管线的还规定了相应的行政处罚制度和措施。三是加强管廊安全管理。为有效维护管廊的安全运行，防止管廊、管线安全受到危害，该办法分别对管廊管理单位和管线单位应当履行的义务做了明确规定，同时对可能危害管廊安全的有关活动，规定应事先向有关行政部门报告，提供管廊管理单位认可的施工安全防护方案，并在施工中严格按照该防护方案采取安全防护措施。四是明确管廊的有偿使用制度。该办法规定管廊管理单位负责向管线单位提供进入管廊使用及管廊日常维护管理服务，并收取管廊使用费和管廊日常维护管理费。

厦门市在国内第一个以地方性法规的形式对综合管廊的管理进行了立法，在城市综合管廊建设管理的制度建立上走在了全国前列，起到了积极的示范带头作用。

（六）青岛市高新区综合管廊运营管理模式

1. 青岛市高新区综合管廊运营管理的目标与原则

青岛市高新区综合管廊的运营管理应该从青岛市高新区实际出发，选择适合的运营管理模式，同时地方政府要起到正确引导、科学监管的作用。因此，青岛市高新区综合管廊运营管理的前提是要实现综合管廊模式下社会公共产品的高效供给。实现综合管廊社会效益的最大化，同时尽可能回收建设及运营成本，减少政府财政压力，是青岛市高新区综合管廊运营管理的总体目标。

青岛市高新区综合管廊运营管理的原则可以概括为以下几点：一是稳妥，二是效率，三是公平，四是共赢。所谓稳妥，就是要在确保公共产品运营商能够保证社会公共产品持续稳定供给、确保社会责任和社会效益顺利实现的前提下进行运营。所谓效率，一是要产权清晰；二是要建管分离，即综合管廊的产权和管理经营权的分离，实现权责清晰，尤其是综合管廊运营初期，因其公共属性必然使其在成本核算中处于亏本状态，必须由政府补贴，这就需要地方政府在综合管廊的运营管理中发挥主导作用；三是要把握阶段，在高新区经济社会发展的不同时期，综合管廊的作用和实现效益的条件不同，应该根据发展中的实际情况合理调整，选择合适的运营模式，适时考虑放开竞争，根据实际需要在特许经营方面做出调整，引入民营资本等，以提高运营效率。所谓公平，是确保竞争公平，即综合管廊面向公用事业供应商平等开放，在价格和准入条件上实现公平。所谓共赢，是要在充分考虑运营商利益的情况下，进行建设和维护成本的回收。因为综合管廊的公共产品性质，不能一味以此为载体谋求成本回收，在适当的情况下财政应当进行补贴，确保运营的可持续性。

2. 综合管廊运营的监管

青岛市高新区综合管廊运营管理的政府监管工作由高新区公用事业服务中心作为行业管理单位，代表高新区地方政府具体实施。其监管的具体形式主要有两种，第一种是直接监管。在高新区开发建设的初期，综合管廊由国有独资的专门公司负责运营，要更多地承担高新区的社会公共责任，发挥综合管廊的社会职能和效益。在这种情况下，主要采取直接监管的形式。即在高新区地方政府的领导下，通过公用事业中心的具体组织和协调，将综合管廊运营商和其他经济主体的行为统一在社会效益最大化的目标之下。具体说来，就是要使公用事业价格、综合管廊的各种费用的确定以及综合管廊运营商的行为得到规范，这样有利于高新区企业和居民的入驻。第二种是合同监管，就是由公用事业中心代表政府以合同方式参与或介入综合管廊特许垄断经营权的授予、相关协议的订立以及综合管廊运营管理的其他活动中，同时对综合管廊运营公司与其他经济主体之间签署的业务合同进行必要的监管和监督。待高新区的发展进入逐步成熟的阶段，就更适于采取较为稳定和规范的合同监管形式。

高新区公用事业中心作为监管单位应就公共事业运营商的准入、公共产品的价格、管廊租费的标准、租费的收取及缴纳以及公共产品供给的持续性和质量等方面进行有效的监管和协调。

3. 综合管廊的收费模式及财务模式分析

1）高新区综合管廊财务模式的确定原则

综合管廊的财务模式是青岛市高新区循环式财务模式的样板。城市基础设施通过政府投资建立和发展，基础设施的逐步完善又将在很大程度上提高该区域的投资吸引力和投资价值，进一步吸引企业和居民的入住，从而引发土地的增值、地方税收的增加以及地方经济的持续快速发展等。地方政府通过土地出让收益、相关收费（如基础设施配套费和其他政策性收费、租金等）和税收等途径获得基础设施投资的回报，偿还基础设施投入的贷款并继续加大社会事业的投入，从而更好地提高区域投资价值并获得收益，进而促进城市的建设和发展。这种模式就是青岛市高新区一直致力打造的政府财政循环发展模式，也是近年来国内城市建设和经济发展的通常模式。

综合管廊作为城市市政基础设施，具有一次性投资规模巨大，从而形成沉没成本的财务特征。青岛市高新区综合管廊每米的土建和安装成本高达万元，投资的回收期需要几十年的时间，且从投资回报的角度看，综合管廊建设投资更多的投资回报不是以直接经济效益的方式得以体现，而是以社会效益以及引发的其他效益的形式发生。例如，市政设施维修、更新等造成的路面重复开挖减少，因市政管线破路造成的城市交通拥堵以及商业损失等社会成本的降低等，这些并没有成为综合管廊产权主体及运营商的直接收入，但其产生的社会效益是巨大的。长远看来，就整个城市区域的社会成本和社会收益相比较，综合管廊的建设和运营应当是十分经济的，收益显著。综合管廊的建设必将对高新区土地增值、投资吸引力提高、政府财政收入增加起到显著的推动作用。

所以，青岛市高新区综合管廊财务收费及财务模式的确定，不应只从现金收益的角度去考量管廊运营的投资收益和回报，而应从整个高新区社会和经济的长远发展着眼，综合考虑管廊投资回报的长期性、多样性以及巨大的社会效益等多个方面。

2）综合管廊的投资收益

由于综合管廊的公共性质，在计算综合管廊的资产收益时就不应将投资收益（资金利润）考虑在内，只要能抵消管廊资产折旧就达到了投资的预期效益。综合管廊的收益应当分为两部分，即内部收益和外部收益。内部收益是指管廊运营收取的一次性管线入廊费、管廊使用租费以及管廊物业管理费等现金收益，用于补偿其部分固定资产折旧和综合管廊管理公司的运营成本。经分析测算，这部分收益不足以全部补偿综合管廊的运营成本和固定资产折旧。综合管廊产生的外部收益，即社会收益，尚无法准确测算，只能通过参照其他城市的数据或者经验测算。因为这部分收益属于社会收益范畴，因此与这部分收益相对应的固定资产折旧以及相应管廊运营成本应当由青岛市高新区地方政府财政承担。

根据一项清华大学的研究，综合管廊的成本收益如表4-1和4-2所示。

表4-1 国内综合管廊成本收益表

单位：元

项目	直接成本	外部成本	总成本	直接收益	外部收益	总收益
广州大学城	107 929	0	107 929	76 655	146 889	223 544
上海张江路	46 576	0	46 576	22 864	49 918	72 782
上海安亭新镇	34 097	0	34 097	19 494	41 490	60 984
上海松江大学城	2 875	0	2 875	1 624	11 147	12 771
杭州城站广场	5 275	0	5 275	4 920	15 644	20 564
深圳大梅沙	14 695	0	14 695	11 145	18 657	29 802
北京中关村	50 515	0	50 515	13 228	22 399	35 627
佳木斯林海路	11 114	0	11 114	11 139	2 831	13 970
陕西蒲城县	9 618	0	9 618	5 421	1 143	6 564
湖南永州市	62 139	0	62 139	5 421	13 927	66 189
昆明呈贡新城	74 160	0	74 160	52 262	59 730	110 320
平均	38 090	0	38 090	50 590	34 889	59 374

注：折旧期50年，贴现率3%。其中的直接收益是综合管廊替代的直埋法的成本。

表4-2　国内综合管廊成本收益率

单位：%

项目	直接收益/直接成本	外部收益/直接成本	外部收益/总收益	总收益/总成本
广州大学城	0.71	1.36	0.66	2.07
上海张江路	0.49	1.07	0.69	1.56
上海安亭新镇	0.57	1.22	0.68	1.79
上海松江大学城	0.56	3.88	0.87	4.44
杭州城站广场	0.93	2.97	0.76	3.90
深圳大梅沙	0.76	1.27	0.63	2.06
北京中关村	0.26	0.44	0.63	0.70
佳木斯林海路	1	0.25	0.20	1.26
陕西蒲城县	0.56	0.12	0.17	0.68
湖南永州市	0.84	0.22	0.21	1.06
昆明呈贡新城	0.68	0.81	0.54	1.49
平均	0.67	1.24	0.55	1.91

由以上数据可以看出，综合管廊的直接收益一般要小于总成本（这里是直接成本）；但若计入外部收益，总收益通常要大于总成本。因此，从整个社会角度看，综合管廊的投资是值得的和有效率的。

在总收益中，外部收益所占比重较大，最高为87.3%（上海松江大学城廊道），最低为17.4%（陕西蒲城县廊道），平均约为55%。由于青岛市高新区综合管廊的外部收益目前难以准确估计，将青岛市高新区未来的发展规划、人口数量、产业布局等因素考虑在内，与上述城市做比较，应属于中等偏上水平。所以，暂将外部收益占总收益的比重按照2/3，即67%。也就说，青岛市高新区综合管廊的社会效益比重应当占到总收益的2/3，其内部收益即现金收益应达到总收益的1/3。同样，其成本也应按照该比例核算，也就是说，在综合管廊的总成本中，政府财政需负担的部分应当达到总成本的2/3，其余1/3应当通过现金收益的形式解决。因此，综合管廊的建设和维护运营大部分应当得到地方政府财政资金的支持。综合管廊的内部收益主要来源于两部分，一是管廊使用的租费（管廊空间占用费或入廊费），二是管廊的物业管理费。管廊租费可作为管廊折旧费上缴财政，物业管理费的标准可由监管部门核准后报物价部门批复确定，以抵补综合管廊管理公司的运营成本。在管廊的折旧期内只要管廊租费的贴现值达到或接近管廊投资的1/3，就有理由认为这种财务模式在经济上是合理的。

3）综合管廊的内部收益核算分析

在管廊年租费率确定为2%的情况下，针对入廊的不同公用事业运营商所收取管廊租费的标准，取决于管廊的单位投资额和公用事业运营商对管廊空间的占用比例。将管廊的单位投资设定为3万元，并参照广州大学城综合管廊不同管线的空间占用比例，针对入廊的不同公用事业运营商所收取的（年）管廊租费标准，确定如表4–3所示。

表4–3　管廊租赁收益表

分项	截面空间/%	租费标准/元/m
给水	12.7	76.20
电力	35.45	212.70
通信	25.40	152.40
再生水	10.58	63.48
供热	15.87	95.22
合计	100	600

4）管廊维护物业费的收取

管廊日常维护费用主要包括设备大修和日常检修维护费用、人员工资、管理费用及有关税费，其中，设备大修和日常检修维护费用可按综合管廊总投资的0.5%计提（150元/（m·a））。日常维护费用可以实行跟进式动态定价管理，并非一成不变，以后可以根据维护管理实际发生成本情况，进行适当调整。

物业费也可按照管廊的空间占用比例，在入廊的公用事业运营商之间分摊。具体标准如表4–4所示。

表4–4　物业费收费标准

分项	截面空间/%	物业费标准/元/m
给水	12.7	27.31
电力	35.45	76.22
通信	25.40	54.61
再生水	10.58	22.75
供热	15.87	34.12
合计	100	215.01

目前，青岛市高新区综合管廊的运营管理模式可以简单归结为企业自主经营、自负盈亏、政府考核监督。由财政部门根据管廊维护的实际面积和长度，以人工费、机械费、用工量等各项指标为基础，核定维护费用的单位额度，并与管廊管理公司以合同的形式进行约定，根据实际纳入管理的管廊工程量每月拨付维护管理费用。由公用事业中心对管廊的管理进行监督考核，并根据考核办法进行扣分，扣分的额度与维护费用扣减额度挂钩，考核结果直接关系管廊管理公司收益。管廊管理公司在维护工作量一定，费用总额和工作业绩目标确定的情况下要自负盈亏，在能达到管廊管理维护标准和业绩目标的前提下对管理的流程、用工、材料、机械等的数量进行自我调节和优化。要追求更大的收益，就必须不断提高管理效率和管理水平。这种模式的好处，一是提高了管廊的管理效率，避免了国企“大锅饭”的体制弊端，有助于发挥管廊管理公司的积极性和能动性，提高资源使用效率。二是给政府管理提供了便利。政府主管部门只需要对管廊管理的成果进行评价和监督，避免了对管理过程过多干预可能导致的管理效率降低、主观能动性不足以及政府主管部门与企业间推诿扯皮、权责不清、职能混乱、实际工作量难以核定、资金使用量难以控制等问题。目前的管廊运营管理模式基本适应了高新区开发建设初期的实际需要。

第二节　运营维护管理制度建设

综合管廊作为具有公共属性的城市能源通道，功用优点十分突出，运维管理十分复杂，涉及政府、投资建设主体、运营管理单位和入廊管线单位等多个主体，一般需要该城市政府牵头、各部门和各单位积极配合，制定一套完整的、涵盖综合管廊从规划建设到运营维护管理全生命周期的配套政策和制度保障体系，其中包括规划、建设、运营、维护、管理、收费、考核等多个方面，确保综合管廊的运营维护管理安全、高效、规范和健康发展。

一、政府配套政策和制度体系

完善的制度规范是城市地下综合管廊的规划、建设和可持续运营维护管理的重要法制保障。2013 年 9 月，国务院发布《关于加强城市基础设施建设的意见》，2014 年 6 月，国务院办公厅下发《关于加强城市地下管线建设管理的指导意见》，均对推进城市地下综合管廊建设提出了指导性意见。因此，行业主管部门应当完善当地配套措施政策和法律法规，包括建设运营管理制度（含强制入廊政策）、建设费用和运营费用合理分担政策、运营维护管理绩效考核办法、投入机制建设和监督机制建设及其他制度机制建设等。

二、运营管理企业管理制度

综合管廊运营管理企业内部管理制度体系是保障综合管廊日常管理维护工作专业化、规范化、精细化的必要措施和手段。由于目前国内没有一套完整的适用综合管廊运营的管理制度流程，运营管理单位必须根据实际情况建立包括《进出综合管廊管理制度》《入廊管线单位施工管理制度》《安全管理制度》《日常巡查巡检管理规定》《设施备运行管理制度》《岗位责任管理制度》等在内的管理制度体系，将综合管廊维护管理的内容、流程、措施等进行深入和细化，保障综合管廊能高效规范地运行。企业内部需建立的规章制度主要包括（但不限于）以下内容。

（1）《进出综合管廊管理制度》。进综合管廊及其配电站的所需的手续、钥匙管理，旨在加强综合管廊各系统管理，确保设备安全运行。

（2）《入廊管线单位施工管理制度》。其包括入廊工作申请程序、入廊施工管理规定、廊内施工作业规范、动火作业管理规定、安装工程施工管理规定，对入廊管线单位申请管线入廊和在管廊内的施工做出相应规定。

（3）《安全管理制度》。其包括安全操作规程、安全检查制度、安全教育制度，对如何建立应急联动机制、如何实施突发事件的应急处理、事故处理程序、安全责任制度等做出详细规定。

（4）《岗位责任管理制度》。主要规定了综合管廊运营管理企业日常维护工作人员的岗位设置以及各岗位的责任范围和要求。

（5）《设备运行管理制度》。规定综合管廊设备运行巡视内容、资料管理、安全（消防）设施管理，保障设备安全、高效运行。

（6）《监控中心管理制度》。对监控设施设备、值班情况进行规范，实现综合管廊运行管理智能化管控。

（7）《档案资料管理制度》。对综合管廊的工程资料、日常管理资料、入廊管线资料予以分类、整理、归档、保管及借阅管理。

（8）《前期介入管理制度》。从运营管理的角度对综合管廊的规划设计、施工建设提出合理化建议。

（9）《接管验收管理制度》。对综合管廊的分项工程和整体竣工验收和接管验收做出规定，以便符合后续的运营管理和使用。

第三节　运营维护管理成本

一、成本构成要素

2015年12月国家发展改革委、住房和城乡建设部联合发布了《国家发展改革委 住房和城乡建设部关于城市地下综合管廊实行有偿使用制度的指导意见》，明确了城市地下综合管廊实行有偿使用制度，并对有偿使用费的构成做了详细说明："城市地下综合管廊有偿使用费包括入廊费和日常维护费。入廊费主要用于弥补管廊建设成本，由入廊管线单位向管廊建设运营单位一次性支付或分期支付。日常维护费主要用于弥补管廊日常维护、管理支出，由入廊管线单位按确定的计费周期向管廊运营单位逐期支付。"其费用构成因素包括以下几个方面。

（一）入廊费可考虑以下因素

（1）管廊本体及附属设施的合理建设投资。

（2）管廊本体及附属设施建设投资合理回报，原则上参考金融机构长期贷款利率确定（政府财政资金投入形成的资产不计算投资回报）。

（3）各入廊管线占用管廊空间的比例。

（4）各管线在不进入管廊情况下的单独敷设成本（含道路占用挖掘费，不含管材购置及安装费用）。

（5）管廊设计寿命周期内，各入廊管线在不进入管廊情况下所需的重复单独敷设成本。

（6）管廊设计寿命周期内，各入廊管线与不进入管廊时的情况相比，因管线破损率以及水、热、气等漏损率降低而节省的管线维护和生产经营成本。

（7）其他影响因素。

（二）日常维护费可考虑以下因素

（1）管廊本体及附属设施运行、维护、更新改造等正常成本。

（2）管廊运营单位正常管理支出。

（3）管廊运营单位合理经营利润，原则上参考当地市政公用行业平均利润率确定。

（4）各入廊管线占用管廊空间的比例。

（5）各入廊管线对管廊附属设施的使用强度。

（6）其他影响因素。

二、影响成本的主要因素

根据相关文件规定，综合管廊日常维护费基本是运营维护管理成本支出，与管廊的建设规模、建设成本和入廊管线种类等密不可分。

（一）建设规模

综合管廊建设规模越大，运营维护管理成本的规模经济性就显得更为重要。管廊建设规模越大，专业化组织管理效率就越明显，劳动分工和设备分工的优点就越能体现出来。建设规模的扩大可以使管理队伍雇佣具有专门技能的人员，同时也能采用高效率的设备，降低能耗；扩大建设规模往往能使更高效的组织运营方法成为可能，也使得节约成为可能。

（二）建设成本

综合管廊的建设成本因不同的地质条件、不同的应用环境、不同的入廊管线种类和数量，以及不同的发展城市功能要求等因素而不同，各地差异较大。下面以珠海市横琴综合管廊为例进行分析。

珠海市横琴综合管廊形成三横两纵“日”字形管廊网域，主干线采用双舱、三舱两种规格，先期容纳电力、给水、通信三种管线，规划预留供冷（供热）、再生水、垃圾真空管三种管位，能满足横琴未来百年发展使用需求。综合管廊内设置通风、排水、消防、监控等系统，由控制中心集中控制，实现全智能化运行。

1. 两舱式综合管廊建设各专业造价指标

其每千米约 6 264 万元。其中，岩土专业主要工作内容有 PHC 管桩桩基、PHC 管桩引孔及基坑土方开挖等，占 19.76%；结构专业主要工作内容有钢筋混凝土主体结构、管道设备基础等，占 26.01%；建筑装饰装修主要工作内容有防水、墙面抹灰刷漆、门窗安装等，占 11.54%；基坑支护专业主要工作内容有钢板桩、钻孔灌注桩、水泥搅拌桩等基坑支护以及环境监测与保护，占 25.48%；安装专业主要工作内容有给水工程、通风工程、电气设备及自控工程、消防工程、通信工程等，占 17.21%。

2. 三舱式综合管廊建设各专业造价指标

其每千米约 6 923 万元。其中，岩土专业主要工作内容有 PHC 管桩桩基、PHC 管桩引孔及基坑土方开挖等，占 10.29%；结构专业主要工作内容有钢筋混凝土主体结构、管道设备基础等，占 28.18%；建筑装饰装修主要工作内容有防水、墙面抹灰刷漆、门窗安装等，占 11.27%；基坑支护专业主要工作内容有钢板桩、钻孔灌注桩、水泥搅拌桩等基坑支护以及环境监测与保护，占 31.02%；安装专业主要工作内容有给水工程、通风工程、电气设备及自控工程、消防工程、通信工程等，占19.24%。

上述的造价和建设成本，对建设标准和维护标准均提出了很高的要求，也直接影响了后续的维护成本。

（三）入廊管线种类和数量

横琴综合管廊规划容纳220 kV电力电缆、给水、通信、供冷（供热）、中水、垃圾真空管等六种管线，其中给水管敷设从DN300～DN1200不等，通信管线管孔预留28～32孔，目前部分新建综合管廊又将燃气管道、雨污水等纳入建设，上述管线的维护技术要求、使用强度、敷设长度、数量和所占管廊空间比例等，均直接影响综合管廊的使用强度、维护要求和维护成本的支出。

三、成本测算方法

地下综合管廊运营维护管理成本主要包括运行人员费、水电费、维修费、监测检测费、保险费、企业管理费、利润和税金等。

（1）运行人员费。主要包括现场运行人员工资、福利、社会保险、住房公积金、劳保用品、意外伤害保险等。

（2）水电费。据管廊内机电设备的功率和使用频率计算用电量，电价以当地非工业电价计取；水费主要是管廊内清洁用水和运行管理人员办公场所生活用水费用。

（3）维修维保费。主要是根据工程设备清单并结合实际设施量、维护标准、定额标准等，对主体结构维修、设施设备保养及更换进行测算。

（4）监测检测费。根据所在区域的地质条件，对综合管廊本体的沉降观测和消防检测等费用。

（5）保险费。为保障管廊设施设备和人员的安全而购买的设施保险和第三方责任险。

（6）企业管理费。指因管廊运营维护管理工作而发生的、非管廊运营专用资源的费用，按当地市政工程管理费分摊费率计取，主要包括管理人员工资、办公费、差旅交通费、固定资产使用费、车辆使用费、工具用具使用费、劳动保险费、工会经费、职工教育经费、财产保险费、财务费、其他。

（7）利润。原则上参考当地市政公用行业平均利润率确定。

（8）税金。按营改增税率6%计取。

（9）其他费用。

四、收费协调机制

管廊有偿使用费标准原则上由管廊建设、运营单位与入廊管线单位共同协商确定，实行一廊一价、一线一价，由供需双方按照市场化原则平等协商，签订协议，确定管廊有偿使用费标准及付费方式、计费周期等有关事项。

在协商确定入廊费时，应以地下综合管廊寿命周期为确定收费标准的计算周期，当前可以暂时按50年考虑：各入廊管线每一次单独敷设的建设成本以及管廊寿命周期内的建设次数；各入廊管线占用管廊空间的比例；管廊的合理建设成本和建设投资的合理利润；入廊后的节约成本或正效益也应该考虑，如供水管线入廊后，因管网漏失率降低而因此节约的成本，也应该作为入廊费构成所要考虑的因素。在协商日常维护费时，应考虑日常维护费类似于物业费，主要由各人廊管线共同分摊。公益性管线费用缺口，可以考虑节约周边土地开发收益，由政府财政资金提供可行性缺口补助。

首次管廊建设及入廊管线费用，借鉴类似城市经验，按住房和城乡建设部与财政部出台的《有偿使用办法》规定，由所在城市人民政府组织价格主管部门进行协调。通过开展成本调查、专家论证、委托咨询机构评估等方式，为管廊运营维护和入廊管线单位各方协商确定有偿使用费标准提供参考依据。

五、威海市入廊收费定价案例

根据《关于城市地下综合管廊实行有偿使用制度的指导意见》（发改价格〔2015〕2754号）和威海市物价局、住建局《关于威海市区城市地下综合管廊有偿使用收费的实施意见》（威价发〔2016〕13号）规定，制定如下定价及收费机制。

（一）管线入廊费

定价机制。根据管廊使用寿命为百年，合作期内30年内应摊销建设成本30%，按目前建设成本31.59亿元，合作期约摊销9.5亿元。同时，根据与管线单位交流及调研，按传统单独敷设（直埋）管线，在30年合作期内需重复敷设1～1.5次，根据单独敷设成本测算，合作期内单独敷设的成本约为3.19亿元。

综合以上情况，经充分与管线单位沟通交流，并充分考虑管线单位的实际情况和入廊意愿，确定以单独敷设成本和敷设次数来确定管线入廊费。此收费水平接近于合作期内管廊应摊销建设成本的30%，并确定管线入廊收费计算公式如下：

某种管线入廊费（元）=管线在不进入管廊情况下的单独敷设成本（元）×管廊特许经营期内某种管线需重复单独敷设次数（次）÷（1−税率）

根据以上公式，结合对各种管线敷设成本、敷设次数的调研，初步确定威海市地下综合管廊试点项目管线入廊费用计算表，如表4−5所示。

表4-5　威海市城市地下综合管廊试点项目入廊费用计算

管线类型及型号	传统方式下管线使用寿命/a	传统方式管线敷设单价/（元/m）	成本调整系数	30年合作期内管线敷设次数	单位管线入廊费/（元/m）	试点项目管线长度/m	入廊费合计/元
		A	B	C	D=A*B*C/（1−税率）	E	F=D*E
再生水DN200	30	398.9	1	1.0	422.5	8 200	3 464 500
再生水DN400	30	455.0	1	1.0	482.0	10 930	5 268 260
再生水DN500	30	509.5	1	1.0	540.0	8 300	4 482 000
热力管DN300	20	586.8	1	1.5	932.8	3 600	3 358 080
热力管DN600	20	871.7	1	1.5	1 385.7	6 400	8 868 480
热力管DN700	20	919.4	1	1.5	1 461.6	8 600	12 569 760
热力管DN800	20	962.7	1	1.5	1 530.4	13 260	20 293 104
热力管DN900	20	1 098.5	1	1.5	1 746.3	16 600	28 988 580
给水DN200	30	403.9	1	1.0	428.0	2 400	1 027 200
给水DN300	30	434.6	1	1.0	460.5	29 000	13 354 500
给水DN500	30	521.1	1	1.0	552.2	11 200	6 184 640
给水DN600	30	735.4	1	1.0	779.4	14 930	11 636 442
给水DN800	30	914.3	1	1.0	969.0	6 630	6 424 470
通信单孔	25	94.7	1	1.2	120.4	658 400	79 271 360

续表

管线类型及型号	传统方式下管线使用寿命/a	传统方式管线敷设单价/（元/m）	成本调整系数	30年合作期内管线敷设次数	单位管线入廊费/（元/m）	试点项目管线长度/m	入廊费合计/元
		A	B	C	D=A*B*C/（1−税率）	E	F=D*E
电缆单孔	25	101.2	1	1.2	128.7	584 500	75 225 150
污水DN300	30	451.1	1	1.0	478.0	1 325	633 350
污水DN400	30	494.3	1	1.0	523.9	2 390	1 252 121
污水DN500	30	555.6	1	1.0	588.9	4 165	2 452 769
污水DN600	30	755.1	1	1.0	800.4	4 400	3 521 760
污水DN800	30	1 016.9	1	1.0	1 077.8	7 500	8 083 500
雨水DN800	30	915.3	1	1.0	970.0	4 530	4 394 100
燃气DN300	30	551.4	1	1.0	584.3	19 230	11 236 089
总计							311 990 215

说明：① 供热管道寿命按20年考虑，通信及电缆管道按25年考虑，其余管道按30年考虑。② 成本调整系数主要反映各管线对附属设施的使用强度，暂按强度相同计算，待以后根据实际情况调节。

（二）日常维护费

日常维护费以试点项目的年度实际运营、维护成本支出为基础，加上10%的合理回报作为当年度应收日常维护费。经测算，试点项目非大小修年度的日常维护费为2 843万元，依照各种管线实际的空间占比进行分配。即：

某种管线的管廊日常维护费（元/m・a）=［管廊运营成本（元）+城市地下综合管廊运营单位正常管理支出］÷运营管廊总长度*某类管线空间占比（%）×某管线对管廊附属设施的使用强度×（1+利润率）÷（1−税率）

根据以上计算公式，结合试点项目未来经营情况的测算，暂定各种管线日常维护费分摊计算如表4-6所示。

表4-6 试点项目管线日常维护费分摊计算表

管线类型及型号	各管线体积/m^3	各管线空间占比/%	管线对管廊附属设施使用强度系数	各管线管廊运营长度/m	日常维护费/（元/m·a）
	Ai	B=Ai÷∑Ai	C	D	E=经营成本÷D×B×C×（1+10%）÷（1−5.65%）
中水DN200	18 221	1.49	1	8 200	51.7
中水DN400	39 203	3.21	1	10 930	83.4
中水DN500	57 602	4.71	1	8 300	161.3
热力DN300	10 494	0.86	1	3 600	67.8
热力DN600	33 310	2.72	1	6 400	121.0
热力DN700	42 441	3.47	1	8 600	114.7
热力DN800	70 498	5.76	1	13 260	123.6
热力DN900	121 512	9.94	1	16 600	170.2
给水DN200	8 214	0.67	1	2 400	79.6
给水DN300	70 252	5.74	1	29 000	56.3
给水DN500	37 416	3.06	1	11 200	77.7
给水DN600	78 797	6.44	1	14 930	122.7
给水DN800	31 847	2.60	1	6 630	111.7
通信单孔	144 386	11.81	1	658 400	5.1
电缆单孔	147 454	12.06	1	584 500	5.9
污水DN300	5 425	0.44	1	1 325	95.2
污水DN400	10 091	0.83	1	2 390	98.2
污水DN500	20 908	1.71	1	4 165	116.7
污水DN600	43 472	3.55	1	4 400	229.7
污水DN800	57 645	4.71	1	7 500	178.7
雨水DN800	18 010	1.47	1	4 530	92.4

续表

管线类型及型号	各管线体积/m³	各管线空间占比/%	管线对管廊附属设施使用强度系数	各管线管廊运营长度/m	日常维护费/（元/m·a）
	Ai	B=Ai÷∑Ai	C	D	E=经营成本÷D×B×C×（1+10%）÷（1−5.65%）
燃气DN300	155 800	12.74	1	19 230	188.3

注：表中经营成本支出暂按预计的正常经营年份运营维护成本支出合计计算，年均为2 483万元。

第四节　早期介入管理

由于综合管廊运营维护管理是新兴的城市市政基础设施管理行业，入廊管线单位对其全面了解和社会宣传有一个滞后期，而作为建筑设计学科的专业设计还没有把综合管廊运营维护管理的相关内容纳入进来。当前，综合管廊的设计人员只能从自身的社会实践中去学习和掌握，而相当一部分综合管廊设计人员对运营维护管理知之不多。由于受知识结构的局限，其在制定设计方案时，往往只是从设计技术角度考虑问题，不可能将今后综合管廊运营维护管理中的合理要求考虑得全面，或者很少从综合管廊的长期使用和正常运行的角度考虑问题，造成综合管廊建成后在运营维护管理和入廊管线单位使用等方面带来诸多问题。另外，因政策、规划或资金方面的原因，综合管廊的设计和开工的时间相隔较长，少则一年，多则三年。由于人们对城市地下空间建筑物功能的要求不断提高，建筑领域中的设计思想不断进步和创新，这使得原有的设计方案很快就显得落后。我国早期建设的综合管廊由于缺少规划设计阶段和施工建设阶段的介入，在接管和管线入廊后大量问题暴露出来，除了施工质量问题外，还涉及没有从运营角度去考虑的问题。如设计者在设计综合管廊时根本没有考虑通信管线单位设备安装、管线盘线和出舱孔位置，致使管线入廊后无法满足使用要求或随意开孔，给管廊防水安全带来很大隐患。这些细节给运营管理单位和入廊管线单位带来很多烦恼，同时也影响了管线单位入廊的积极性。同时，综合管廊的末端传感应考虑使用在恶劣、潮湿环境下不受影响的技术、材料，如分布式光纤传感技术。

因此，各地在取得综合管廊规划建设许可证的同时，应当提前选聘综合管廊运营管理单位。运营管理企业作为综合管廊使用的管理和维护者，对管廊在使用过程中可能出现的问题比较清楚，应当在设计和施工阶段提早介入。

一、早期介入的必要性

（1）有利于优化管廊的设计，完善设计细节。

（2）有利于监督和全面提高管廊的工程质量。

（3）有利于对管廊的全面了解。

（4）为前期管廊运营管理作充分准备。

（5）有利于管线单位工作顺利开展。

二、早期介入的内容

1. 可行性研究阶段

（1）根据管廊建设投资方式、建设主体和入廊管线等确定管廊运营管理模式。

（2）根据规划和入廊管线类别确定管廊运营管理维护的基本内容和标准。

（3）根据管廊的建设规模、概算和入廊管线种类等初步确定有偿使用费标准。

2. 规划设计阶段

（1）就管廊的结构布局、功能方面提出改进建议。

（2）就管廊配套设施的合理性、适应性提出意见或建议。

（3）提供设施、设备的设置、选型和管理方面的改进意见。

（4）就管廊管理用房、监控中心等配套建筑、设施、场地的设置、要求等提出建议。

（5）对于分期建设的管廊，对共用配套设施、设备等方面的配置在各期之间的过渡性安排提供协调意见。

3. 建设施工阶段

（1）与建设单位、施工单位就施工中发现的问题共同商榷并落实整改方案。

（2）配合设备安装，现场进行监督，确保安装质量。

（3）对管廊及附属建筑的装修方式、用料及工艺等方面提出意见。

（4）了解并熟悉管廊的基础、隐蔽工程等施工情况。

（5）根据需要参与建造期有关工程联席会议等。

4. 竣工验收阶段

（1）参与重大设备的调试和验收。

（2）参与管廊主体、设备、设施的单项、分期和全面竣工验收。

（3）指出工程缺陷，就改良方案的可能性及费用提出建议。

第五节　承接查验

综合管廊的承接查验是对新建综合管廊竣工验收的再验收，是直接关系到今后管廊运营维护管理工作能否正常开展的一个重要步骤。参照住房和城乡建设部颁布的《房屋接管验收标准》和《物业承接查验办法》，对以综合管廊进行以主体结构安全和满足使用功能为主要内容的再检验。

综合管廊接管应从今后运营维护保养管理的角度验收，也应站在政府和入廊管线单位使用的立场上对综合管廊进行严格的验收，以维护各方的合法权益；接管验收中若发现问题，要明确记录在案，约定期限，督促建设主体单位对存在的问题加以解决，直到完全合格。主要事项有如下几个方面。

（1）确定管廊承接查验方案。

（2）移交有关图纸资料，包括竣工总平面图，单体建筑、结构、设备竣工图，配套设施、地下管网工程竣工图等竣工验收资料。

（3）查验共用部位、共用设施设备，并移交共用设施设备清单及其安装、使用和维护保养等技术资料。

（4）确认现场查验结果，解决查验发现的问题；对工程遗留问题提出整改意见。

（5）签订管廊承接查验协议，办理管廊交接手续。

第六节　管线入廊管理

一、强制入廊

已建成综合管廊的道路或区域，除根据相关技术规范或标准无法入廊的管线以及管廊与外部用户的连接管线外，该道路或区域所有管线必须统一入廊。对于不纳入综合管廊而采取自行敷设的管线，规划建设主管部门一律不予审批。

二、入廊安排

（1）管廊项目本体结构竣工，消防、照明、供电、排水、通风、监控和标识等附属设施完善后，纳入管廊规划的管线即可入廊。

（2）入廊管线单位应在综合管廊规划之初，编制入廊管线规划方案，报相关部门和规划设计单位备案；并在确定管线入廊前3个月内编制设计方案和施工图，报相关部门和管廊运营管理单位备案后，开展入廊实施工作。

（3）需要大型吊装机械施工的或管廊建成后无法预留足够施工空间的管线，安排与管廊主体结构同步施工。

（4）燃气、大型压力水管、污水管等存在高危险的管线入廊，管廊运营管理单位应事先告知相关管线单位。

三、入廊协议

在管线入廊前，管理运营管理单位应当与管线单位签订入廊协议，明确以下内容。

（1）入廊管线种类、数量和长度。

（2）管线入廊时间。

（3）有偿使用收费标准、计费周期。

（4）滞纳金计缴方式方法。

（5）费用标准定期调整方式方法。

（6）紧急情况费用承担。

（7）各方的责任和义务。

（8）其他应明确的事项。

四、入廊管理

（1）在管线入廊施工前，管线单位应当办理相关入廊手续，施工过程中遵守相关管理办法、管理规约和管廊运营管理单位制定的相关制度。

（2）管线单位应当严格执行管线使用和维护的相关安全技术规程，制订管线维护和巡检计划，定期巡查自有管线的安全情况并及时处理管线出现的问题。

（3）管线单位应制定管线应急预案，并报管廊运营管理单位备案；管线单位应与管廊运营管理单位建立应急联动机制。

（4）管线单位在管廊内进行管线重设、扩建、线路更改等变更时，应将施工方案报告管廊运营管理单位备案。

第七节　日常维护管理

一、综合管廊维护管理的内容、措施及流程

为确保综合管廊的管理高效、规范，需要制定一系列综合管廊维护管理的制度，形成一套较完整的、有效的综合管廊管理制度体系。制度体系主要包括综合管廊的日常维护、值班、安全检查、档案资料等管理制度。将综合管廊维护管理的内容、流程、措施等进行深入和细化，是综合管廊能够高效规范运行的保障。由威海市滨海新城建设投资股份有限公司牵头，针对综合管廊管理公司以及各管线单位制定了各项工作的措施、流程及标准。

1. 日常维护管理制度

（1）保持综合管廊内的整洁和通风良好。

（2）监督管线单位严格执行相关安全规程，做好安全监控和巡查等安全保障工作。

（3）监督综合管廊内管线和附属设施施工单位严格执行相关安全规程和批准的安全施工措施方案，做好安全监控和巡查等安全保障。

（4）配合和协助管线单位的巡查、养护和维修。

（5）负责综合管廊结构的保护和维修及沟内公用设施设备的养护和维修，保证设施、设备的正常运转。

（6）综合管廊内发生险情时，采取紧急措施并及时组织管线单位进行抢修。

（7）制定并实施综合管廊应急预案。

（8）巡查保护综合管廊构筑物的完整、安全，及时发现并制止对综合管廊产生危害的行为。

2. 值班管理制度

值班工作是沟通上下，联系内外、协调左右的信息枢纽，对上级重要文件的及时传达，对运营公司内部事务的及时处理等起着重要的保证作用。

1）值班人员职责

值班人员要坚守岗位，不得擅自离岗；必须离开时，应找人替代，不得出现脱岗、离岗现象；要认真处理好当班事宜，并记好值班日志，妥善保管、处置好 来文来

电、重要来访，严格做到事事有登记，件件有着落；要认真接好电话，并做好记录和办理工作；保持好环境卫生，确保清洁；办好领导临时交办的各项工作。

2）值班工作要求

值班人员在接听电话时要做到文明亲切，听话认真、说话准确，记录完后要认真核对，确认无误后再终止通话；在写电话记录时要做到字迹工整，用词准确；值班日记要按要求写清值班时间、值班人员、事项内容等；信息传达要做到内容清楚，范围准确，该传到哪里就准确无误地传到哪里，不能随意扩大或缩小传递的范围；值班人员应注意严格执行保密规定；值班人员由于其他原因不能值班的，应先行请假或请其他人员代替并报领导批准；每天下班前进行交接班，交接时要把当天未处理完的事项详细记在值班日记上，并须向接班人交代清楚。

3）安全检查管理制度

建立应急联动机制，实施突发事件的应急处理，事故处理程序、安全责任制等应做详细规定；安全检查分为日常检查、定期检查、特殊检查，日常检查以目测为主，每周不少于一次；定期检查宜用仪器和量具量测，每季度不少于一次；特殊检查根据实际需要由专业机构进行。

4）档案资料管理制度

项目公司运营部按规定的格式就运营维护服务事项备存记录，包括项目设施状况正常使用中及处在维修状态的项目设施种类及数目；维护维修计划；维护维修计划执行情况；维护维修计划变动情况；项目设施检查记录（日常检查、定期检查和专项检查）；项目设施状态评定记录；项目设施维修记录（包括日常维修、中修及大修）；相关政府部门检查结果；任何事故的详细记录。

5）安全管理制度

综合管廊是城市公共安全管理的重要环节，对进出管廊应进行严格的审批，未经审批任何无关人员不得擅自进入管廊；需要进入综合管廊的人员应当先向项目公司提出申请，并履行相应入廊管理制度，确保人员安全并由管廊管理公司派遣相应人员同时到场方可入廊；对入廊作业人员严格管理，实名登记并发放作业证，在廊内必须随身佩戴；对廊内动火作业等特殊工种进行专项审批登记和重点监控；未经同意擅自进入综合管廊造成损害的，应负担相应责任。

（一）综合管廊公司和入廊管线单位的职责任务

综合管廊管理公司的主要职责和任务，是保持综合管廊内的整洁和通风良好；搞好安全监控和巡查等安全保障；配合和协助管线单位的巡查、养护和维修；负责综合管廊内共用设施设备养护和维修，保证设施设备正常运转；综合管廊内发生险情时，采取紧急措施并及时通知管线单位进行抢修；制定综合管廊相适应的应急救援预案；为保障综合管廊安全运行应履行的其他义务。

管线进入管廊，管线的产权仍然归其建设单位所有，因此作为产权单位也必须承担管线本身的维护等职责和义务，同时又要与管廊的管理单位产生工作的交叉、对接和配合，因此必须对管线产权单位的行为进行一些规定。入廊单位应履行的责任和义务：对管线使用和维护严格执行相关安全技术规程；建立管线定期巡查记录，记录内容应包括巡查时间、地点（范围）、发现的问题与处理措施、上报记录等；编制实施沟内管线维护和巡检计划，并接受市政工程管理机构的监督检查；在综合管廊内实施明火作业的，应当严格执行消防要求，并制定完善的施工方案，同时采取安全保证措施；制定管线应急预案；为保障入廊管线安全运行应履行的其他义务。

（二）综合管廊维护管理的内容、措施及流程

综合管廊的维护管理工作有以下内容：管廊内应保持干燥、清洁，当有积水、淤泥时，应根据实际情况定期进行抽水清淤；定期轮换启动风机、潜水泵并保证运行正常，按照规定加装润滑油；检查氧量、湿度、温度变送器及火灾探测器等测量元件是否显示正常，对于出现异常或者无显示的立刻检修；测试监控系统是否正常；管廊内金属构架应定期进行地阻测试和防锈处理；沟内电缆的金属护层应有外护套防水、防腐保护，不得直接与水等接触；检查管廊漏水情况，各种分缝的漏水情况等，检查排水情况是否实施完好，检查照明、电气系统是否正常；管线产权单位改变运行方式或者改变参数，必须提前天书面向综合管廊管理公司通报，特别是停水、停热以及送水、送热。

1. 综合管廊的巡查与维护

综合管廊属于地下构筑物工程，管廊的全面巡检必须保证每周至少一次，并根据季节及地下构筑物工程的特点，酌情增加巡查次数。对因挖掘暴露的管廊廊体，按工程情况需要酌情加强巡视，并装设牢固围栏和警示标志，必要时设专人监护。巡检内容主要包括各吊装口、通风口是否损坏，百叶窗是否缺失，标识是否完整；查看管廊上表面是否正常，有无挖掘痕迹，管廊保护区内不得有违章建筑；对管廊内的高低压电缆要检查电缆位置是否正常，接头有无变形漏油，构件是否失落，排水、照明等设施是否完整，特别要注意防火设施是否完善；管廊内，架构、接地等装置无脱落、锈蚀、变形；检查供水管道是否有漏水；检查热力管道阀门、法兰、疏水阀门是否漏气，保温是否完好，管道是否有水击声音；通风及自动排水装置是否运行良好，排水沟是否通畅，潜水泵是否正常运行；保证沟内所有金属支架都处于零电位，防止引起交流腐蚀，特别要加强对高压电缆接地装置的监视；巡视人员应将巡视管廊的结果，记入巡视记录簿内并上报调度中心，根据巡视结果，采取对策消除缺陷；在巡视检查中，如发现零星缺陷，不影响正常运行，应记入缺陷记录簿内，据此编制月度维护小修计划；在巡视检查中，如发现有普遍性的缺陷，应记入大修缺陷记录簿内，据此编制年度大修计划；巡视人员如发现有重要缺陷，应立即报告公用事业服务中心和相关领导，并做好记录，填写重要缺陷通知单；运行管理单位应及时采取措施，消除缺陷；加强对市政施工危险点的分析和盯防，与施工单位签订“施工现场安全协议”并进行技术交底；及时下发告知书，杜绝对综合管廊的损坏。

日常巡检和维修中要重点检查管道线路部分的里程桩、保坎护坡、管道切断阀、穿跨越结构、分水器等设备的技术状况，发现沿线可能危及管道安全的情况；检查管道泄漏和保温层损害的地方；测量管线的保护电位和维护阴极保护装置；检查和排除专用通信线故障；及时做好管道设施的小量维修工作，如阀门的活动和润滑、设备和管道标志的清洁和刷漆、连接件的紧固和调整、线路构筑物的粉刷、管线保护带的管理、排水沟的疏通、管廊的修整和填补等。

2. 管廊管线的日常检查和维护

入廊管线虽然避免了直接与地下水和土壤的接触，但仍处于高盐碱性的地下环境，因此对管线应进行定期测量和检查。用各种仪器发现日常巡检中不易发现或不能发现的隐患，主要有管道的微小裂缝、腐蚀减薄、应力异常、埋地管线绝缘层损坏和管道变形、保温脱落等，其检查方式包括外部测厚与绝缘层检查、管道检漏、管线位移、土壤沉降测量和管道取样检查。对线路设备要经常检查其动作性能；仪表要定期校验，保持良好的状况；紧急关闭系统务必做到不发生误操作；设备的内部检查和系统测试按实际情况，每年进行1～4次检查和测试。

汛期和冬季要对管廊和管线做专门的检查维护，主要包括检查和维修管廊的排水沟、集水坑、潜水泵和沉降缝、变形缝等的运行能力；检修管廊周围的河流、水库和沟壑的排水能力；维修管廊运输、抢修的通道；配合检修通信线路，备足维修管线的各种材料；汛期，应加强管廊与管道的巡查，及时发现和排除险情；冬季，维修好机具和备足材料；要特别注意回填裸露管道，加固管廊；检查地面和地上管段的温度补偿措施；检查和消除管道泄漏的地方；注重管廊交叉地段的维护工作。

对于损坏或出现隐患的管线要及时进行维修。管道的维修工作按其规模和性质可分为例行性（中小修）、计划性（大修）、事故性（抢修），一般性维修（小修）属于日常性维护工作的内容。例行的维修工作有以下项目：处理管道的微小漏油（砂眼和裂缝）；检修管道阀门和其他附属设备；检修和刷新管道阴极保护的检查头、里程桩和其他管线标志；检修通信线路，清刷绝缘子，刷新杆号；清除管道防护地带的深根植物和杂草；洪水后的季节性维修工作；露天管道和设备涂漆。

计划性维修工作按实际需要决定，其内容包括更换已经损坏的管段，修焊穿孔和裂缝，更换绝缘层；更换切断阀等干线阀门；部分或全部更换通信线缆和电杆；修筑和加固跨越两岸的护坡、保坎，开挖排水沟等土建工程；更换阴极保护站的阳极、牺牲阳极、排流线等电化学保护装置的维修工程；管道的内涂工程等。

事故性维修指管道发生爆裂、堵塞等事故时被迫全部或部分停产进行的紧急维修工程，亦称抢险。抢修工程的特点是它没有任何事先计划，必须针对发生的情况，立即采取措施，迅速完成，这种工程应当由经过专门训练、配备成套专用设备的专业队伍施工。在必要的情况下，启动应急救援预案，确保管廊及内部管道、线路、电缆的运行安全。

以上全部工作由管线产权单位负责，管廊管理公司负责巡检、通报和给予必要的配合。

3. 综合管廊附属系统的维护管理

综合管廊内附属系统主要包括控制系统、火灾消防与监控系统、通风系统、排水系统和照明系统等，各附属系统的相关设备必须经过有效及时的维护和操作，才能确保管廊内所有设备的安全运行。因此，附属系统的维护在综合管廊的维护管理中起到非常重要的作用。

控制中心与分控站内的各种设备仪表的维护：需要保持控制中心操作室内干净、无灰尘杂物，操作人员定期查看各种精密仪器仪表，做好保养运行记录；发现问题及时联系相关自控专业技术人员；建立各种仪器的台账，来人登记记录，保证控制中心及各分控站的安全。

通风系统指通风机、排烟风机、风阀和控制箱等，巡检或操作人员按风机操作规程或作业指导书进行运行操作和维护，保证通风设备完好、无锈蚀、线路无损坏，发现问题应及时汇报至相关人员，及时修理。

排水系统主要涉及潜水泵和电控柜的维护，集水坑中有警戒、启泵和关泵水位线，定期查看潜水泵的运行情况，是否受到自动控制系统的控制，如有水位控制线与潜水泵的启动不符合，应及时汇报，以免造成大面积积水影响管廊的运行。

照明系统的相关设备较多，如电缆、箱变、控制箱、应急装置、灯具和动力配电柜等设备。保证设备清洁、干燥、无锈蚀、绝缘良好，定期对各仪表和线路进行检查，管廊内和管廊外的相关电力设备应全部纳入维护范围。

电力系统相关的设备和管线维护应与相关的电力部门协商，应按照相关的协议进行维护。

火灾消防与监控系统的维护：确保各种消防设施完好，灭火器的压力达标，消防栓能够方便快速地投入使用。

以上设备需根据有效的设备安全操作规程和相关程序进行维护，操作人员经过一定的专业技术培训才能上岗，没有经过培训的人员严禁操作相关设备。同时，在综合管廊安全保护范围内原则上应禁止排放、倾倒腐蚀性液体、气体；爆破；擅自挖掘城市道路；擅自打桩或者进行顶进作业以及危害综合管廊安全的其他行为。如确需进行的应根据相关管理制度制定相应的方案，经管廊管理公司审核同意，并在施工中采取相应的安全保护措施后方可实施。管线单位在综合管廊内进行管线重设、扩建、线路更改等施工前，应当预先将施工方案报告管廊管理公司及相关部门备案，管廊管理公司派相应技术人员前往，确保管线变更期间其他管线的安全。

二、综合管廊维护管理的制度体系

为确保综合管廊管理得高效、规范，需要制定一系列综合管廊维护管理的制度，形成一套较完整有效的综合管廊管理制度体系。制度体系主要包括综合管廊的安全管理制度、安全检查制度、安全教育制度、消防保卫管理制度、安全操作规程、进出综合管廊须知、入廊工作申请程序、入廊施工管理规定、廊内施工作业规范、管廊进出规定、动火作业管理规定、安装工程施工管理暂行规定、巡视巡检规定等。制度体系将综合管廊维护管理的内容、流程、措施等进行了深入和细化，是综合管廊能高效规范运行的保障。例如，安全管理制度对如何建立应急联动机制，如何实施突发事件的应急处理，事故处理程序、安全责任制等做出了详细规定。安全监察制度对安全检查的内容、检查频率、检查方式方法、安检人员职责、问题整改的落实和监督等做了详细规定，使安全工作更加明确、提高了可操作性。另外，综合管廊是城市公共安全管理的重要环节，对进出管廊进行了严格的审批程序规定，未经审批任何无关人员不得擅自进入管廊。需要进入综合管廊的人员应当先行向管廊管理公司提出申请，并履行相应入廊管理制度，确保人员安全并由管廊管理公司派遣相应人员同时到场方可入廊。对入廊作业人员严格管理，实名登记并发放作业证，在廊内必须随身佩戴。对廊内动火作业等特殊工种进行专项审批登记和重点监控等。未经同意擅自进入综合管廊造成损害的，应负相应责任。

第八节　安全应急管理

一、安全管理方案

根据综合管廊运营及维护的特点，制定具有针对性的各项安全管理制度，包括安全生产责任制，安全生产奖惩办法，安全生产教育培训制度，安全生产检查制度，安全技术措施交底制度，安全生产资金保障制度，安全生产事故报告处理制度，消防安全责任制度，爆炸物品安全管理制度，文明施工管理制度，特种作业人员管理制度，临时用电管理制度，安全防护设施及用品验收、使用管理制度，各工种及机具安全操作规程，生产安全应急预案，等等。

二、应急联动演练

管廊运营管理单位应按照各种事故应急方案的要求，定期组织员工和各入廊管线单位开展应急处置队伍的训练和应急联动演练工作，提高实战处置能力。各参与单位按其职责分工，协助配合完成演练。演练完毕后，主管部门对应急方案的有效性进行评价，可根据应急方案的实际需求进行调整或更新，应急联动演练的内容及评价应存档，并由管廊运营管理单位保管。

应急联动演练中，各相关单位应按实际应急预案规定配备、管理、使用应急处置相关的专业设备、器材、车辆、通信工具等，保持应急处置装备、物资的完好，确保应急通信的畅通。

第九节　投融资方案

一、综合管廊常见投融资模式

目前，国内综合管廊建设常见的投融资模式有以下几种。

第一种是政府全额投入的模式。这种模式下综合管廊作为完全公益性的市政基础设施，由政府全额出资建设。政府资金可以来源于财政投入或各类贷款，建成后产权归政府或隶属政府的资产管理公司所有，当地政府成立或委托相关部门履行综合管廊的管理及运营。

第二种是BOT模式，简言之就是建设—运营—移交模式。政府在项目建设阶段引入项目投资人，项目由投资人负责投资、设计、建设等。根据合同约定，项目完工后，投资人享有一定年限（通常大于10年）的项目管理运营权，负责项目的管理、运营并享有项目收益。项目运营期结束后将项目管理运营权及资产无偿移交政府。在BOT模式的基础上又延伸出模式，即投资人在运营期内同时拥有项目资产的产权，以及在此类模式的基础上延伸出的其他灵活的操作模式。该模式可以缓解政府的财政融资压力，操作方式具有灵活性。该模式实施的核心在于特许经营权的获取。政府必须授予企业特许经营权，确保企业在经营期限内的成本回收以及获利。实践证明，BOT模式是新时期政府加快城市基础设施建设，提高资产运营效率的一个有效途径。但因政府在项目公司内不保留股份，在特许经营期内不参与经营管理，所以为确保项目的社会效益得到有效发挥，使公共利益得到有效保障，必须完善合同并加强合同履行的监管，加强行业管理监督，以确保公共利益不因企业的趋利性而被损害。

BOT模式有如下几个特点。

（1）BOT项目的建设对象为有偿公共基础设施，对于这些社会基础设施建设，政府通过和投资者签订特许经营协议，特许投资者对项目进行投资、融资、建设并经营。特许期结束后，政府最终拥有这些建设项目，同时社会受益。

（2）只有在一个国家的经济达到相应的水平后，才会建设BOT项目。其原因在于BOT项目所花费的成本，需要在项目完成并投入使用后通过收费来收回，并且BOT项目需要获得一定的经济效益。

（2）由于公共基础设施建设本身就花费昂贵、周期长，因此建设一个BOT项目，投资巨大，耗时漫长。BOT项目耗时时间长的原因在于项目审批需要时间，建设需要时间，投入运营也需要很长的时间。尽管如此，BOT模式仍然对我国的市政基础建设发挥了巨大的作用。

第三种是TOT模式，就是运营转移模式。即政府投资完成项目建设，然后将项目管理经营权通过一定的方式转移给选定的运营管理单位，并授予其特许经营权，由被选定单位从事特许经营期内的项目运营管理并获取相应收益。该模式是项目特许经营权到期后将资产移交政府的模式。这种模式也有很多灵活变通的实施方式可供选择。但这种模式不能有效缓解政府的融资压力。同时，政府不参与项目的日常管理运营，但同样需要政府加强监管以确保公众利益不受损害。另外，要加强国有资产监管，明确双方权益及风险，以防止国有资产流失。

TOT模式的特点有如下几个方面。

（1）TOT模式中，投资人对项目仅仅拥有经营权而不拥有所有权，并以项目未来的经济效益作为抵押。而政府拥有对获得的资金进行支配的权利。

（2）TOT模式中，融资的操作方式方便简单，实际上项目的所有权仍属于政府或国有企业。政府可以利用TOT模式处理多个不同的项目，而获得的资金可用于其他项目的建设和运营。

（3）TOT模式中，经营主体具有单一性，并且承担在规定期限内所有的经营责任和经营利益。

（4）TOT项目融资只涉及项目经营权的转移，不涉及产权的变化，对国家的利益和安全没有任何影响。

（5）TOT项目融资与其他融资模式相比，结构简单，融资迅速，前期工作少，节省费用。

（6）TOT模式增加了社会资产总量。该模式盘活了城市基础设施资产存量，同时可以促使民间资本投入城市基础设施项目，带动相关产业迅速发展，促进城市经济快速增长。

第四种是PPP模式。2014年财政部提出，明确提出PPP运营模式的适用范围包含地下综合管廊，以此进一步为综合管廊建设在资金的方面压力提供解决思路。2015年住房和城乡建设部与国家开发银行联合下发的《关于推进开发性金融支持城市地下综合管廊建设的通知》（建城〔2015〕165号）中指出：一要创新融资模式，根据项目情况采用政府和社会资本合作、政府购买服务、机制评审等模式，推动项目落地；支持社会资本、中央企业参与建设城市地下综合管廊，打造大型专业化管廊建设和运营管理主体；在风险可控、商业可持续的前提下，积极开展特许经营权、收费权和购买服务协议下的应收账款质押等担保类贷款业务；将符合条件的城市地下综合管廊项目纳入专项金融债支范围。二要加强信贷支持，国家开发银行各分行会同各地住房城乡建设部门，合理确定拟入库项目的前期准备工作；对纳入储备库中的项目，在符合贷款条件的情况下给予贷款规模倾斜，优先提供中长期信贷支持。三要完善金融服务，积极协助城市地下综合管廊项目实施主体发行可续期项目收益债券和项目收益票据，为项目实施提供财务顾问服务，发挥“投、贷、债、租、证”的协同作用，努力拓宽地下综合管廊项目的融资渠道。

住房和城乡建设部与中国农业发展银行联合下发的《关于推进政策性金融支持城市地下综合管廊的通知》（建城〔2015〕157号）中要求：一是中国农业发展银行各分

行要把地下综合管廊建设作为信贷支持的重点领域，积极统筹调配信贷规模，在符合贷款条件的情况下，优先给予贷款支持，贷款期限最长可达30年，贷款利率可适当优惠。在风险可控、商业可持续的前提下，地下综合管廊建设项目的特许经营权、收费权和购买服务协议预期收益等可作为中国农业发展银行的质押担保。二是中国农业发展银行各分行要积极创新运用政府购买、政府和社会资本合作等融资模式，为地下综合管廊建设提供综合性金融服务，并联合其他银行、保险公司等金融机构以银团贷款、委托贷款等方式，努力拓宽地下综合管廊建设的融资渠道。对符合条件的地下综合管廊建设实施主体提供专项基金，用于补充项目资本金不足部分。

国家发展改革委、住房和城乡建设部印发的《关于城市地下综合管廊实行有偿使用制度的指导意见》（发改价格〔2015〕2754号）。指导意见包括各地应灵活采取多种政府与社会资本合作模式，统筹运用价格补偿、财政补贴、政府购买服务等多种渠道筹集资金，引导社会资本合作方形成合理回报预期，依法依规为管廊建设运营项目配置土地、物业等经营资源。

PPP模式的特点有如下几个方面。

（1）政府和企业共同提供服务。一般而言，该模式由政府供给公共产品。而在PPP模式下，这些公共产品的供给方则是政府部门和私人企业两者，因此供给主体有两方。

（2）政府与企业分离。政府部门为了人民群众的需求和社会公共利益，以中立的立场来处理公共部门和私人企业的利益关系。而私人企业则为这些项目提供技术、建设和服务维修等。二者各司其职，各尽其责。

（3）通过代理运作。在公共产品项目建设及后期运营过程中，广泛使用各种委托和代理的依存关系，换言之，实行全面代理制。这就要求在签订合同标书的时候，对委托方的权利、代理方的权利以及两者所要承担的风险和责任等进行明确的规定，以使各方的利益受到法律强制力的保证。

（4）效率兼顾公平。私人企业的主要目标是获利，因此他们会不断完善企业和项目管理，最大限度提高效率，降低管理成本，以提高所获利润，换个角度来讲，这样提高了公共资源配置效率。

（5）效率与公平的统一。在进行公共服务项目的建设过程中，私人企业同时也要追求工作效率。因此，会采取降低成本、增加收益等手段来提高效率，也就同时提高了公共资源配置效率。

目前广州市、海东市、十堰市等城市综合管廊试点项目均采用PPP投融资模式。

1. **广州市PPP方案**

广州市经综合比较政府投资、管线单位有偿使用模式、政府和管线单位共同出资模式及政府和社会资本合作（PPP）模式后，最终确定采用PPP模式。

1）政府投资、管线单位有偿使用模式

总体思路：政府作为投资的主体，通过财政专项拨款、市政公用设施配套费、土地出让金、银行贷款等渠道筹集资金，建成后，由政府授权的项目管理单位以出租的形式提供给各管线单位使用，实现投资的部分回收。

优点：由政府授权的建设管理单位组织工程实施，减少与社会资本的协调环节，容易实现工程全过程工期、造价、质量的控制。

缺点：政府短期内承担104.9亿元综合管廊的投资建设任务，资金压力大。

2）政府和管线单位共同出资模式

总体思路：综合管廊项目公司向管线单位收取一次性综合管廊入廊费（参照各管线埋设投资），管廊入廊费与综合管廊建设投资的差额部分由政府补足。

优点：没有增加管线单位的额外投资，较容易为各种管线单位所接受，能够推进综合管廊的发展。

缺点：社会资本仅局限于管线单位，来源有限，没有充分利用多种渠道的社会资本。综合管廊建设的一次性投资远远大于管线独立敷设的成本，政府投资金额巨大，与政府直接投资相比没有明显优势。

3）政府和社会资本合作（PPP）模式

总体思路：政府、管线单位和社会资本共同组建股份制项目公司，各方按出资比例分配占项目公司的股权比例。项目公司的收入可分为三部分：一是管线单位缴纳的入廊费和运营维护费；二是政府的可行性缺口补助；三是地下空间商业开发、小型商业、广告、通信（含广播电视）等经营性配套设施的收入。

该模式的优点有如下几个方面。

（1）落实国务院《关于创新重点领域投融资机制鼓励社会投资的指导意见》（国发〔2014〕60号）、《国务院办公厅关于推进城市地下综合管廊建设的指导意见》（国办发〔2015〕61号）提出的地下综合管廊建设运营市场化方向，体现投融资模式创新。

（2）建立地下综合管廊有偿使用制度，既有利于吸引社会资本参与管廊建设和运营管理，又有利于调动管线单位的入廊积极性，符合《国家发展改革委、住房和城乡建设部关于城市地下综合管廊实行有偿使用制度的指导意见》（发改价格〔2015〕2754号）的要求。

（3）综合管廊建设投资较大，而其使用寿命很长。在政府和社会资本合作模式下，政府以运营补贴作为社会资本提供公共服务的对价，以绩效评价结果作为对价支付依据，纳入财政预算管理，能够在当代人和后代人之间公平地分担公共资金投入，将短期建设支出转化为合作期内的分期支付费用，符合代际公平原则，能够有效弥补当期财政投入的不足，减轻当期财政支出压力，平滑年度间财政支出波动。

（4）政府、管线单位和社会资本取长补短，发挥设计、建设、融资、管理优势，弥补不足，有利于提高地下综合管廊整体发展水平，为公众提供高质量的服务。

该模式的缺点有如下几个方面。

（1）地下空间资源有偿使用的理念尚未确立，电力、通信（含广播电视）、水务、燃气等管线单位出资积极性不高。

（2）通过公开招标方式招选社会资本投资方的程序较长，谈判和合同签署时间长，在一定程度上限制了建设时效。

（3）社会资本追求利润，以经济效益最大化为目标；而综合管廊的效益主要体现在解决管线直埋、线路蛛网密布、城市道路“拉链式”反复开挖、提高管线安全水平、应急管理能力、防灾抗灾能力等社会效益，而非单纯的经济效益。

综合分析，采用政府和社会资本方合作模式运作轨道交通十一号线、天河智慧城、广花一级公路地下综合管廊，结合政府补贴和有偿入廊制度，保障社会资本参与的积极性，充分发挥政府、管线单位和社会资本的各方优势，提升了公共服务的质量。通过投融资模式创新，可以解决政府传统投资采购方式、政府和管线单位共同出资模式中财政集中支付压力大的问题，缓解政府当期财政压力。因此，广州市综合管廊项目适宜采用政府和社会资本合作模式运作。

广州市PPP方案中，运营期资金需求由运营成本、社会资本投资回报、管线单位投资回报、债务资金还本付息等四部分组成。社会资本、管线单位的投资回报按照资本金的投入在运营期前16年等额分摊，另外给定6%的回报率，运营成本按每年1%的幅度递增。

地下综合管廊项目属于使用者付费和政府提供可行性缺口补助的准经营性项目。项目公司的投资回报可分为三部分：一是通过管线单位缴纳的入廊费、运营维护费等“使用者付费”获得收益；二是政府根据地下综合管廊的可用性、使用量以及运营服务绩效，在项目建成投入运营后，每年安排财政资金支付可行性缺口补助；三是综合管廊配建的地下空间商业开发、停车场、小型商业、广告等经营性资源的收益。

在合同期内，项目实施机构拥有项目场地的土地使用权，以及在合作期内拥有所持股份的资产处置收益权；社会资本方在合作期内拥有所持股份的资产处置收益权；入廊管线单位作为独立的第三方，拥有其投资建设的入廊管线的资产所有权，以及作为合作方在合作期内拥有所持股份的资产处置收益权；项目公司拥有其投资的管廊本体及为本体服务的各项配套设备、支架等设施的资产所有权，以及使用项目场地的权利。

项目实施机构（政府代表出资方）在合作期内既不承担债务也不参与经营期间收益分享，但拥有所持股份的资产处置收益权。

进入运营期，地下管廊本体以及为本体服务的各项配套设备、支架等设施交由项目公司运营、维护，设施的更新、维护、升级改造费用由项目公司承担。在PPP项目合同执行过程中，根据实际需求须新增的合同约定范围外的设施由政府（项目实施机构）直接付费，新增资产权属归于政府（项目实施机构）。

合同期满后，项目公司拥有的所有资产和权利全部无偿移交给政府（项目实施机构）或其指定机构。

广州市综合管廊PPP运作模式如图4-1所示。

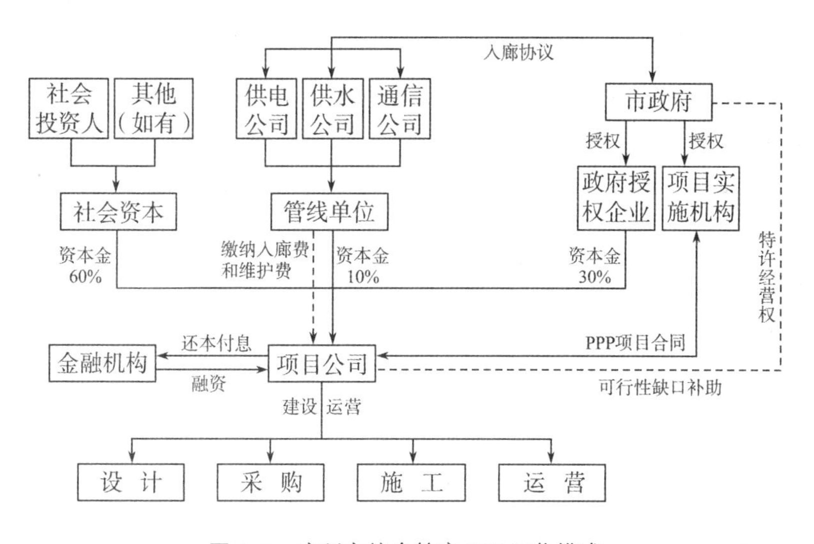

图4-1　广州市综合管廊PPP运作模式

2. 海东市PPP方案

海东市2016～2018年综合管廊建设均采用政府和社会资本合作模式。

1）总体思路

海东市人民政府授予市城乡规划和建设局作为项目的发起方及实施机构，通过竞争性磋商方式招选社会资本方，与政府指定出资机构共同出资组建PPP项目公司。项目公司于项目合作期内具体负责综合管廊设计、投资、建设、运营、管养和服务。

2）股权结构

海东市政府指定政府方股东，由政府方股东依据公司法人治理、业绩考核、薪酬管理、预算管廊、股权管理等国资监管相关制度体系的要求依法履职，与社会资本方共同出资设立项目公司，即政府方与社会资本在项目公司中共同持股，其中政府方股东持股20%、社会资本方持股80%。

3）项目运作方式

海东市核心区综合管廊规划建设73.21 km，2015年已建成16.79 km，投资5.75亿元，由政府全额出资。

根据《关于在公共服务领域推广政府和社会资本合作模式的指导意见》（国办发〔2015〕42号），鼓励采取PPP模式化解地方融资平台公司存量债务。海东市采取“TLOT+EPCO”运作模式，以TLOT模式解决2015年已建成地下综合管廊即存量资产问题，以EPCO模式运作新建管廊。

存量资产采用TLOT模式。TLOT模式即出让—租赁—运营—移交模式，该模式对既有存量资产以成本价出让给融资租赁公司，再由其融资租赁给项目公司，融资租赁期为10年，期满后所有权转让给项目公司。在整个过程中（包含整个融资租赁期），项目公司取得政府对存量资产的特许经营权，并于项目合作期满后由项目公司无偿移交给政府。

新建管廊采用EPCO模式。新建管廊由项目公司自行组织施工图设计、土建工程施工、设备安装及调试。管廊建成后项目公司负责该部分管廊的运营和维护工作，以及入廊管线单位支付的入廊费、日常维护费、政府给予的可行性缺口补贴。PPP合作期限届满后，项目公司将该部分管廊资产移交给政府指定的机构。

通过“TLOT+EPCO”模式的运作，实现存量资产纳入海东综合管廊PPP项目的整体合作范围，由PPP项目公司负责本项目整体合作范围内综合管廊的运营维护。对于投资者而言，在该项目的合作期间收回投资成本、获取合理收益，通过股权转让或资产无偿移交的方式实现投资退出；对于政府方而言，在项目合作期内，既实现了向社会公众连续提供管廊等公共设施的公共资产及服务，又调动了社会资本投资基础设施和公用事业的积极性，降低了政府负债率。

BT模式的特点：BT模式即建设—移交模式，是指由政府授予综合管廊项目建设特许权的社会投资人按照一定的法定程序组建BT项目公司，并进行投融资及项目建设，在双方规定的时间内完成综合管廊建设任务且在项目竣工后按照前期约定进行移交，再由政府部门按照约定的年限向社会投资人支付综合管廊项目投资费用。

BT模式发展时间短，是新生事物，由BOT衍生而来，BOT的演变形式除了BT

模式外，还有BOOT模式（建设—拥有—运营—移交）、BOO模式（建设—拥有—运营）、BLT模式（建设—租赁—移交），BOOST模式（建设—拥有—运营—补贴—移交）、BTO模式（建设—移交—运营等）。标准意义的BOT项目较多，但类似BOT项目的BT模式却并不多见。

自20世纪80年代我国第一个BOT项目（深圳沙角B电厂项目）实施以来，经过多年的发展，BOT融资模式已经为大众所熟悉。而BT模式作为BOT模式的一种演变，也逐渐成为政府投融资模式的一种，被用来为政府性公共项目融资。2004年国务院颁布的《国务院关于投资体制改革的决定》（国发〔2004〕年20号），明确规定“放宽社会资本的投资领域，允许社会资本进入法律法规未禁入的基础设施、公用事业及其他行业和领域”“各级政府要创造条件，利用特许权经营、投资补助等多种形式，吸引社会资本参与有合理回报和一定投资回收能力的公益事业和公共基础设施的建设”。此政策背景可谓是BT模式获得发展的一个重要因素。

二、威海市综合管廊投融资方案探讨

作为现代化大型城市公共基础设施的典范，地下综合管廊能够极大地改善城市基础设施和城市公共服务供给，提升城市居民生活满意度和幸福感，具有显著的社会效益。威海市各管线单位具有较好的入廊愿望，随着城市发展及政府大力倡导，市场配合度与活跃性会进一步提高。此外，地下综合管廊项目投资规模巨大，投资回收期较长，适宜采用PPP模式将设计、建设、运营全过程整体打包实施，通过社会资本方的参与，提高项目的投入产出效率。

威海市试点项目建设运营投资总额为31.59亿元。通过对综合管廊项目特点、建设任务和未来期望的分析和研究，确定以PPP模式进行项目运作，即在政府主管部门领导下，授权PPP项目公司负责试点项目的设计、采购、建造和运营一体化工作，直至合作期结束后移交政府。

（一）运作模式

一是由市住建局牵头、市财政局协助，确定项目范围和实施内容，识别并确定项目合作模式，进行PPP适用性识别、物有所值评价、财政承受能力评价，确定PPP社会资本方资格要求、遴选程序等。

二是由市财政局聘请第三方咨询机构，按财金〔2014〕113号《政府和社会资本合作模式操作指南（试行）》设定项目的技术、商务边界条件，向社会公开征集社会资本方，经评审确定中标社会资本方。

三是中标社会资本方与国有资本代表共同出资组建PPP项目公司，由项目公司按项目实施计划，按EPCO的模式进行项目的一体化运作。通过PPP协议约定特许经营权、合作期限、收入分配、投资回报、风险分担等内容。

四是项目公司按照PPP协议约定，进行项目建设资金的筹集和建设计划实施。根据规划、设计要求，组织项目的采购与招标，组织项目的施工建设，并接受市住建局、市财政局对项目的监督、考核和验收。

五是对已建成的地下综合管廊，进行市场推广、运营管理，为管线单位提供管廊综合服务的同时，收取入廊费、日常维护费，并根据市住建局、财政局的考核结果获取可行性缺口补贴。

六是合同期结束后，社会资本方将综合管廊及相关资料、文档全部无偿移交市住建局。试点项目合同期30年，其中建设期2年，运营期28年。项目运营期间，威海市政府拥有地下综合管廊的所有权。

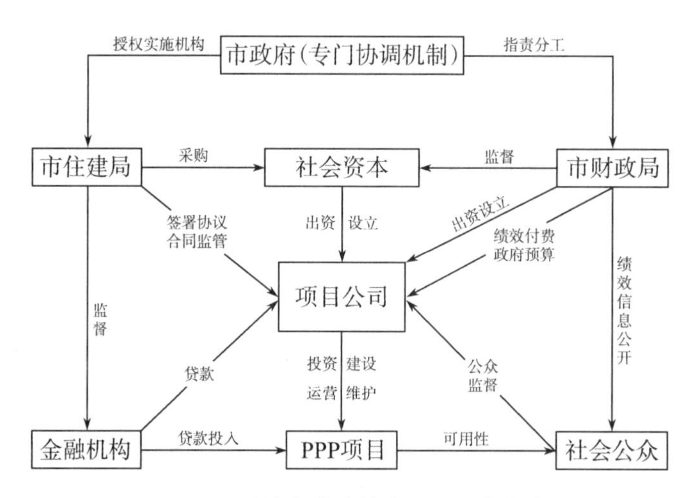

图4-2　威海市综合管廊PPP运作模式

（二）资金筹措情况

该试点项目全部由PPP项目公司——威海市滨海新城建设投资股份有限公司负责实施。该项目三年总投资额为31.59亿元，其中，地方财政配套投入12.95亿元，占比41%；社会资本投入18.64亿元，占比59%。

1. 地方财政配套投入

该试点项目地方政府计划投入资金总额12.95亿元，包括股权投入3.05亿元，管廊建设专项贷款9.9亿元。其中，股权投入已到位1.03亿元，剩余部分已列入地方财政支出计划及国有平台公司未来经营计划，根据项目建设进度于2016年、2017年投入。

根据山东省财政厅鲁财债〔2015〕17号文件规定，报市政府批准，将省级发行的2015年地方政府存量债券9.9亿元转贷给PPP项目公司，专项用于威海市地下综合管廊项目。

2. 社会资本投入

该试点项目社会资本方计划投入资金总额18.64亿元，包括股权投入3.45亿元、银行借款15.19亿元。其中，股权投入已到位1.17亿元，剩余部分根据项目建设进度于2016年、2017年投入；银行借款已与中国农业发展银行达成银企合作意向，依据项目建设进度投入。

（三）PPP投融资结构设计及实施方案

1. PPP实施基础

威海市政府对政府与社会资本合作的创新公共基础设施投资模式高度重视，2014年11月29日出台《政府和社会资本合作模式操作指南（试行）》（财金〔2014〕113号）前已经手筹划采用PPP模式运作东部滨海新城地下综合管廊建设项目。

作为现代化大型城市公共基础设施的典范，地下综合管廊能够极大地改善城市基础设施和城市公共服务供给，提升城市居民生活满意度和幸福感，具有显著的社会效益；威海市各管线单位具有较好的入廊愿望，随着城市发展及政府大力倡导，市场配合度与活跃性会进一步提高。此外，地下综合管廊项目投资规模巨大，投资回收期较长，适宜采用PPP模式将设计、建设、运营全过程整体打包实施，通过社会资本方的参与，提高项目的投入产出效率。

近年来，随着威海市环渤海、东北亚经济圈的繁荣发展及中韩自贸区地方经济合作示范区的建设，威海市民营经济得到了跨越式发展，民营企业在全市工业经济中所占份额不断上升，对经济的拉动作用明显增强，一批优秀的民营企业快速崛起，成为行业领军、城市名片。

传统管线敷设方式频繁挖路维修，不但影响城市公共环境，也为市民出行造成诸多不便。管线单位因此饱受诟病，从而有强烈意愿通过地下综合管廊解决这一问题，但苦于管理体系、巨额支出的影响而无法自行实施。因此，威海市各管线单位积极配合地下综合管廊的建设，并提供了大力支持。供热、水务、通信公司等单位主动参与项目的规划、论证，并结合各自管线特点提出了宝贵建议。

2. 项目基本交易结构

本次试点项目全部采用政府和社会资本合作模式实施。由威海市政府授权威海市住建局发起和研究项目的可行性，配合财政进行项目物有所值、财政承受能力评价，拟定项目权利义务边界、风险分配范围，通过公开竞争性采购方式，选择实力雄厚、基础设施投资运营经验丰富的社会资本方，磋商确定项目实施方案，签署PPP协议，由社会资本方与国有资本方共同组建威海市地下综合管廊PPP项目公司（以下简称“项目公司”）。项目公司组织试点项目的准备、融资、建设、运营与维护，向管线单位和社会公众提供管廊服务，并以向管线单位收取入廊费、管廊维护管理费、项目可行性缺口补贴（政府支付）的方式收回投资并取得合理回报。

该项目合作期限为30年（包括项目建设期）。在项目合作期内，PPP项目公司作为项目承建主体，负责项目的设计、施工、融资、验收、运营、管理全套工作。威海市住建局根据PPP协议的约定，代表威海市政府负责项目实施全过程的监督、考核工作，督促项目公司严格履行PPP协议，做好试点管廊项目的建设、运营、管理和服务工作。

3. 项目采购及股权结构设计

威海市通过公开招标征集威海市地下综合管廊项目的社会资本投资方，确定威海威高房地产开发有限公司、威海天安房地产开发有限公司为中标社会资本方。

经与社会资本磋商，确定威海滨海新城建设投资股份有限公司注册资本为2.2亿元，其中，国有资本方威海市国有资本运营有限公司、威海广安城市建设投资有限公司共以现金10 317万元出资，占总股本的46.9%；社会资本方威海威高房地产有限公司、威海天安房地产开发有限公司等以现金11 683万元出资，占总股本的53.1%。

2016年3月，为适应威海市地下综合管廊建设的需要，根据威海市住建局的提议，经公司股东审议，同意将公司注册资本增加到6.5亿元，由公司按原持股比例向各方股东增发股份，增发后国有资本方威海市国有资本运营有限公司、威海广安城市建设投资有限公司共以现金30 485万元出资，占总股本的46.9%；社会资本方威海威高房地产有限公司、威海天安房地产开发有限公司等以现金34 575万元出资，占总股本的53.1%。

4. 试点项目收益分配机制

由于该项目属于投资巨大的公益性项目，适宜采取使用者付费加可行性缺口补贴的回报机制，政府必须给予补贴才能维持财务平衡。但随着社会进步和城市不断发展，未来地下管廊的入廊需求会慢慢增加，入廊收费和管廊维护管理费收入会逐步提高，政府通过对该项目的收益、成本监审和复核，依据《政府和社会资本合作项目财政承受能力论证指引》（财金〔2015〕21号文）中可行性缺口补贴计算公式，协商调整补贴额度。

新城股份是股份有限公司，各方股东以“利益共享、风险共担”为原则，根据股份制企业规定进行收益核算和利润分配，主要通过对管廊项目的运营和管理取得，以利润分红方式实现收益。

5. 收入来源及定价机制

新城股份作为威海市地下综合管廊项目的主要承担单位，其主营任务是建设、运营、维护和管理地下综合管廊，并通过为各种城市管线提供管廊空间和维护服务，向管线单位收取入廊费和日常维护费，不足部分由管廊所有方——地方政府给予财政可行性缺口补贴，通过以上三类收入实现企业的经营和盈利，为股东提供合理回报。

1）试点项目收入来源

该项目的收入来源主要为三部分，一是管线单位因使用管廊内部空间而支付的费用；二是管线单位分摊的管廊日常维护费用；三是地方政府支付的可行性缺口补贴。

管线入廊费：因管线单位占用管廊内部空间而收取的费用，该费用综合考虑管廊建设成本和管线的直埋成本确定。

日常维护费：是管线单位定期向项目公司支付的日常维护费用，主要用于项目公司运营维护支出和合理的利润回报。

可行性缺口补贴：因项目公司从管线单位收取的费用不足以覆盖项目公司对试点项目的建设和运营投入、合理回报，而由地方财政给予项目公司的财政补贴。

2）收费及定价机制

根据《关于城市地下综合管廊实行有偿使用制度的指导意见》（发改价格〔2015〕2754号）和威海市物价局、住建局《关于威海市区城市地下综合管廊有偿使用收费的实施意见》（威价发〔2016〕13号）规定，制定如下定价及收费机制。

（1）管线入廊费。

定价机制：根据管廊使用寿命为百年，合作期内30年内应摊销建设成本30%，按目前建设成本31.59亿元，合作期约摊销9.5亿元。同时，根据与管线单位交流及调研，按传统单独敷设（直埋）管线，在30年合作期内需重复敷设1～1.5次，根据对单独敷设成本的测算，合作期内单独敷设的成本约为3.19亿元。

综合以上情况，经充分与管线单位沟通交流，并充分考虑管线单位的实际情况和入廊意愿，确定以单独敷设成本和敷设次数来确定管线入廊费。此收费水平接近于合作期内管廊应摊销建设成本的30%。管线入廊收费计算公式如下：

某种管线入廊费（元）=管线在不进入管廊情况下的单独敷设成本（元）×管廊特许经营期内某种管线需重复单独敷设次数（次）÷（1−税率）

（2）日常维护费。

日常维护费以试点项目的年度实际运营、维护成本支出为基础，加上10%的合理回报作为当年度应收日常维护费。经测算试点项目非大小修年度的日常维护费为

2 843万元，依各种管线实际的空间占比进行分配。即：

某种管线的管廊日常维护费（元/m·a）=［管廊运营成本（元）+城市地下综合管廊运营单位正常管理支出］÷运营管廊总长度×某类管线空间占比（%）×某管线对管廊附属设施的使用强度×（1+利润率）÷（1−税率）

从2018年开始对入廊管线收取日常维护费，收费周期为1年，于每年10月根据前10个月的运营维护成本支出加上后2个月的预计支出，计算确定当年运营维护收费。因预计运营维护支出与实际支出的差于下年度收费时予以调整。年度实际运营维护支出以市住建局、市财政局确认的年度经营成本为准。

（3）可行性缺口补贴。

在项目运营期间，项目公司依据可行性缺口取得政府补贴来弥补建设运营投资，保证项目的正常运行。

财政运营补贴是政府依据项目公司所提供的地下综合管廊是否符合合同约定的标准和要求，对项目公司运营期间无法通过使用者付费收入弥补的建设投资和运营成本进行补贴。财政运营补贴计算公式如下：

财政年度运营补贴=社会资本方承担的建设成本×（1+合理利润率）×（1+折现率）^{n}/财政运营补贴周期+年度运营成本×（1+合理利润率）−当年使用者付费收入

3）价格调整机制

考虑到管廊尚未投入运行，初步按预算成本确定入廊费与日常维护费的价格构成和标准。待项目建成后，如实际结算成本与预算成本差别较大时，双方在此基础上协商调整。

正常运营后根据以下价格调整公式，每两年依据调整公式调整一次收费标准，并接受价格主管部门的监审。项目公司在运营期间应向政府主管部门及时上报经营业绩与收入组成情况，当市场价格波动幅度高于30%时，项目公司可申请调价。管线入廊费调价公式如下：

$$P=P_0\left(A+B_1\times\frac{E_{t1}}{E_{01}}+B_2\times\frac{E_{t2}}{E_{02}}+B_3\times\frac{E_{t3}}{E_{03}}\right)$$

式中，P为调整后单价；P_0为初始定价；A为定值权重30%；E_1为威海市居民消费价格指数；E_2为威海市工业生产者出厂价格指数；E_3为威海市固定资产投资指数（不含农户）；B_1为威海市居民消费价格指数权重30%；B_2为威海市工业生产者出厂价格指数权重20%；B_3为威海市固定资产投资指数（不含农户）权重20%；

日常维护费调价公式如下：

$$P=P_0\left(C+D_1\times\frac{F_{t1}}{F_{01}}+D_2\times\frac{F_{t2}}{F_{02}}\right)$$

式中，P为调整后单价；P_0为初始定价；C为定值权重30%；F_1为威海市居民消费价格指数；F_2为威海市城镇居民人均工资性收入指数；D_1为威海市居民消费价格指数权重40%；D_2为威海市城镇居民人均工资性收入指数权重30%。

6. 试点项目风险分配基本框架

威海市希望借助PPP模式，解决地下综合管廊投资巨大、合同周期长、项目风险难预测等问题，实现向社会资本方转移部分风险，降低政府部门的管理成本，解决政府预算不足的问题，同时提供更高质量的公共产品和服务，并缩短项目建设的周期。因此，在风险分配时，应坚持总管理成本最小化，风险分配给最适宜承担方，以风险最优分配的原则为核心，兼顾风险与收益对等，将各方在威海市地下综合管廊项目上的自有风险、共担风险以及风险跟踪与再分配等按图4-3的程序进行分配。

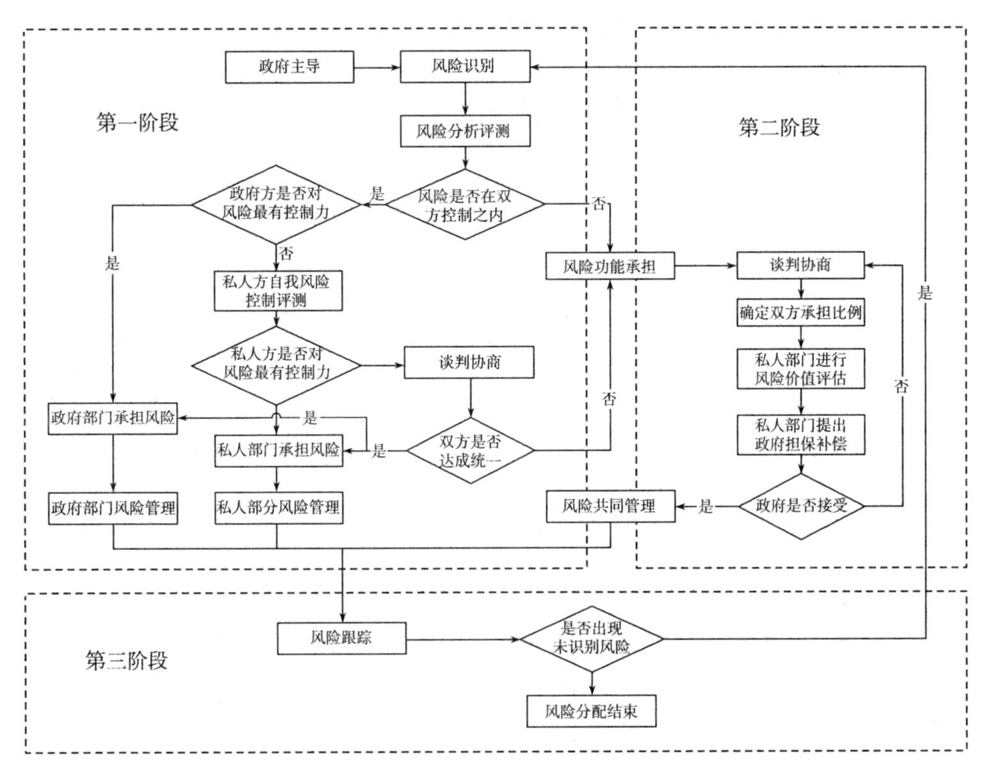

图4-3　PPP项目风险分配步骤

基于扎根理论研究法，通过查阅大量文献，归纳总结出适合威海市地下综合管廊项目的风险分担方案，如表4-7所示。

表4-7 试点项目风险分担方案

层级		风险因素	政府方	社会资本	共同承担
宏观层风险	政治	政局不稳定	▲		
		政治抵制或敌对	▲		
		资产征用或国有化	▲		
		政府失信	▲		
		政府决策效率低	▲		
	法律	法律变化	▲		
		税收政治变化		▲	
		行业规定变化	▲		
	市场	金融市场低效率		▲	
		通货膨胀率变动			▲
		利率变动			▲
		汇率变动			▲
		市场需求不足			▲
		同质项目竞争			▲
		人力/设备价格上涨			▲
	自然	不可抗力			▲
		地质条件		▲	
		气候环境			▲
中观层风险	融资	融资可行性		▲	
		对投资者吸引力		▲	
		高融资成本		▲	
	设计	设计质量		▲	
		技术标准未通过		▲	
		后期设计变更		▲	

续表

层级		风险因素	政府方	社会资本	共同承担
中观层风险	建造	审批延误		▲	
		工艺/技术水平低下		▲	
		劳资/设备获取		▲	
		场地可及性		▲	
		土地使用	▲		
		工程合同变更			▲
		工期超期		▲	
		建设成本超支		▲	
		工程质量		▲	
		施工安全		▲	
		环境/文物破坏		▲	
中观层风险	运营	运营费用过高		▲	
		维修更新成本过高		▲	
		运营效率低下		▲	
		运营收入不足		▲	
		收费变更风险		▲	
		运营安全		▲	
微观层风险	关系	组织和任命风险		▲	
		责任风险分配不当			▲
		合作权利分配不当			▲
		合作中沟通不畅			▲
	第三方	分包商、供应商违约		▲	

注：表中▲表示该种风险因素的分担主体。

7. 试点项目运作方式

根据对试点项目特点、建设任务和未来期望的分析和研究，确定以PPP模式进行项目运作，即在政府主管部门领导下，授权PPP项目公司负责试点项目的设计、采购、建造和运营一体化工作，直至合作期结束后移交政府。

一是由威海市住建局牵头、市财政局协助，确定项目范围和实施内容，识别并确定项目合作模式，进行PPP适用性识别、物有所值评价、财政承受能力评价，确定PPP社会资本方资格要求、遴选程序等。

二是由威海市财政局聘请第三方咨询机构，按财金〔2014〕113号《政府和社会资本合作模式操作指南（试行）》设定项目的技术、商务边界条件，向社会公开征集社会资本方，经评审确定中标社会资本方。

三是中标社会资本方与国有资本代表共同出资组建PPP项目公司，由项目公司按项目实施计划，按EPCO的模式进行项目的一体化运作。通过PPP协议约定特许经营权、合作期限、收入分配、投资回报、风险分担等内容。

四是项目公司按照PPP协议约定，进行项目建设资金的筹集和建设计划实施。根据规划、设计要求，组织项目的采购与招标，组织项目的施工建设，并接受市住建局、市财政局对项目的监督、考核和验收。

五是对已建成的地下综合管廊，进行市场推广、运营管理，在为管线单位提供管廊综合服务的同时，收取入廊费、日常维护费，并根据市住建局、财政局的考核结果获取可行性缺口补贴。

六是合同期结束后，社会资本方将综合管廊及相关资料、文档全部无偿移交市住建局。

试点项目合同期30年，其中建设期2年，运营期28年。项目运营期间，威海市政府拥有地下综合管廊的所有权。

8. 试点项目合同结构设计

该项目涉及的合同体系分为两个层次，如图4-4所示，第一层次为由项目实施单

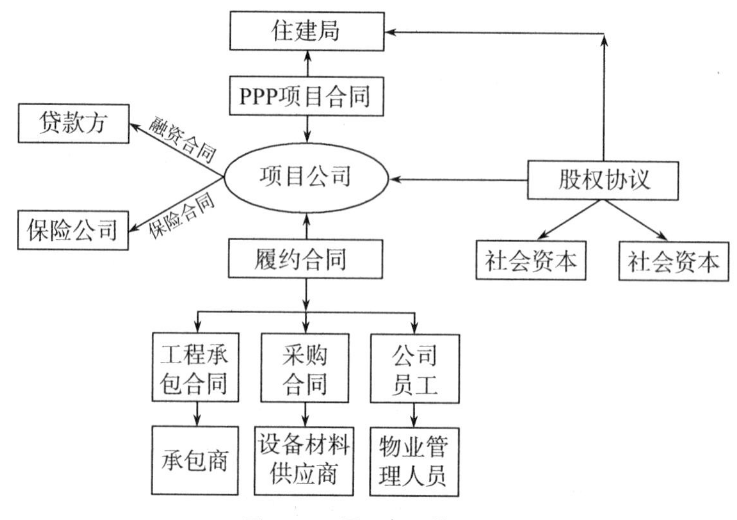

图4-4 项目合同体系图

位威海市住建局与项目公司签署的项目 PPP 协议；第二层次为由项目公司与其他机构签署的相关合同，包括项目公司与金融机构签署的融资合同，与保险机构之间签署的保险合同，与施工单位签署的工程总承包合同，与设备材料供应商签署的设备材料采购合同以及与员工签署的劳务合同等。

在 PPP 项目中还可能涉及其他合同，例如与专业中介机构签署的投资、法律、技术、财务、税务等方面的咨询服务合同。

9. 项目监管架构设计

1）项目监管主体

试点项目的监管主体包括履约监管主体威海市住建局，成本监管主体威海市财政局、审计局以及舆论监督主体社会公众。各方监管主体分别履行以下监督职责。

（1）履约监管。威海市住建局根据项目 PPP 协议规定对项目公司在合作期限内的合同履行情况进行监督管理，定期对项目公司经营情况进行评估和考核。

（2）行政监管。政府相关行业主管部门依据法定职责对项目公司安全、环保等进行行政监管。

（3）安全生产监管。政府有关主管部门可在不影响项目正常运行的条件下，随时进场监督、检查项目设施的建设、运营状况等。

（4）成本监管。项目公司应向威海市财政局、审计局提交年度经营成本、管理成本、财务费用等的分析资料；项目公司向威海市财政局、住建局定期报告和临时报告运营管理状况。

（5）公众监管。项目公司接受用户投诉，政府主管部门接受用户对项目公司的投诉。

2）项目主要监管架构

为保证项目顺利实施，实现项目从准入到运营的各项目标，进而实现政府、社会资本、公众利益的“三赢”，在项目全生命周期内，根据不同阶段任务，设定如下监管架构。

（1）项目准入阶段

在项目准入阶段，政府主要在项目可研、立项工作，以及 PPP 协议签署等方面发挥监管作用。

（2）项目建设阶段

项目建设阶段主要是指 PPP 项目从开工建设到完工过程中，政府主管部门对工程进度、建设质量、资金等方面的监管。

（3）项目运营阶段

项目运营阶段，政府主管部门主要负责管廊运营、服务质量、收费价格以及设施维护等业务的监管。

（4）项目移交阶段

威海市住建局主要负责对PPP协议要求移交的资产、各种资料的完整性进行审查，进行项目临时接管，并重新开始新合作者的选择，以及对项目移交条件和程序是否合法进行监管，对项目进行评价和公示。威海市审计局与国资办负责移交资产的价值审查，查看是否有国有资产流失的情况。

综合以上项目各阶段的分析，通过对PPP项目全生命周期中政府监管部门所参与的主要监管内容进行逐一对应，建立PPP项目全生命周期政府动态监管框架；明确了政府在PPP项目各阶段的监管职能分工，突出了独立监管机构的特点，实现了对PPP项目动态的、全过程的、全方位的监管。

10. **绩效考核体系设计**

该项目的绩效考核体系包含建设期绩效考核指标、运营维护期绩效考核指标以及移交绩效考核指标三个方面。

1）建设期绩效考核

根据项目实施计划，威海市住建局根据表4–8所述指标对该项目的建设期任务完成情况进行考核。

表4–8　建设期绩效考核表

指标类别	指标要求	评价标准
规模	建设地下综合管廊34.33 km	未完成前不支付补贴，并收取保函罚金
投资	不高于投资总额31.59亿元的10%	实际投资超出部分，政府不纳入补贴计算基数
质量	需符合《城市综合管廊工程技术规范》（GB 50838—2015）、《城市工程管线综合规划规范》（GB 50289—2016）、《给水排水管道工程施工及验收规范》（GB 50258—2008）等，并做到一次性验收合格	未达标前不支付补贴，并收取保函罚金1%，并重新进行修正，直至达标
工期	开工日：以监理工程师的开工令为准 竣工验收日：自实际开工时间起不超过百年。	开工、竣工每延后一天扣罚保函金额的1‰

续表

指标类别	指标要求	评价标准
环境保护	参照《公路建设项目环境影响评价规范》（JTGB 03—2006）等	每出现一次重大影响环境事件扣罚保函的1%
安全生产	参照《建筑施工安全检查标准》（JGJ 59—2011）等。	第一次出现重大安全事故扣罚保函的1%

2）运营维护期绩效考核

运营期考核指标分为四个层级：前三级为基本考核指标，全部达标方能获得100% 的运营维护补贴，不达标的参照考核办法减付运营维护补贴（至多减付至80%）；第四级为奖励考核指标，达标的按考核办法增付奖励运营维护补贴（至多增付10%）。

运营期内，威海市住建局主要通过常规考核和临时考核的方式对项目公司的运营维护工作进行考核，并将考核结果与运营维护补贴付费支付挂钩。

常规考核每半年进行一次，在项目公司向威海市住建局提交半年度运维报告后5日内进行。常规考核的最小里程为1 km路段，每半年需变换考核路段范围，年度累计考核长度须达到整个管线长度的25%。

常规考核结果应与运营维护补贴的支付挂钩，对于运营维护服务未能达到绩效考核标准的，威海市住建局将按公式减付运营维护绩效付费。

3）移交绩效考核

建设期终止或完成建设任务后，威海市住建局结合项目验收，对项目公司项目建设任务的完成情况进行考核，考核结果与财政补贴支付相挂钩。对于提前、高效、优质、节约完成建设任务的，可由威海市住建局提议，经威海市财政审核确认给予不高于工程实际总造价3%的奖励。

（四）试点项目经济可行性评价

1. 项目经济评价测算基础

1）项目计算期

项目计算期30年，其中2年建设期，28年运营期。

2）成本费用估算

该项目的成本及费用包括管廊单位工人工资、管理费、电费、公共设施维护费、大中修费用。

（1）管廊单位工人工资。

根据类似项目组织机构和人员配备情况，该项目正常经营年份所需人数共38

人，其中总工办3人，运行管理部16人，检修管理部18人，投资计划部1人。结合行业、地区工资及福利费标准，正常经营年份该项目年工资总额为344万元。

（2）经营管理费。

其主要为公司日常经营所需的各项办公费、差旅费、劳动保险费和审计费等。根据同行业历史数据，按照工资总额的90%测算，在正常经营年份，该项目公司管理费总额为310万元。

（3）电费。

电费主要为管廊内部照明、监控、通风以及控制室用电费用。按当年投入运营的管廊数量及单位用电费用分别计算，正常经营年份该项目电费总额为186万元。

（4）公共设施维护费。

固定资产修理分为大修理和中小修理两类。公共设施维护费主要是公共部位的维修费用，属于中小修理费用。参照当年投入运营的管廊固定资产总额计算，公共设施维护费为总固定资产的0.5%。则在正常经营年份，结合该项目的实际情况，该项目公共设施维护费总额为1 524万元。

（5）营业费用。

该项目按预期收入的3%确定为营业费用，作为该项目市场推广等营业活动支出，平均每年约85万元。

综上所述，在正常运营年份（除大中修发生年份），该项目年经营成本约为2 448.68万元。

3）该项目收入估算

该项目收入包括入廊费收入、综合运营维护收入、财政可行性缺口补贴。

（1）管线入廊费收入按入廊管线长度及收费标准计算，根据管线逐步入廊分年收取，三年共可收取31 199万元。

（2）综合运营维护收入根据前述收费标准，依据项目实际运营支出加上合理利润来确定收费总额。根据测算，正常非大小修年份运营维护支出约为2 843万元。依此分摊给各种入廊管线，由管线单位支付。

（3）财政可行性缺口补贴。在项目运营期间，政府按年均建设成本、年度运营成本和合理利润，通过计算得出可行性缺口补贴平均为23 593.2万元。

2. 项目财务评价

该项目建成后，总投资收益率为1.93%，项目全部投资财务内部收益率所得，税前为3.87%，税后为3.83%；财务净现值（Ic＝3.6%）所得，税前为7 475.90万元，税后为6 556.78万元；投资回收期所得，税后静态投资为15.24年（含建设期）。该项目财务盈利能力较好，项目可行。

三、青岛市高新区综合管廊投融资方案探讨

青岛市高新区西 1 号线为国家试点综合管廊，下面结合该项目的建设对投融资进行分析。

（一）背景分析

2013～2015 年，国务院下发多个文件加强城市基础设施建设，包括《关于加强城市基础设施建设的意见》（国发〔2013〕36 号）、《关于加强城市地下管线建设管理的指导意见》（国发〔2014〕27 号）及《国务院办公厅关于推进城市地下综合管廊建设的指导意见》（国办发〔2015〕61 号）等，均强调推进城市地下综合管廊建设。2015 年 8 月 28 日，山东省人民政府办公厅发布《关于贯彻落实国办发〔2015〕61 号文件推进城市地下综合管廊建设的实施意见》（征求意见稿），提出了省内建设综合管廊的目标。从 2015 年起，城市新区、各类园区、成片开发区域的新建道路根据功能要求，同步建设地下综合管廊，并在管廊结构类型、配套附属设施、工程材料、施工工法、运营管理等各方面开展技术创新及应用，积极推广预制装配技术，提高预制装配率。与此同时，国务院办公厅积极推进海绵城市建设，《国务院办公厅关于推进海绵城市建设的指导意见》（国办发〔2015〕75 号）提出，海绵城市是通过加强城市规划建设管理，充分发挥建筑、道路和绿地、水系等生态系统对雨水的吸纳、蓄渗和缓释作用，有效控制雨水径流，实现自然积存、自然渗透、自然净化的城市发展方式。通过海绵城市的建设，综合采取“渗、滞、蓄、净、用、排”等措施，最大限度地减少城市开发建设对生态环境的影响，将 70% 的降雨就地消纳和利用。

为了完善青岛市高新区基础设施配套，加快落实高新区西片区的整体规划，青岛市高新区管理委员会建设局提出实施高新区规划西 1 号线道路及配套工程；同时，青岛市高新区积极贯彻国务院关于加强地下基础设施建设、推进城市地下综合管廊建设精神，本着“高起点规划、高标准建设”的原则，规划西 1 号线，拟将电力、通信、给水、热力、再生水及雨污水各类管线均纳入综合管廊，并结合海绵城市建设，将管廊雨水舱兼做调蓄池，将综合管廊和海绵城市建设有机地结合起来，起到一定的示范作用。

（二）运作模式

2014 年财政部下发了《关于推广运用政府和社会资本合作模式有关问题的通知》（财金〔2014〕76 号）和《关于印发政府和社会资本合作模式操作指南（试行）的通知》（财金〔2014〕113 号），要求加快政府职能转变，完善财政投入及管理方式，

鼓励政府和社会资本合作，尽快形成政府和社会资本合作模式发展的制度体系，保证政府和社会资本合作项目实施质量。国家发改委也相继出台多项政策文件，支持力度不断提高。

社会资本方负责项目运作将使其有更大动力通过降低成本提高自身收益水平，从整体上降低项目全寿命周期成本。项目在前期工作等阶段，积极吸收潜在社会资本方的工作建议，在满足相关标准规范的基础上，能够保证项目更好地实现经济技术可行，同时在后期运营阶段，社会资本方也会尽可能地降低成本以提高效益，使得项目整体成本控制在相对较低的水平。

在PPP模式下，社会资本方的技术经验整合、服务创新激励、项目协议约束与绩效捆绑机制，都将激励社会资本提高实施效率、改进管理和提高绩效水平，从而降低公共服务提供成本，更好地满足公众对高效公共服务的需求。同时，PPP项目的监管机制与监管需求也进一步要求政府部门加强项目履约管理，从而提升公共服务和监管能力，有利于解决政府的资金紧缺，使得政府能够通过有限的财政资金提供更多、更优质的公共服务。

该项目通过开展政府和社会资本合作，有利于创新公共设施建设投融资机制，拓宽社会资本投资渠道，缓解地方政府财政压力，增强经济增长内生动力；有利于吸引社会优秀企业参与投资，建立政府和社会资本之间的长期合作关系，分摊项目建设运营的风险；有利于理顺政府与市场关系，促进主管部门的职能转变，充分发挥社会资本的经营管理优势，推动资本相互融合、优势互补。

该项目选择建设—经营—转让（BOT）模式，SPV公司负责青岛市高新区规划西1号线道路及配套工程的融资、建设、运营及移交等工作。项目建成后，SPV公司对整体设施进行出租经营，政府采用购买服务的形式租赁设施。项目维护纳入高新区统一管理，由高新区公用事业服务中心监管。经营期满后，高新区规划西1号线道路及配套工程经营权无偿移交政府指定机构。

（三）回报机制

高新区规划西1号线道路及配套工程为公共基础设施，参照青岛市同类案例，政府采用购买服务形式租赁设施使用，满足社会资本投资回报需求，回报机制属政府付费模式。

（四）SPV公司组建

（1）该项目由青岛市高新区建设局作为实施机构，委托政府出资企业作为实施机构代表，由实施机构代表与社会资本方合作成立SPV公司。SPV公司负责高新区规划西1号线道路及配套工程的融资、建设、运营及设施移交等工作。

（2）实施机构代表在SPV公司拥有重大事项决议否决权。在项目运作过程中，实施机构全程参与项目管理，对重大决策的方向进行掌控，主导管理资金使用、资金管理、规划设计方案、建设标准、建设施工、审计核算等关键环节，并作为监管主体对后期设施运营进行监督考核。

SPV公司重大事项主要包括董事会决议；监事会决议；股东大会（股东会）决议；购买或者出售资产；提供财务资助；提供担保；委托或者受托管理资产和业务；债权、债务重组；签订许可使用协议；公司业绩预报、业绩快报和盈利预测；公司利润分配和资本公积金转增股本；变更公司名称、股票简称、公司章程、注册资本、注册地址、主要办公地址和联系电话等；经营方针和经营范围发生重大变化；变更会计政策或者会计估计；董事长、总经理、董事或者三分之一以上的监事提出辞职或者发生变动；生产经营情况、外部条件或者生产环境发生重大变化；订立重要合同，可能对公司的资产、负债、权益和经营成果产生重大影响；获得大额政府补贴等额外收益，转回大额资产减值准备或者发生可能对公司资产、负债、权益或经营成果产生重大影响的其他事项等内容。

SPV公司主要职责：

（1）投资建设。负责筹集建设资金、开展项目前期工作并办理基本建设程序手续、组织项目施工、按期保质完成项目建设。

（2）经营。项目建成后，政府授予SPV公司高新区规划西1号线道路及配套工程设施出租权，SPV公司对整体设施进行出租经营，政府采用购买服务形式租赁设施。项目维护纳入高新区统一管理，由高新区公用事业服务中心监管。

（3）移交。经营期满后，将高新区规划西1号线道路及配套工程无偿移交政府指定机构，并保证设施完好。

（五）项目资产情况

1. 前期转移

SPV公司成立前，拟由实施机构代表办理完成项目土地、规划、环评、立项等前期相关手续；SPV公司成立后，由相关主管部门准予SPV公司办理该项目后续土地及工程建设相关手续。

该项目前期工作发生的费用，包括项目建议书、可行性研究报告、项目实施方案编制、招标等费用，全部转移给SPV公司；实施机构已完成的合同移交SPV公司，已签订但未完成的合同由SPV公司承继。

2. 股权转让

项目建成后，征得政府同意后，SPV公司可按相关法律执行股权转让；经营期内，SPV公司承担公共设施经营及设施维护，保证提供可以正常使用的公共服务与设施；经营期内，SPV公司不得以高新区规划西1号线道路及配套工程进行抵押担保。

3. **期满转移**

经营期满后，SPV公司保证全部资产设施运营完好，将高新区规划西1号线道路及配套工程无偿移交政府指定机构。资产移交后，SPV公司不承担资产移交后设备更换或新购置费用。

（六）建设期管理

1. **项目责任制**

严格按照基本建设程序组织项目实施。SPV公司对工程质量负终身责任，SPV公司应确定项目责任人负责项目全过程实施，定期报告项目各个阶段进展情况。

2. **项目稽查**

政府组织相关部门，负责对前期准备、工程实施、招标投标、资金使用管理、工程进度、工程质量、竣工验收、工程决算、资产移交等进行全程监督稽查，对于项目实施过程中出现的问题及时向政府及有关部门报告。

3. **资金管理**

SPV公司严格按照批准的建设规模、功能、标准来组织建设，项目投资以财政局审批预算为招标控制价。实施机构审查年度投资计划和季度、月度资金使用计划，按规定办理资金拨付手续。项目建成后，实施机构参与初步审查工程结算、编制工程竣工财务决算，并申请决算审查和项目审计。

4. **设计管理**

由实施机构主导，严格按照政府批准的初步设计或建设方案，组织进行施工图设计，编制项目预算。因不可抗力可申请调整设计方案或投资概算，除此之外，一律不得擅自扩大项目建设规模、变更建设内容、提高建设标准。对在建设过程中需进行重大设计变更并引起工程超规模或超概算的，SPV公司提出变更方案组织专家评审，与主管部门联合上报市政府。

社会资本对实施机构选择的前期工作承担机构予以认可，并承继承担机构与实施机构签订的合同并支付相应费用。各项前期工作，应在实施机构已经完成的前期工作基础上完成，不得对项目建设规模、基本设计要求、投资规模、服务质量标准等内容做实质性修改，不得背离投标文件等文件的实质性内容。如果需要变更，须经实施机构同意，并依法履行必要的审批手续。

第十节 智慧运营维护管理平台

管廊运营维护阶段的工作是比较复杂的，主要反映在三个方面：第一，要监测管廊自身结构及管线的状态，观测周围荷载或土体变形是否会超过管廊结构能承受的设计规定值，随着时间的推移，管廊结构及管线因地质的不均匀沉降产生的变形缝错位、廊体裂缝、管线拉伸等不同程度的损害是否符合国家规范；第二，要监测管廊内部运营维护环境，管廊内部运营管道众多，如热力和给排水管道泄漏、污水管道硫化氢等泄漏，不仅会对管廊自身结构造成损害，同时还会对维修管廊的人员造成危害，如有不被及时发现的大范围泄漏，会对管廊周围居民造成极大的安全威胁；第三，要监测管廊内部的含氧量，因为管廊属于密闭的空间，氧气易燃，含氧量偏高遇明火极易爆炸，是重大的安全隐患。由此可见，管廊运营维护阶段的工作不容小觑。

针对综合管廊运营维护阶段设备设施多、风险集中、管理成本高等问题，利用物联网、大数据、云计算、移动互联等技术，打造运营维护管理平台，顶层应用覆盖实时监控、巡检和维护等运营管理、资产管理、管线入廊管理、安全管理、应急管理、信息管理等服务，全面提升综合管廊业务精细水平和风险管控能力，有效降低运营人力和物力成本，保障运营安全，实现综合管廊价值最大化。

目前，管廊项目的运营维护维护检测主要依靠管廊内部监控系统和气体传感监测系统来实现，监测范围有限，只能对廊内设备大致运维状态进行监控，无法对廊体自身结构或廊体内部具体的环境进行无遗漏的监测。

综合管廊智慧运营维护管理平台是基于BIM体系结构和GIS系统的有效结合，以满足综合管廊的日常运营维护管理要求，可实现中央集成管理和网络集成。将BIM技术应用到城市地下综合管廊后期运营维护阶段，创建BIM运维管理平台，可以将工程实体内部的具体情况反映到BIM运营维护管理平台上，通过在管廊内部布置多种传感器和监控设备实时监测管廊内部情况，同时配合带有感应装置和摄像装置的机器人定期在管廊内部进行巡查，将各类数据及时反馈到BIM运维管理平台上。

在平台上设置各类参数的阈值，将三维模型与实体模型部位一一对应，直观地将实体模型的实时数据反馈在三维模型上，待反馈数据超过平台设置的阈值，BIM运维管理平台会报警，并且在三维模型中可以将发生损害的位置精准地展示出来，并根据数据分析损害严重程度，及时针对损害问题做出相对应的处理方案，并进行解决。

综合管廊涉及多个部门参与，所涉及的成本也是错综复杂，采用BIM技术对管廊运营维护成本进行检测，有利于将各项成本及收益记录分析，最终汇总分析，得出各个部门参与综合管廊运营维护所发生的费用，有效避免各部门因为资金问题产生纠纷。

平台系统架构如图4-5所示。

监控中心平台实时运行界面　　　　松涧路管廊监控中心实景

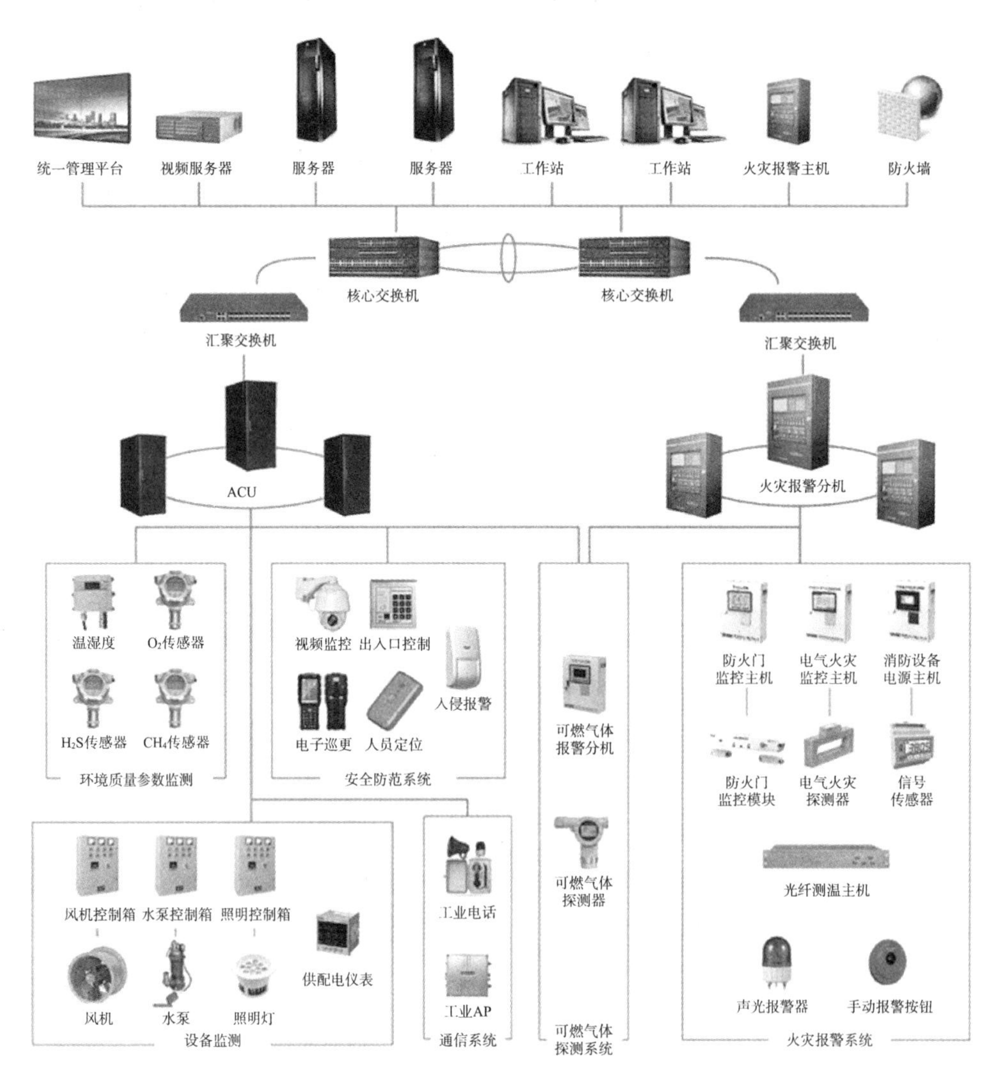

图4-5　智慧运营维护管理平台

一、运作模式

（一）视频监控

视频监控系统可以实现综合管廊全域内人员的监控，便于中控室值班人员及时发现现场问题，排除故障以及对警情进行及时处理，保证管沟的正常运行。视频监控系统通过系统前端监控点摄像机采集图像信息，系统主机处理后在相连的监视器上反映监控场景。

综合管廊每200 m为一段防火分区，在每段防火分区内可设置3台摄像机（区段出入口），分别检测卸料口及两边的防火门，监测所有进入防火分区内的人员情况。所有的视频监控画面都可以通过媒流体服务器控制、显示，实现全范围监控并且可在监视器上切换显示各防火分区的监视画面。

（二）电子巡查

可在综合管廊内的下列场所处设置巡查点：综合管廊人员出入口、逃生口、吊装口、通风口、管线分支口；综合管廊重要附属设施安装处；管道上阀门安装处；电力电缆接头区；其他需要重点巡查的部位。巡查管理主机设置在监控中心，巡查管理主机具有设置、更改巡查路线的功能，对未巡查、未按规定线路巡查、未按时巡查等情况进行记录、报警。

（三）入侵报警

为保证综合管廊内部安全、可靠地运行，应在人员出入口、投料口、进排风口等可能遭到入侵的区域布设红外入侵探测器，采用被动式红外入侵探测器，并布设在管廊内各设防口。当有人员入侵时，人体在红外入侵探测器探测范围内移动，将引起设备接收到的红外辐射电平变化，并随即进入报警状态。设备将报警状态通过RS-485串口输出，经串口转网口模块后生成IP数据，连接工业级交换机，再通过通信链路发送至监控中心的报警主机，驱动报警响应。

（四）环境与设备监控

地下管廊装有各种信号线、热力管道、燃气管道、电信管道、给水管道、电力管道等，是一个多种信号与传输对象交汇的场所。为了及时准确地掌握综合管廊内的环境与设备情况，应该采集管廊内的温湿度、燃气泄漏监测、火险监测、有害气体监测、积水监测等数据。通过在地下管廊配置相应的传感器及报警器，将监测信号从投料口引出到地面上，并通过工业环网传输到监控中心，再通过配套的综合管理软件对数据进行分析。管理软件对每个测点的地理位置、测量值或工作状态进行连续采集，如出现异常，系统会自动生成报警（声光报警、短信报警、邮件报警），第一时间通知相关人员，将可能出现的险情消灭在萌芽状态，避免造成大的经济损失及影响管廊的正常工作。

（五）门禁系统

在人员出入口处设置门禁系统，有效防止未经许可人员的进入，并可对综合管廊人员出入情况做实时记录。门禁处设触摸屏，实时显示管廊内环境信息，为巡检、维修人员进入管廊提供安全确认数据。在投料口及机械通风口设置防入侵系统，采用双光束红外线自动对射探测器，一旦有非法入侵，探测器就会发出报警信号，监控中心大屏幕上会显示出入侵的区段，并产生声光报警。

（六）通信系统

综合管廊平时无固定人员值班，为便于巡检和施工人员的通信联络，管廊配备各区间工作人员之间、现场工作人员与监控中心值班人员之间的语音通信系统。语音通信系统由固定语音通信和无线对讲两部分组成。固定语音通信采用IP网络电话，每个防火分区设置1~2套IP电话，监控中心设置一台网络综合通信器。IP网络电话与现场ACU、网络高清摄像头共用监控主干网，实现监控中心与现场IP电话通信。无线对讲由调度基台、中继器、功分器、泄露电缆等组成，在综合管廊沿线敷设泄漏电缆，泄漏电缆一端接在调度基台天线输出口，沿着泄露电缆进行无线电的收发。

（七）排水系统

综合管廊设置自动排水系统。综合管廊的底板设置排水明沟，并通过排水明沟将综合管廊内积水汇入集水坑；综合管廊的低点设置集水坑及自动水位排水泵，排水泵采用手动控制和液位自动控制。综合管廊的排水应就近接入城市排水系统，并应设置逆止阀，天然气管道舱应设置独立集水坑。

（八）运维管理

城市地下综合管廊运维管理系统是城市综合管廊核心应用系统的重要组成部分，该系统能够及时对管廊内环境及各种主管线运行的数据进行显示、分析、更新、维护和统计等，为地下综合管廊内环境情况、各种主管线的运行情况提供准确的运维信息，为管廊的动态管理提供数据依据。地下综合管廊运维管理主要包括出入管理、安防管理、工程维护、巡回检查、应急处理、状态管理等。

二、核心功能

（一）综合风险评估

基于综合风险评估模型，建立包括管廊结构、入廊管线、监测与预警信息、日常巡检、专业检测、外部环境变化等因素在内的评价指标体系，在GIS地图上形成风险热力图，实时展示综合管廊风险分布情况，实现综合管廊风险透明化，并指导管廊内日常巡检、养护、维修、检测等业务的开展。

（二）一体化检测与预警

基于廊体结构监测、入廊管线监测、廊内环境监测、附属设施监控，通过综合预警分析模型，对可能发生的安全事件进行预警，提前采取相关措施，将安全隐患消除在萌芽状态。

（三）动态化应急指挥

基于廊体结构监测、入廊管线监测、廊内环境监测、附属设施监控，通过综合预警分析模型，对可能发生的安全事件进行预警，提前采取相关措施，将安全隐患消除在萌芽状态。

对综合管廊进行三维建模，在三维模型中展示廊体附属设施、入廊管线及物联网设备建设、采购、安装、使用全过程的静态信息和动态信息，实现综合管廊“所见即所得”，助力精细化管理。

（四）综合管廊智能化运维

实现综合管廊日常运维智能化管理，包括管线入廊申请、审批、费用计算；管廊资产管理、能耗管理；动态化巡检、维修、保养管理；并对管廊日常运维情况进行实时追踪、同步记录，解决业务监管难题。

（五）管理绩效考核体系

通过人员出勤率、巡检完成率、维修完成率、设备故障率及事件处置率等对日常运维情况进行考核，总结管理经验，指导日常运维工作，提升综合管廊总体管理水平。

三、平台价值

通过对事件、设备动态数据、设备资产、管廊本体、故障信息、环境报警数据等信息的监测和管理，实现管廊运检的全数据管控。利用 GIS、BIM 等技术，做到“图上看、网上管、地下查”，从而实现地下管廊的资源动态展示。集中化统一管理通过对管廊三大对象（管廊本体、管线本体、附属设施）、六类业务（日常值守、巡检维护、安全管理、应急指挥、监测预警、行政管理）、三类数据接入（监测类、通信类、控制类）的管理，实现对管廊的集中化统一管理。精确化指挥决策通过管廊平台进行数据汇集、处置，利用应急事件分析模型，实现对管廊应急事件的决策支持，提高应急指挥的精确性和应急处置水平。

第十一节　建设管廊启示

一、前端思考

（一）完善的法规标准，是管廊发展的基本保障

从国内外综合管廊的发展经验来看，相关法规标准的出台能够对综合管廊的建设发展起到明显的保障和推动作用。通过建立法律、综合法规、专项法规和政策文件等多层级的法制体系，将综合管廊的建设提升到国家战略的层面，使各地综合管廊建设有法可依、有章可循。在技术标准方面，国内外发达国家和地区的技术标准也相对成熟，通过明确综合管廊规划、设计及运行维护等方面的技术要求，提高综合管廊的建设安全和质量，实现管廊的标准化和规范化，从技术支撑层面为管廊发展提供依据和保障。

（二）健全的监管机制，是管廊发展的重要手段

国内外对综合管廊建设发展的管理有一个共同特点，就是拥有比较健全的监督管理机制。正是由于综合管廊具有准公共产品的属性，所以都将政府作为综合管廊推进工作的责任主体，形成以政府专门机构为中心的监管机制；打破原有直埋管线各自为政的管理体制，做好管廊建设的统筹管理和项目实施过程中的监督工作，推进综合管廊的有序建设。

（三）合理的专项规划，是管廊发展的必要前提

地下综合管廊是一项寿命期可长达百年的工程，因此其规划是否合理对后期使用以及其他基础设施的建设会产生很大的影响。也就是说，合理的专项规划是管廊建设发展的必要前提。从国内外发展经验来看，各地对于管廊规划都比较重视，将综合管廊专项规划与地下空间规划、轨道交通规划等相衔接，实现“多规合一”。因此，综合管廊的建设应该本着“先规划、后建设”的原则进行。建立合理的综合管廊系统规划，一方面可以使管廊形成网络，发挥规模效益；另一方面可以适应城市的现代化建设要求，避免后期产生与其他设施建设的冲突现象。

（四）合理的费用分摊机制，利于激发主体的积极性

地下综合管廊是一项投资额巨大的准经营性基础设施，所以管廊的建设和运营离不开政府的经济扶持。从国内外综合管廊发展经验来看，各地都非常重视费用的分摊，甚至从立法上明确提出分摊方式。建立合理的费用分摊机制，对于激发相关主体

的积极性有很大影响。合理的费用分摊机制不仅可以减小一次性投资压力，还能实现投资成本的回流，同时还能让管线单位在其承担范围内有偿使用，提高其入廊意愿。同时值得注意的是，费用分摊方式并不是可以直接复制的，也不是一成不变的，各个地方需要结合地域特点确定合理的费用分摊机制。

（五）信息化的运维管理平台，利于提高管理效率和水平

由于管线资料多、管廊运营维护要求高，所以需要应用信息化的运营维护管理平台，提高对综合管廊和内部管线的管理效率和水平。信息化的管理平台可以满足各个机构、各类应用、各种事件处置的要求，例如，它不仅能实现对资料的储存、分析、统计和查询等，还能够对管廊和管线的实时运行状况和内部环境进行监控和信息传递，及时发现问题和解决问题。同时，管理系统可以将信息在各相关部门和单位之间实现共享，促进各方在规划建设方面的协调统一，实现地下空间的有序开发。

（六）专业化的建设运营主体，利于促进管廊可持续发展

我国综合管廊的发展存在运营主体经验不足的问题，缺少有经验的综合管廊运营主体必然会为日后的管廊可持续发展埋下隐患。成立专门的综合管廊建设运营管理企业，可以有效地整合政府和社会资源，积累丰富经验，提高管理水平。当企业拥有一定实力、达到一定规模后，还可以进一步开拓市场，将先进的建设运营管理经验推广至较为落后的地区，进而推动全国综合管廊的可持续发展。

二、因地制宜

城市地下综合管廊有利于给排水管线、污水管道、再生水管道、通信电缆、路灯以及燃气管道等的建设，对于促进城市的发展具有非常重要的作用。探究城市地下综合管廊的规划原则、整体建设方案能够进一步完善其建设，确保城市防灾、减灾功能的实现。但是，我国目前的基础设施建设主要依靠政府的财政性支出，这给综合管廊的建设造成很大的制约。应当将城市地下综合管廊的建设与市场经济发展规律相协调，通过市场与竞争的作用，公开招标，形成社会参与建设的机制，提高综合管廊的建设管理经营一体化，提高运行效率，获得最大的社会效益与经济效益。